BIM模型算量应用

总主编　金永超

工程造价相关专业适用

主　　编　张江波

副主编　孟　柯　过　俊　王　婷　张　芸　童科大

主　　审　尹贻林　张建荣

U0275945

西安交通大学出版社
XI'AN JIAOTONG UNIVERSITY PRESS

内容简介

本书共 11 章,分为基础入门篇(第 1～4 章)、专业实践篇(第 5～10 章)、综合实训篇(第 11 章)三个部分。全书根据 BIM 工程应用实际,以工程造价专业为出发点,结合 BIM 技术与工程实践,从 BIM 算量规则入手,对算量模型的创建、补充构件的布置、套用法及分析输出的设置以及钢筋工程量的计算作了详细、系统的描述,以期为工程造价专业有志进行 BIM 技术学习研究的读者提供系统的指导和帮助。为增加读者对 BIM 技术应用的实操性、系统性认识,本书最后一章,提供了完整的工程案例,供读者学习实践,以取得更好的学习效果。

本书在对目前 BIM 应用相关软件全面分析和比较的基础上,对于建立 BIM 结构模型的部分,采用目前应用较为广泛的 Revit 软件进行操作方法的讲解,对于算量软件应用,则采用了"以讲方法为主、以某软件为例"的方式,在过程中分别应用了广联达、斯维尔、新点比目云、福建晨曦等算量软件,这也是本书学习的亮点之一。

本书可作为本科院校及高职院校工程造价类专业 BIM 模型算量应用方面的课程教材,也可作为建筑行业的管理人员和技术人员学习参考用书,以及 BIM 相关培训用书。

图书在版编目(CIP)数据

BIM 模型算量应用/张江波主编. —西安:西安交通大学出版社,2017.1
全国 BIM 技术应用校企合作系列规划教材
ISBN 978 - 7 - 5605 - 9320 - 3

Ⅰ.①B… Ⅱ.①张… Ⅲ.①建筑工程-工程造价-应用软件-教材
Ⅳ.①TU723.3 - 39

中国版本图书馆 CIP 数据核字(2016)第 324201 号

书　　名	BIM 模型算量应用	
主　　编	张江波	
责任编辑	史菲菲　　祝翠华	

出版发行　　西安交通大学出版社
　　　　　　(西安市兴庆南路 10 号　邮政编码 710049)
网　　址　　http://www.xjtupress.com
电　　话　　(029)82668357　82667874(发行中心)
　　　　　　(029)82668315(总编办)
传　　真　　(029)82668280
印　　刷　　西安明瑞印务有限公司

开　　本　　787mm×1092mm　1/16　　印张　21.25　　字数　509千字
版次印次　　2017 年 5 月第 1 版　　2017 年 5 月第 1 次印刷
书　　号　　ISBN 978 - 7 - 5605 - 9320 - 3
定　　价　　54.50元

读者购书、书店添货,如发现印装质量问题,请与本社发行中心联系、调换。
订购热线:(029)82665248　(029)82665249
投稿热线:(029)82668526　(029)82668133
读者信箱:BIM_xj@163.com

"全国 BIM 技术应用校企合作系列规划教材"
编写委员会

顾问专家 许溶烈

审定专家（按姓氏笔画排序）

尹贻林　王其明　王林春　刘　铮　向书兰　张建平　张建荣　时　思　李云贵　李慧民
陈宇军　倪伟桥　梁　华　蔡嘉明　薛永武

编委会主任 金永超

编委会副主任（按姓氏笔画排序）

王　茹　王　婷　冯　弥　冯志江　刘占省　许　蓁　张江波　武　乾　韩风毅　薛　菁

执行副主任 姜　珊　童科大　王剑锋　王　毅（王翊骅）

编委会成员（按姓氏笔画排序）

丁　江　丁恒军　于江利　马　爽　毛　霞　王一飞　王文杰　王　生　王欢欢　王齐兴
王社奇　王伶俐　王志浩　王　杰　王建乔　王　健　王　娟　王　益　王雅兰　王楚濛
王　霞　邓大鹏　田　卫　付立彬　史建隆　申屠海滨　白雪海　农小毅　刘中明　刘文俊
刘长飞　刘　东　刘立明　刘　扬　刘　岩　刘明佳　刘　涛　刘　谦　刘　磐　匡　兴
向　敏　孙恩剑　安先强　安宗礼　师伟凯　曲惠华　曲翠萃　汤荣发　许利峰　许　峻
过　俊　邢忠桂　邬劲松　何亚萍　何　杰　吴永强　吴铁成　吴福城　张士彩　张　方
张　芸　张　勇　张　婷　张强强　张　斌　张然然　张　静　张德海　李　刚　李　娜
李春月　李美华　李隽萱　李　硕　杨立峰　杨宝昆　杨　靖　肖莉萍　邹　斌　陈大伟
陈文斌　孟　柯　林永清　欧宝平　金尚臻　侯冰洋　姜子国　姜　立　柏文杰　段海宁
贲　腾　赵永斌　赵丽红　赵　昂　赵　钦　赵艳文　赵雪锋　赵　瑞　赵　麒　钟文武
饶志强　倪　青　徐志宏　徐　强　桂　垣　桑　海　耿成波　聂　磊　莫永红　郭宇杰
郭　青　郭淑婷　高　路　崔喜莹　崔瑞宏　曹　闵　梁少宁　黄立新　黄杨彬　黄宗黔
黄秉英　彭　飞　彭　铸　曾开发　董　皓　蒋　俊　谢云飞　韩春华　路小娟　翟　超
蔡梦娜　暴仁杰　樊技飞

指导单位 住房和城乡建设部科技发展中心

支持单位（排名不分先后）

中国建设教育协会

全国高等学校建筑学学科建筑数字技术教学工作委员会

中国建筑学会建筑施工分会 BIM 应用专业委员会

北京绿色建筑产业联盟

陕西省土木建筑学会

陕西省建筑业协会

陕西省绿色建筑产业技术创新战略联盟

陕西省 BlM 发展联盟

云南省勘察设计质量协会

云南省图学学会

天津建筑学会

"全国 BIM 技术应用校企合作系列规划教材" 编审单位

天津大学

华中科技大学

西安建筑科技大学

北京工业大学

天津理工大学

长安大学

昆明理工大学

沈阳建筑大学

云南农业大学

南昌航空大学

西安理工大学

哈尔滨工程大学

青岛理工大学

河北建筑工程学院

长春工程学院

西南林业大学

广西财经学院

南昌工学院

西安思源学院

桂林理工大学

黄河科技学院

北京交通职业技术学院

上海城市管理职业技术学院

广东工程职业技术学院

云南工程职业技术学院

云南开放大学

云南工商学院

云南冶金高等专科学校

陕西铁路工程职业技术学院

南通航运职业技术学院

昆明理工大学津桥学院

石家庄铁道大学四方学院

中国建筑股份有限公司

清华大学建筑设计研究院有限公司

中国航天建设集团

中机国际工程设计院有限公司

上海东方投资监理有限公司

云南工程勘察设计院有限公司

云南城投集团

陕西建工第五建设集团有限公司

云南云岭工程造价咨询事务所有限公司

中国建筑科学研究院北京构力科技有限公司

东莞市柏森建设工程顾问有限公司

香港图软亚洲有限公司北京代表处

广东省工业设备安装有限公司

金刚幕墙集团有限公司

上海赛扬建筑工程技术有限公司

福建省晨曦信息科技股份有限公司

译筑信息科技(上海)有限公司

云南比木文化传播有限公司

北京筑者文化发展有限公司

江苏远统机电工程有限公司

江苏远通企业有限公司

上海谦亨网络信息科技有限公司

北京中京天元工程咨询有限公司

筑龙网

中国 BIM 网

  当前,中国建筑业正处于转型升级和创新发展的重要历史时期,以数字信息技术为基本特征的全球新一轮科技革命和产业变革开启了中国建筑业数字化、网络化、精益化、智慧化发展的新阶段。BIM 则是划时代的一项重大新技术,它引导人们由二维思维向三维思维甚至是虚拟的多维思维的转变,并以此广泛应用于建设开发、规划设计、工程施工、建筑运维各阶段,最终走向建筑全寿命周期状态和性能的实时显示与把控。第四次工业革命已经悄然来临,BIM 技术在推动和发展建筑工业化、模块化、数字化、智能化产品设计和服务模式方面起到了独特的作用,特别是它可以实时反映和管控规划、设计和建造甚至运行使用中建筑物产品的节能、减排效应的状况。因此,BIM 在建筑产业中的推广应用,已经成为当今时代的必然选择。

  随着国家和地方相关行业政策和技术标准的相继出台,更是助推了 BIM 深入发展和广泛应用。

  在迎接日益广泛推广应用 BIM 和进一步研发 BIM 的当下,以及在今后相当长的一段时间里,都必须积极采取措施,强化培养从事 BIM 实操应用和研究开发的专业人才。相关高等和专科学校,应当根据不同学科和专业的需要,开设适当层级的 BIM 课程(选修课和必修课)。同时,有效地开展不同形式的 BIM 培训班和专门学校,也是必要的可行的,以应现实之所需。

  有鉴于此,以金永超教授为首的几位教授、专家和西安交通大学出版社,于去年夏天,联合邀约从事 BIM 教学工作的教授老师和在企业负责担任 BIM 实操领导工作的专家里手一起,经过多次会商研讨后,共推金永超教授为总主编,在他统筹策划和主持下,"全国 BIM 技术应用校企合作系列规划教材"应运而生,内容分别为适用于建筑学相关专业、土木工程相关专业、机电工程相关专业、项目管理相关专业、工程造价相关专业、工程管理相关专业、风景园林相关专业和建筑装饰相关专业的教材一套共八本,其浩繁而艰巨的编写、编辑、出版工作就积极紧张地开始了。在不到一年的时间里,本人有幸在近日收到了其中的四本样书。如此高效顺利付梓出版,令我分外高兴和不胜钦佩之至,对此人们不能不看到作者们和编辑出版同仁们所付出的艰辛功劳,当然它也是校企与出版社密切合作的结果成果。我从所见到的这四本样书来看,这套教材总体编辑思路是清楚的,内容选取和次序安排符合人们的一般思维逻辑和认知规律。而本套教材的每一本书均针对一种特定的相关专业,各本书均按照基础入门篇、专业实践篇和综合实训篇三部分内容和顺序开展叙述和讲解。这是一项具有一定新意的尝试,以尽力符合本套教材针对落地实操的基本需求。

  至于 BIM 多维度概念、全寿命周期理念,以及其具体实操的程序和方法,则是尚需我们努力开发的目标和任务,同时在产业体制、机制上,也需要作相应的改革和变化,为适应和满足真正开通实施全寿命周期管理创造基本条件和铺平道路。我们期望人们在学习这套教材的同时，或是学习这套教材之后，对 BIM 的认知思维必定有所升华，即能从二维度思维、立体思维扩大至多维度思维，经过大家的不懈努力，则我们追求的"全生命周期管理"目标定当有望矣！其实本人后面这些话语，乃是我本人对中国 BIM 技术发展的遐想和对学习 BIM 课程学子们的殷切期望。

这套系列教材实是校企双方在 BIM 技术教学和实操应用过程中交流合作，联合取得的重要成果，是提供给广大院校培养 BIM 人才富含新意内容的教材。同时，它也是广大工程专业人员学习 BIM 技术的良师益友。参与编著出版者对这套规划系列教材所付出的不懈努力和他们的敬业精神，令人印象十分深刻，为此本人谨表敬意，同时本人衷心期望，这套规划系列教材能一如既往地抓紧抓好，不忘初心方得始终地圆满完成任务。这套作为普及性的 BIM 教材，内容简练并具有一定的特色，但全书内容浩繁，估计全书不足之处在所难免，本人鼓励各方人士积极提出批评意见，以期再版时，得到进一步改进和充实。

特欣然为之序！

住建部原总工程师
瑞典皇家工程科学院院士
2017 年 4 月 1 日于北京

　　建筑业信息化是建筑业发展的一大趋势,建筑信息模型(Building Information Model-ing,BIM)作为其中的新兴理念和技术支撑,正引领建筑业产生着革命性的变化。时至今日,BIM已经成为工程建设行业的一个热词,BIM应用落地是当前业界讨论的主要话题。人才匮乏是新技术进步与发展的重大瓶颈,当前BIM人才缺乏制约了BIM的应用与普及,学校是人才培养的重要基地,只有源源不断的具备BIM能力的毕业生进入工程行业就业,方能破解当前企业想做BIM而无可用之人的困境,BIM的普及应用才有可能。然而,现在学校的BIM教育并没有真正地动起来,做得早的学校先期进行了一些探索,总结了一些经验,但在面上还没能形成气候。究其原因有很多,其中教师队伍和教材建设是主要原因。从当前BIM应用的实际,我们的企业走在前头,有了很多BIM应用的经验和案例,起步早的企业已有了自己的BIM应用体系,故此在住建部、教育部相关领导的关心指导下,在西安交通大学出版社和筑龙网的大力支持下,我们联合了目前学校研究BIM和开展BIM教学的资深老师和实践BIM的知名企业于2016年8月13日启动了这套丛书的编制,以期推动学校BIM教育落地,培养企业可用的BIM人才,力争为国家层面2020年BIM应用落地作点贡献!

　　本套教材定位为应用型本科院校和高等职业院校使用教材,按学科专业和行业应用规划了8个分册,其中《BIM建筑模型创建与设计》《BIM结构模型创建与设计》《BIM水、暖、电模型创建与设计》注重BIM模型建立,《BIM模型集成应用》《BIM模型算量应用》《BIM模型施工应用》则注重BIM技术应用。结合当前BIM应用落地的要求,培养实用性技术人才是当前的迫切任务,因此本套教材在目前理论研究成果下重视实践技能培养。基于当前学校教学资源实际,制定了统一的教育教学标准,因材施教。系列教材第一版分基础入门篇、专业实践篇、综合实训篇三个部分开展教授和学习,内容基本涵盖当前BIM应用实际。课程建议每专业安排3学分48学时,分两学期或一学期使用,各学校根据自身实际情况和软硬件条件开展教学活动。

　　教法:基础入门篇为通识部分,是所有专业都应该正确理解掌握的部分,通过探究BIM起缘,AEC行业的发展和社会文明的进步,教学生认识到BIM的本质和内涵;通过对BIM工具的认识形成正确的工具观;对政策标准的学习可以把脉行业趋势使技术路线不偏离大的方向。学习Revit基础建模是为了使学生更好地理解BIM理念,形成BIM态度,通过实操练习得到成就感以激发兴趣、促进专业应用教学。BIM应用离不开专业支撑,专业实践部分力求体现现阶段成熟应用,不求全但求能开展教学并使学生学有所获。综合实训是对课时不足的有益补充,案例多数取材实际应用项目,可布置学生在课外时间完成或作为课程设计使用,以提高学生实战能力。

　　学法:学生须勤动手、多用脑,跟上教学节奏,学会举一反三,不断探究研习并积极参与工程实践方能得到 BIM 真谛。把书中知识变成自己的能力，从老师要我学，变成我要学，用 BIM 思维武装自己的头脑，成长为对社会有益的建设人才。

BIM 是一个新生的事物，本身还在不断发展，寄希望一套教材解决当前 BIM 应用和教育的所有问题显然不合适。教育不能一蹴而就，BIM 教育也不例外，需要遵循教育教学规律循序而进。本系列教材为积极推进校企合作以及应用型人才培养工程而生，充分发挥高校、企业在人才培养中的各自优势，推动 BIM 技术在高校的落地推广，培养企业需要的专业应用人才，为企业和高校搭建优质、广阔的合作平台，促进校企合作深度融合，是组织编写这套教材的初衷。考虑到目前大多数高校没有开展 BIM 课程的实际，本套教材尽量浅显易教易学，并附有教学参考大纲，体现 BIM 教育 1.0 特征，随着 BIM 教育逐渐落地，我们还会组织编写 BIM 教育 2.0、3.0 教材。我们全体编写人员和主审专家希望能为 BIM 教育尽绵薄之力，期待更多更好的作品问世。感谢我们全体策划人员和支持单位的全力配合，也感谢出版社领导的重视和编辑们的执着努力，教材才能在短时间内出版并向全国发行。特别感谢住建部前总工程师许溶烈先生对教材的殷殷期望。

本套教材为开展 BIM 课程的相关院校服务，既可满足 BIM 专业应用学习的需要又可为学校开展 BIM 认证培训提供支持，一举两得；同时也可作为建设企业内训和社会培训的参考用书。

最后需要强调：BIM，是技术工具，是管理方法，更是思维模式。中国的 BIM 必须本土化，必须与生产实践相结合，必须与政府政策相适应，必须与民生需要相统一。我们应站在这样的角度去看待 BIM，才能真正做到传道授业解惑。

金永超

2017 年 4 月于昆明

以 BIM 为核心的最新信息技术,已经成为支撑建设行业技术升级、生产方式变革、管理模式革新的核心技术。住建部 2015 年 6 月发布《关于推进建筑信息模型的指导意见》,文件中指出,到 2020 年末,建筑行业甲级勘察、设计单位以及特级、一级房屋建筑工程施工企业应掌握并实现 BIM 与企业管理系统和其他信息技术的一体化集成应用;到 2020 年末,以下新立项项目勘察设计、施工、运营维护中,集成应用 BIM 的项目比率达到 90%:以国有资金投资为主的大中型建筑;申报绿色建筑的公共建筑和绿色生态示范小区。因此,随着企业和工程项目对 BIM 的快速推进,BIM 应用人才的培养也变得非常急迫。

《BIM 模型算量应用》根据 BIM 工程应用实际,以工程造价专业为出发点,结合 BIM 技术与工程实践,从 BIM 算量规则入手,对算量模型的创建、补充构件的布置、套用法及分析输出的设置以及钢筋工程量的计算作了详细、系统的描述,以期为工程造价专业有志进行 BIM 技术学习研究的读者提供系统的指导和帮助。为增加读者对 BIM 技术应用的实操性、系统性认识,本书最后一章,提供了完整的工程案例,供读者学习实践,以取得更好的学习效果。

BIM 模型算量,不仅需要建立好的 BIM 模型,还需要进行算量规则的导入,甚至需要在创建模型之前就创建 BIM 算量流程,对 BIM 模型算量的工作方式方法进行熟练的掌握,对于在模型中无法创建的构件或者措施项目来讲,通过补充构件布置的方式实现完整的算量清单。因此,本教材在对目前 BIM 应用相关软件全面分析和比较的基础上,对于建立 BIM 结构模型的部分,采用目前应用较为广泛的 Revit 软件进行操作方法的讲解,对于算量软件应用,则采用了以"讲方法为主、以某软件为例"的方式,在过程中分别应用了广联达、斯维尔、新点比目云、福建晨曦等算量软件这也是本书学习的亮点之一。

全书共 11 章,分为基础入门篇、专业实践篇、综合实训篇三个部分。基础入门篇(第 1～4 章):前 4 章为 BIM 概论及 Revit 软件操作基础。专业实践篇(第 5～10 章):第 5 章讲解了 BIM 算量规则,讲述 BIM 算量的流程;第 6 章介绍了如何创建一个满足算量要求的模型,以 Revit 软件为例做了详细的介绍;第 7 章讲述了补充构件的布置;第 8 章以套用做法为主,讲述了做法自动套和手动补充挂接做法;第 9 章详细讲解了造价应用中常规的分析统计输出与 BIM 系统的对接;第 10 章介绍了施工阶段最关注的钢筋工程量的计算,对一个单体建筑从地下室到首层以及其他层的 BIM 工程量提取及分析统计作了详细的介绍。综合实训篇(第 11 章):第 11 章通过综合实例,结合晨曦科技的 BIM 算量产品创建模型,然后进行相应的设置、输入、挂接、汇总导出工程量汇总报表和计算式明晰报表,培养和锻炼学生利用计算机进行辅助 BIM 算量的能力。

全书由张江波主编并统稿,孟柯、过俊、王婷、张芸、童科大担任副主编。编写工作由基础内容编写团队(负责第 1～4 章编写)和专业内容编写团队(负责第 5～11 章编写)完成。

基础内容的编写前期由上海悉云建筑科技有限公司过俊主持编写,具体参与的还有上海悉云建筑科技有限公司王健、李硕、金尚臻,河南科技大学何杰,上海城建职业学院倪青,清华大学建筑设计研究院有限公司蔡梦娜、刘涛;后期的统稿和修改完善由南昌航空大学王婷主持,南昌航空大学肖莉萍配合做了大量工作;最后编写团队提供初稿,各分册主编结合教学需要进行了修改和调整并最终确定了前四章内容。参加专业内容编写的人员及具体分工如下:汉宁天际工程咨询有限公司张江波、孟柯、暴仁杰主持编写第 5、7 章;南昌工学院刘中明、王杰、蒋俊、李刚编写第 6 章;云南云岭工程造价咨询事务所有限公司张芸、东莞市柏森建设工程顾问有限公司童科大编写第 8 章;西安思源学院王伶俐、陕西铁路工程职业技术学院王娟编写第 9 章;桂林理工大学农小毅、黄河科技学院付立彬编写第 10 章;福建省晨曦信息科技股份有限公司曾开发、汉宁天际工程咨询有限公司姜子国编写第 11 章。全书主要由云南云岭工程造价咨询事务所有限公司、东莞市柏森建设工程顾问有限公司、福建省晨曦信息科技股份有限公司提供了案例素材。

衷心感谢天津理工大学管理学院院长尹贻林教授、上海东方投资监理有限公司总张建荣总工程师对本书进行的严谨、细致审阅,并提出了宝贵的意见和建议。衷心感谢本系列教材的总主编金永超教授在本书编写过程中给予的支持和鼓励。衷心感谢广西财经学院 BIM 技术中心主任梁华教授在本书统稿过程中提供的针对性建议和指导。最后,我们也衷心感谢西安交通大学出版社及祝翠华主任的大力支持,使我们能够完成本书的出版。

BIM 这项新的技术在我国的应用还处在不断发展的初级阶段,本书中一定会有很多不尽完善的内容,我们衷心希望得到广大读者的批评和指正,促进建设行业 BIM 应用水平的不断提高。

编　者

2017 年 4 月于上海

C目 录
ontents

1

专业实践篇

综合实训篇

"BIM 技术算量应用"①教学大纲

Teaching Syllabus for BIM Technology Application on Calculation

课程性质:学科基础课/专业必修课/专业选修课(具体参看相关专业人才培养方案确定)

适用专业:工程造价、工程管理

先行、后续课程情况:

先行课:工程经济学、建筑工程概预算、工程项目管理、工程造价与控制、工程施工与组织管理(具体课程名称以相关专业人才培养方案为准)

后续课:多专业联合毕业设计及综合训练

学时学分:48 学时 3 学分

一、课程性质和任务

BIM 是建筑信息模型(Building Information Modeling)的简称。当前,BIM 技术已成为我国乃至全世界广泛关注的建筑业新技术,推动着建筑工程规划、设计、施工、运维、项目管理等多方面的变革,有着巨大的市场需求。BIM 技术的应用也已革新了建筑工程造价领域的工作模式,提升了传统造价的精度,提高了造价工作的效率和工程造价的水平。基于 BIM 的模型算量技术是基于 BIM 工程造价的基础。为应对行业趋势和社会需求,将 BIM 技术引入教学计划十分必要和迫切,有助于提高人才素质,为建筑业新技术储备人才并引领行业进步。

本课程任务是培养学生在 BIM 模型算量方面的技术能力和职业素养,通过介绍 BIM 新技术和基于 BIM 模型的算量技术,使学生接触专业领域的新事物,加深其对本专业的理解认识,能将 BIM 模型算量与常规的工程算量计价相结合,提升业务水平和能力。课程教学的重点是建立对 BIM 模型算量概念和应用流程的正确认识,学会利用 BIM 工具创建符合算量要求的 BIM 模型,并利用 BIM 模型进行算量工作,掌握其方法和工具应用。本课程属于知识技能型课程,重在理解和实施应用。教学过程应着重结合具体工程项目进行实际操作训练,加深学生的实操能力。

二、课程基本要求

1. 接触和了解目前建筑行业最先进的理念和技术;

2. 正确理解 BIM 的内涵及其对建筑行业的影响;

3. 掌握 BIM 算量模型的创建规则;

4. 利用算量模型进行实际的算量应用;

5. 结合造价专业应用提升 BIM 算量能力,增加就业含金量;

6. 为深入研究和学习 BIM 技术及工程造价技术打下良好基础。

三、课程教学内容

第 1 章　BIM 概论

BIM 的基本概念;BIM 的发展与应用;BIM 技术相关标准。

---

①参考课程名。教学大纲具体内容根据各学校情况调整。

第 2 章　BIM 工具与相关技术

BIM 工具概述;BIM 相关技术。

第 3 章　Revit 应用基础

Revit 操作基础;Revit 基本操作。

第 4 章　Revit 模型的创建

案例概述;项目准备;标高的创建;轴网的创建;墙体的创建;门窗的创建;楼板的创建;幕墙设计;屋顶的创建;扶手、楼梯的创建;柱、梁的创建;其他构建的创建;渲染与漫游;房间和面积报告;创建明细表;布图打印。

第 5 章　BIM 算量规则

建筑工程量概述;BIM 算量流程;工程设置;模型映射。

第 6 章　创建算量模型

算量模型;模型创建基础设置;土建算量模型创建;机电模型创建;模型整合;明细表。

第 7 章　补充构件

手动布置构件;构件布置。

第 8 章　套用做法与分析输出

主要内容与作用;做法自动套;手动补充挂接做法;三维算量软件套做法。

第 9 章　分析统计输出

楼层组合;图形检查;构件编辑;工程量计算规则设置;分析统计工程量;输出报表。

第 10 章　钢筋工程量

钢筋工程量概述;地下室钢筋工程量;首层钢筋工程量;其他层钢筋工程量;顶层钢筋工程量;分析统计钢筋量;识别建模;识别钢筋。

第 11 章　实训案例

工程概况;项目成果展示;实训目标要求;提交成果要求;实训准备;模型创建;土建算量;钢筋算量;安装算量;实训总结。

重点难点:

第 5、6、10 章和实训案例为重点内容,第 5、6、10 章为教学难点。

四、课程实践环节

通过课程实践环节来加深对 BIM 模型算量理论的理解,加强技能的掌握,巩固所学专业理论,为形成相应的设计和应用奠定基础。课程采用边讲边练的方法,利于快速消化吸收并形成技能。

五、课程学时分配

课程学时分配表

序号	教学内容	讲授	练习	小计	课外或综合实训	备注
1	BIM 概论	2		2		基础通识
2	BIM 工具与相关技术	2		2		
3	Revit 应用基础	2	2	4		
4	Revit 模型的创建	4	4	8		

序号	教 学 内 容	讲授	练习	小计	课外或综合实训	备注
5	BIM算量规则	2	4	6		
6	创建算量模型	2	4	6		
7	补充构件	2	2	4		专业应用
8	套用做法与分析输出	2	2	4		
9	分析统计输出	2	2	4		
10	钢筋工程量	2	6	8		
11	实训案例				16	综合实训
	合计	22	26	48	16	

六、课程成绩考核

根据对学生学习成绩认定的多样化原则,该课程以过程考核的方式进行综合评价。

期末成绩＝课堂测验(30％)＋模型算量(50％)＋课堂提问成绩(20％)

七、教材及主要教学参考书目

1. 张江波.BIM模型算量应用[M].西安:西安交通大学出版社,2017.
2. 欧阳焜.广联达BIM安装算量软件应用教程[M].北京:机械工业出版社,2016.
3. 何关培.BIM总论[M].北京:中国建筑工业出版社,2011.
4. 张江波.EPC项目造价管理[M].西安:西北工业大学出版社,2016.

八、教学大纲编制说明

本大纲力求做到内容全面、重点突出、文字简洁,以便于为教师教授、学生学习及复习练习提供帮助。该大纲适用于工程造价专业和工程管理专业。

基础入门篇

第 1 章　BIM 概论

教学导入

　　建筑信息模型(Building Information Modeling)是以建筑工程项目的各项相关信息数据作为模型的基础,进行建筑模型的建立,通过数字信息仿真模拟建筑物所具有的真实信息。本章在介绍 BIM 起源、定义的基础上,介绍了 BIM 的特点及主要应用价值,并展望了 BIM 良好的应用前景。

学习要点

- BIM 的基本概念
- BIM 的发展与应用
- BIM 技术相关标准

1.1　BIM 的基本概念

1.1.1　BIM 的来源与定义

　　1975 年,"BIM 之父"——乔治亚理工大学的 Chunk Eastman(查理·伊斯特曼)教授(见图 1-1)创建了 BIM 理念。至今,BIM 技术的研究经历了三大阶段:萌芽阶段、产生阶段和发展阶段。BIM 理念的启蒙,受到了 1973 年全球石油危机的影响,美国全行业需要考虑提高行业效益的问题,1975 年"BIM 之父"伊斯特曼教授在其研究的课题"Building Description System"中提出"a computer-based description of-a building",以便于实现建筑工程的可视化和量化分析,提高工程建设效率。

图 1-1　Chunk Eastman 教授

　　当前社会发展正朝集约经济转变,建设行业需要精益建造的时代已经来临。当前,BIM 已成为工程建设行业的一个热点,在政府部门相关政策指引和行业的大力推广下迅速普及。

　　BIM 是英文"Building Information Modeling"的缩写,国内比较统一的翻译是:建筑信息模型。BIM 是以建筑工程项目的各项相关信息数据作为模型的基础,进行建筑模型的建立,通过数字信息仿真模拟建筑物所具有的真实信息。BIM 在建筑的全生命周期内(见图 1-2),通过参数化建模来进行建筑模型的数字化和信息化管理,从而实现各个专业在设计、建造、运营维护阶段的协同工作。

　　国际智慧建造组织(building SMART International,简称 bSI)对 BIM 的定义包括以下三个层次:

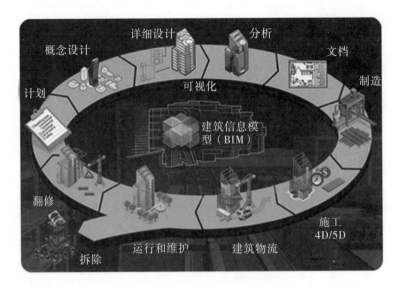

图1-2　建筑全生命周期

(1)第一个层次是"Building Information Model",中文可称之为"建筑信息模型",bSI对这一层次的解释为:建筑信息模型是一个工程项目物理特征和功能特性的数字化表达,可以作为该项目相关信息的共享知识资源,为项目全生命周期内的所有决策提供可靠的信息支持。

(2)第二个层次是"Building Information Modeling",中文可称之为"建筑信息模型应用",bSI对这一层次的解释为:建筑信息模型应用是创建和利用项目数据在其全生命周期内进行设计、施工和运营的业务过程,允许所有项目相关方通过不同技术平台之间的数据互用在同一时间利用相同的信息。

(3)第三个层次是"Building Information Management",中文可称之为"建筑信息管理",bSI对这一层次的解释为:建筑信息管理是指通过使用建筑信息模型内的信息支持项目全生命周期信息共享的业务流程组织和控制过程,建筑信息管理的效益包括集中和可视化沟通、更早进行多方案比较、可持续分析、高效设计、多专业集成、施工现场控制、竣工资料记录等。

不难理解,上述三个层次的含义互相之间是有递进关系的,也就是说,首先要有建筑信息模型,然后才能把模型应用到工程项目建设和运维过程中去,有了前面的模型和模型应用,建筑信息管理才会成为有源之水、有本之木。

1.1.2　BIM的特点

BIM具有可视化、协调性、模拟性、优化性和可出图性五大特点。

(1)可视化。可视化即"所见所得"的形式,对于建筑行业来说,可视化的真正运用在建筑业的作用是非常大的,例如经常拿到的施工图纸,只是各个构件的信息在图纸上采用线条的绘制表达,但是其真正的构造形式就需要建筑业参与人员去自行想象了。对于一般简单的东西来说,这种想象也未尝不可,但是近几年建筑业的建筑形式各异,复杂造型在不断推出,那么这种光靠人脑去想象的东西就未免有点不太现实了。所以BIM提供了可视化的思路,让人们将以往的线条式的构件形成一种三维的立体实物图形展示在人们的面前。建筑业也有设计方出效果图的事情,但是这种效果图是分包给专业的效果图制作团队进行识读设计制作出的线条式信息,并不是通过构件的信息自动生成的,缺少了同构件之间的互动性和反馈性,然而 BIM 提到的可视化是一种能够同构件之间形成互动性和反馈性的可视,在 BIM 建筑信息模型中,由于整个过程都是可视化的,所以可视化的结果不仅可以用于效果图的展示及报表的生成,更重要的是,项目设计、建造、运营过程中的沟通、讨论、决策都在可视化的状态下进行。

(2)协调性。协调性是建筑业中的重点内容,不管是施工单位还是业主及设计单位,无不在做着协调及相配合的工作。一旦项目在实施过程中遇到了问题,就要将各有关人士组织起来开协调会,找出问题发生的原因及解决办法,然后作出变更,或采取相应补救措施等,从而使问题得到解决。那么这个问题的协调真的就只能在问题出现后再进行协调吗?在设计时,往往由于各专业设计师之间的沟通不到位,而出现各种专业之间的碰撞问题,例如暖通等专业中的管道在进行布置时,由于施工图纸是各自绘制在各自的施工图纸上的,真正施工过程中,可能在布置管线时正好在此处有结构设计的梁等构件在此妨碍着管线的布置,这种问题就是施工中常遇到的。像这样的碰撞问题的协调解决就只能在问题出现之后再进行解决吗?BIM 的协调性服务就可以帮助处理这种问题,也就是说 BIM 可在建筑物建造前期对各专业的碰撞问题进行协调,生成协调数据,提供出来。当然 BIM 的协调作用也并不是只能解决各专业间的碰撞问题,它还可以解决如电梯井布置与其他设计布置及净空要求的协调、防火分区与其他设计布置的协调、地下排水布置与其他设计布置的协调等。

(3)模拟性。模拟性并不是只能模拟设计出建筑物模型,还可以模拟不能够在真实世界中进行操作的事物。在设计阶段,BIM 可以对设计上需要进行模拟的一些东西进行模拟实验,例如:节能模拟、紧急疏散模拟、日照模拟、热能传导模拟等;在招投标和施工阶段可以进行 4D 模拟(三维模型加项目的发展时间),也就是根据施工的组织设计模拟实际施工,从而来确定合理的施工方案来指导施工。同时还可以进行 5D 模拟(基于 3D 模型的造价控制),从而来实现成本控制;后期运营阶段可以模拟日常紧急情况的处理方式,例如地震发生时人员逃生模拟及火警时消防人员疏散模拟等。

(4)优化性。事实上整个设计、施工、运营的过程就是一个不断优化的过程,当然优化和 BIM 也不存在实质性的必然联系,但在 BIM 的基础上可以做更好的优化、更好地做优化。优化受三样东西的制约:信息、复杂程度和时间。没有准确的信息做不出合理的优化结果,BIM 模型提供了建筑物的实际存在的信息,包括几何信息、物理信息、规则信息,还提供了建筑物变化以后的实际状况。复杂程度高到一定程度,参与人员本身的能力无法掌握所有的信息,必须借助一定的科学技术和设备的帮助。现代建筑物的复杂程度大多超过参与人员本身的能力极限,BIM 及与其配套的各种优化工具提供了对复杂项目进行优化的可能。基于 BIM 的优化可以做下面的工作:

①项目方案优化:把项目设计和投资回报分析结合起来,设计变化对投资回报的影响可以实时计算出来;这样业主对设计方案的选择就不会主要停留在对形状的评价上,而更多的可以使得业主知道哪种项目设计方案更有利于自身的需求。

②特殊项目的设计优化:例如裙楼、幕墙、屋顶、大空间到处可以看到异型设计,这些内容看起来占整个建筑的比例不大,但是占投资和工作量的比例和前者相比却往往要大得多,而且通常也是施工难度比较大和施工问题比较多的地方,对这些内容的设计施工方案进行

优化,可以带来显著的工期和造价改进。

(5)可出图性。运用 BIM 技术,可以进行建筑各专业平、立、剖、详图及一些构件加工的图纸输出。但 BIM 并不是为了出大家日常多见的设计院所出的这些设计图纸,而是通过对建筑物进行可视化展示、协调、模拟、优化以后,可以帮助建设方出如下图纸:综合管线图(经过碰撞检查和设计修改,消除了相应错误以后);综合结构留洞图(预埋套管图);碰撞检查侦错报告和建议改进方案。

1.1.3 BIM 技术的优势

BIM 所追求的是根据业主的需求,在建筑全生命周期之内,以最少的成本、最有效的方式得到性能最好的建筑。因此,在成本管理、进度控制及建筑质量优化方面,相比于传统建筑工程方式,BIM 技术有着非常明显的优势。

1. 成本

美国麦格劳—希尔建筑信息公司(McGraw-Hill Construction)指出,2013 年最有代表性的国家中,约有 75% 的承建商表示他们对 BIM 项目投资有正面回报率。可以说 BIM 对建筑行业带来的最直接的利益就是成本的减少。

不同于传统工程项目,BIM 项目需要项目各参与方从设计阶段开始紧密合作,并通过多方位的检查及性能模拟不断改善并优化建筑设计。同时,由于 BIM 本身具有的信息互联特性,可以在改善设计过程中确保数据的完整性与准确性。因此,可以大大减少施工阶段因图纸错误而需要设计变更的问题。47% 的 BIM 团队认为施工阶段图纸错误与遗漏的减少是最直接影响高投资回报的原因。

此外,BIM 技术对造价管理方面有着先天性优势。众所周知,价格是随经济市场的变动而变化的,价格的真实性取决于对市场信息的掌握。而 BIM 可以通过与互联网的连接,再根据模型所具有的几何特性,实时计算出工程造价。同时,由于所有计算都是由计算机自动完成,可以避免手动计算时所带来的失误。因此,项目参与方所获得的预算量非常贴近实际工程,控制成本更为方便。

对于全生命周期费用,因为 BIM 项目大部分决策是在项目前期由各方共同进行的,前期所需费用会比传统建筑工程有所增加。但是,在项目经过某一临界点之后,前期所做的努力会给整个项目带来巨大的利益,并且将持续到最后。

2. 进度

传统进度管理主要依靠人工操作来完成,项目参与方向进度管理人员提供、索取相关数据,并由进度管理员负责更新并发布后续信息。这种管理方式缺乏及时性与准确性,对于工期影响较大。

对于 BIM 项目,由于各参与方是在同一平台,利用同一模型完成项目,因此可以非常迅速地查询到项目进度,并制定后续工作。特别是在施工阶段,施工方可以通过 BIM 对施工进度进行模拟,以此优化施工组织方案,从而减少施工误差和返工,缩短施工工期。

3. 质量

建筑物的质量可以说是一切目标的前提,不能因为赶进度而忽视。建筑质量的保障不仅可以给业主及使用者带来舒适环境,还可以大幅降低运营费用、提高建筑使用效率,最终贡献于可持续发展。BIM 的信息化与协调化都是以最终建筑的高质量为首要目标,即通过最优化的设计、施工及运营方案展现出与设计理念相同的实际建筑。

设计阶段,设计师与工程师可通过 BIM 进行建筑仿真模拟,并根据结果提高建筑物性能。施工阶段的施工组织模拟,可以为施工方在实际施工前提出注意点,以防止出现缺陷。

当然,建得再好的建筑物,如果没有后期维护将很难保持其初期质量。运维阶段,通过 BIM 与物联网的合作,可以实时监控建筑物运行状态,以此为依据在最短时间内定位故障位置并进行维修。

4. 安全

BIM 与安全的结合使得项目安全管控上升一个新高度。在重大项目方案编制阶段已经运用 BIM 技术进行模拟施工,可以直观地了解到重大危险源的具体施工时间、进度、施工方式以及存在的安全隐患,有针对性地制定安全预防控制措施,确保重大危险源施工安全。同时在日常安全管理中,应用 BIM 模型可以全面地排查现场四口五临边的位置及大小,对照模型检查现场防止缺漏保障防护安全。同时依据 BIM 中的施工时间可以及时安排防护设备的进场和搭设等,确保防护及时到位。

5. 环保

BIM 在实现绿色设计、可持续设计方面有着天然的技术优势,BIM 可用于分析包括影响绿色条件的采光、能源效率和可持续性材料等建筑性能的方方面面;可分析、实现最低的能耗,并借助通风、采光、气流组织以及视觉对人心理感受的控制等,实现节能环保;采用BIM 理念,还可在项目方案完成的同时计算日照、模拟风环境,为建筑设计的"绿色探索"注入高科技力量。

1.2 BIM 的发展与应用

1.2.1 AEC 行业的发展历程

AEC 为"Architecture Engineering and Construction"的缩略词,即建筑、工程与施工。从人类开始建造房屋起到现在,随着技术发展与管理需求,AEC 行业迎来了多次翻天覆地的变化。与根据时代背景而频繁出现不同建筑思想与建筑技术相反,建筑流程只有过三种不同形式。

在古代社会,建筑设计与施工的分化并不像现在如此明确,两项均由一名建筑师或工匠所负责。建筑师会根据自己所在地区自然条件与生活习惯等进行设计与施工。即便项目非常复杂,建筑相关所有信息均出自建筑师一人的头脑。因科技水平的限制,建筑师或工匠较少采用设计图纸,大多数情况下设计与施工是在现场同步实施的。

第一次重要变化出现在文艺复兴时期。这期间设计与施工逐渐分离,建筑师脱离现场手工制作,专门从事建筑艺术创作,而后期施工则由专门工匠负责。在这个分离过程中,建筑过程及建筑工具都发生了根本性改变。建筑师需要把自己的设计概念完整地灌输到工匠脑中,因此设计图纸变得尤为重要,并且成为了最重要的施工依据。同时随着造纸技术的发展,图纸在整个建筑业运用的非常频繁。而这也衍生出了除设计与施工以外的交付过程。之后随着科技的发展,建筑运用了大量的机电设备,同时也分化出多个专业,如暖通、给排水、电气等。可是对于建筑过程的变化则少之又少。这时还是以手绘图纸为基础,设计师进行设计并交到施工方手中进行施工。

直到 1980 年以后,个人计算机的普及对 AEC 行业带来了又一波巨大的冲击,其主要以

CAD(Computer Aided Design，计算机辅助设计)为主。第一台电子计算机早在1946年就被制造成功，而CAD也诞生于20世纪60年代。可是由于当时硬件设施昂贵，只有一些从事汽车、航空等领域的公司自行开发使用。之后随着计算机价格的降低，CAD得以迅速发展，AEC行业也开始经历信息化浪潮。计算机代替手工作业带来的不仅是设计工具的升级，细节与效率上的提升同样非常显著。比如利用CAD修改设计不再容易出现错误，对图作业也不需要传统对图方式，传递设计文件更加方便。虽然此次改变对建筑工具带来根本性改变，可是对于整个建筑过程，与之前形式相差无几。建筑师设计方案敲定之后由多专业工程师依次进行后续设计，最后交付到施工团队。由于各团队间协调配合工作不够完善，在后期施工期间，依然有大量问题出现。

在这种背景下，随着项目复杂度的提升，对于整个工程项目全程协调与管理的重要性也同样逐渐提高。1975年，查理·伊斯特曼博士在《AIA杂志》上发表一个叫建筑描述系统(Building Description System)的工作原型，被认为是最早提及BIM概念的一份文献。在随后的30年时间中，BIM概念一再被提起并由许多专家进行研究，但由于技术所限还是只停留于概念与方法论研究层面上。直到21世纪初，在计算机与IT技术长足发展的前提下，应AEC市场需求，欧特克(Autodesk)在2002年将"Building Information Modeling"这个术语展现到世人面前并推广。而BIM的出现，也正逐渐带来第三次建筑流程改变。

1.2.2　BIM在国外的发展路径与相关政策

1. 美国

美国作为最早启动BIM研究的国家之一，其技术与应用都走在世界前列。与世界其他国家相比，美国从政府到公立大学，不同级别的国营机关都在积极推动BIM的应用并制定了各自目标及计划。

早在2003年，美国总务管理局(General Services Administration，GSA)通过其下属的公共建筑服务部(Public Building Service，PBS)设计管理处(Office of Chief Architect，OCA)创立并推进3D-4D-BIM计划，致力于将此计划提升为美国BIM应用政策。从创立到现在，GSA在美国各地已经协助200个以上项目实施BIM，项目总费用高达120亿美元。以下为3D-4D-BIM计划具体细节：

①制订3D-4D-BIM计划；

②向实施3D-4D-BIM计划的项目提供专家支持与评价；

③制定对使用3D-4D-BIM计划的项目补贴政策；

④开发对应3D-4D-BIM计划的招标语言(供GSA内部使用)；

⑤与BIM公司、BIM协会、开放性标准团体及学术/研究机关合作；

⑥制定美国总务管理局BIM工具包；

⑦制作BIM门户网站与BIM论坛。

2006年，美国陆军工程师兵团(United States Army Corps of Engineers，USACE)发布为期15年的BIM发展规划(A Road Map for Implementation to Support MILCON Transformation and Civil Works Projects within the United States Army Corps of Engineers)，声明在BIM领域成为一个领导者，并制定六项BIM应用的具体目标。之后在2012年，声明对USACE所承担的军用建筑项目强制使用BIM。此外，他们向一所开发CAD与BIM技术的研究中心提供资金帮助，并在美国国防部(United States Department of Defense，DoD)内部

进行 BIM 培训。同时美国退伍军人部也发表声明称,从 2009 年开始,其所承担的所有新建与改造项目全部将采用 BIM。

美国建筑科学研究所(National Institute of Building Sciences,NIBS)建立 NBIMS - USTM 项目委员会,以开发国家 BIM 标准,并研究大学课程添加 BIM 的可行性。2014 年初,NIBS 在新成立的建筑科学在线教育上发布了第一个 BIM 课程,取名为 COBie 简介(The Introduction to COBie)。

除上述国家政府机构以外,各州政府机构与国立大学也相继建立 BIM 应用计划。例如,2009 年 7 月,威斯康星州对设计公司要求 500 万美元以上的项目与 250 万美元以上的新建项目一律使用 BIM。

2. 英国

英国是由政府主导,与英国政府建设局(UK Government Construction Client Group)在 2011 年 3 月共同发布推行 BIM 战略报告书(Building Information Modeling Working Party Strategy Paper),同时在 2011 年 5 月由英国内阁办公室发布的政府建设战略(Government Construction Strategy)中正式包含 BIM 的推行。此政策分为 Push 与 Pull,由建筑业(Industry Push)与政府(Client Pull)为主导发展。

Push 的主要内容为:由建筑业主导建立 BIM 文化、技术与流程;通过实际项目建立 BIM 数据库;加大 BIM 培训机会。

Pull 的主要内容为:政府站在客户的立场,为使用 BIM 的业主及项目提供资金上的补助;当项目使用 BIM 时,鼓励将重点放在收集可以持续沿用的 BIM 情报,以促进 BIM 的推行。

英国政府表明从 2011 年开始,对所有公共建筑项目强制性使用 BIM。同时为了实现上述目标,英国政府专门成立 BIM 任务小组(BIM Task Group)主导一系列 BIM 简介会,并且为了提供 BIM 培训项目初期情报,发布 BIM 学习构架。2013 年末,BIM 任务小组发布一份关于 COBie 要求的报告,以处理基础设施项目信息交换问题。

3. 芬兰

对于 BIM 的采用,全世界没有其他国家可以赶得上芬兰。作为芬兰财务部(The Finnish Ministry of Finance)旗下最大的国有企业,国有地产服务公司(Senate Properties)早在 2007 年就要求在自己的项目中使用 IFC/BIM。

4. 挪威

挪威政府在 2010 年发布声明将致力发展 BIM。随后众多公共机关开始着手实施 BIM。例如,挪威国防产业部(The Norwegian Defense Estates Agency)开始实施三个 BIM 试点项目。作为公共管理公司和挪威政府主要顾问,Statsbygg 要求所有新建建筑使用可以兼容 IFC 标准的 BIM。为了推广 BIM 的采用,Statsbygg 主要对建筑效率、室内导航、基于地理的模拟与能耗计算等 BIM 应用展开研发项目。

5. 丹麦

丹麦政府为了向政府项目提供 BIM 情报通信技术,在 2007 年着手实施数字化建设项目(the Digital Construction Project)。通过此项目开发出的 BIM 要求事项在随后由政府客户,如皇家地产公司(the Palaces & Properties Agency)、国防建设服务公司(the Defense Construction Service),相继使用。

6. 瑞典

虽然 BIM 在瑞典国内建筑业已被采用多年,可是瑞典政府直到 2013 年才由瑞典交通部(Swedish Transportation Administration)发表声明使用 BIM 之后开始推行。瑞典交通部同时声明从 2015 年开始,对所有投资项目强制使用 BIM。

7. 澳大利亚

2012 年澳大利亚政府通过发布国家 BIM 行动方案(National BIM Initiative)报告制定多项 BIM 应用目标。这份报告由澳大利亚 building SMART 协会主导并由建筑环境创新委员会(Built Environment Industry Innovation Council,BEIIC)授权发布。此方案主要提出如下观点:2016 年 7 月 1 日起,所有的政府采购项目强制性使用全三维协同 BIM 技术;鼓励澳大利亚州及地区政府采用全三维协同 Open BIM 技术;实施国家 BIM 行动方案。

澳大利亚本地建筑业协会同样积极参与 BIM 推广。例如,机电承包协会(Air Conditioning & Mechanical Contractors' Association,AMCA)发布 BIM - MEP 行动方案,促进推广澳大利亚建筑设备领域应用 BIM 与整合式项目交付(Integrated Project Delivery,IPD)技术。

8. 新加坡

早在 1995 年,新加坡启动房地产建造网络(Construction Real Estate NETwork,CORENET)以推广及要求 AEC 行业 IT 与 BIM 的应用。之后,建设局(Building and Construction Authority,BCA)等新加坡政府机构开始使用以 BIM 与 IFC 为基础的网络提交系统(e-submission system)。在 2010 年,新加坡建设局发布 BIM 发展策略,要求在 2015 年建筑面积大于五千平方米的新建建筑项目中,BIM 和网络提交系统使用率达到 80%。同时,新加坡政府希望在后 10 年内,利用 BIM 技术为建筑业的生产力带来 25% 的性能提升。2010 年,新加坡建设局建立建设 IT 中心(Center for Construction IT,CCIT)以帮助顾问及建设公司开始使用 BIM,并在 2011 年开发多个试点项目。同时,建设局建立 BIM 基金以鼓励更多的公司将 BIM 应用到实际项目上,并多次在全球或全国范围内举办 BIM 竞赛大会以鼓励 BIM 创新。

9. 日本

2010 年,日本国土交通省声明对政府新建与改造项目的 BIM 试点计划,此为日本政府首次公布采用 BIM 技术。

除开日本政府机构,一些行业协会也开始将注意力放到 BIM 应用。2010 年,日本建设业联合会(Japan Federation of Construction Contractors,JFCC)在其建筑施工委员会(Building Construction Committee)旗下建立了 BIM 专业组,通过标准化 BIM 的规范与使用方法提高施工阶段 BIM 所带来的利益。

10. 韩国

2012 年 1 月,韩国国土海洋部(Korean Ministry of Land,Transport & Maritime Affairs,MLTM)发布 BIM 应用发展策略,表明 2012 年到 2015 年间对重要项目实施四维 BIM 应用并从 2016 年起对所有公共建筑项目使用 BIM。另一个国家机构韩国公共采购服务中心(Public Procurement Service,PPS)在 2011 年发布 BIM 计划,并计划在 2013 年到 2015 年间对总承包费用大于 5000 万美元的项目使用 BIM,并从 2016 年起对所有政府项目强制性应用 BIM 技术。

在韩国,以国土海洋部为首的许多政府机构参与 BIM 研发项目。从 2009 年起,国土海洋部就持续向多个研发项目进行资金补助,包括名为 SEUMTER 的建筑许可系统以及一些基于 Open BIM 的研发项目,如超高层建筑项目的 Open BIM 信息环境技术(Open BIM Information Environment Technology for the Super-tall Buildings Project)、建立可提高设计生产力的基于 Open BIM 的建筑设计环境(Establishment of Open BIM based Building Design Environment for Improving Design Productivity)。同样,韩国公共采购服务中心在 2011 年对造价管理咨询(Cost Management Consulting)研发项目提供资金支持。

1.2.3　BIM 在国内的发展路径与相关政策

2011 年,中华人民共和国住房城乡建设部发布《2011—2015 年建筑业信息化发展纲要》,声明在"十二五"期间,基本实现建筑企业信息系统的普及应用,加快建筑信息模型、基于网络的协同工作等新技术在工程中的应用,推动信息化标准建设,促进具有自主知识产权软件的产业化,形成一批信息技术应用达到国际先进水平的建筑企业。这一年被业界普遍认为是中国的 BIM 元年。

2016 年,中华人民共和国住房城乡建设部发布《2016—2020 年建筑业信息化发展纲要》,声明全面提高建筑业信息化水平,着力增强 BIM、大数据、智能化、移动通信、云计算、物联网等信息技术集成应用能力,建筑业数字化、网络化、智能化取得突破性进展,初步建成一体化行业监管和服务平台,数据资源利用水平和信息服务能力明显提升,形成一批具有较强信息技术创新能力和信息化应用达到国际先进水平的建筑企业及具有关键自主知识产权的建筑业信息技术企业。

此外,中华人民共和国住房城乡建设部在 2013 年到 2016 年期间,先后发布若干 BIM 相关指导意见:

①2016 年以前政府投资的 2 万平方米以上大型公共建筑以及省报绿色建筑项目的设计、施工采用 BIM 技术。

②截至 2020 年,完善 BIM 技术应用标准、实施指南,形成 BIM 技术应用标准和政策体系;在有关奖项,如全国优秀工程勘察设计奖、鲁班奖(国际优质工程奖)及各行业、各地区勘察设计奖和工程质量最高的评审中,设计应用 BIM 技术的条件。

③推进建筑信息模型(BIM)等信息技术在工程设计、施工和运行维护全过程的应用,提高综合效益,推广建筑工程减隔震技术,探索开展白图代替蓝图、数字化审图等工作。

④到 2020 年末,建筑行业甲级勘察、设计单位以及特级、一级房屋建筑工程施工企业应掌握并实现 BIM 与企业管理系统和其他信息技术的一体化集成应用。

⑤到 2020 年末,以下新立项项目勘察设计、施工、运营维护中,集成应用 BIM 的项目比率达到 90%:以国有资金投资为主的大中型建筑;申报绿色建筑的公共建筑和绿色生态示范小区。

同时,随着 BIM 发展进步,各地方政府按照国家规划指导意见也陆续发布地方 BIM 相关政策,鼓励当地工程建设企业全面学习并使用 BIM 技术,促进企业、行业转型升级,以适应社会发展的需要。

1.2.4　BIM 的应用

BIM 发展至今,已经从单点和局部的应用发展到集成应用,同时也从阶段性应用发展到了项目全生命周期应用。

1. 规划阶段 BIM 应用

（1）模拟复杂场地分析。随着城市建筑用地的日益紧张，城市周边山体用地将日益成为今后建筑项目、旅游项目等开发的主要资源，而山体地形的复杂性，又势必给开发商们带来选址难、规划难、设计难、施工难等问题。但如能通过计算机，直观地再现及分析地形的三维数据，则将节省大量时间和费用。借助 BIM 技术，通过原始地形等高线数据，建立起三维地形模型，并加以高程分析、坡度分析、放坡填挖方处理，从而为后续规划设计工作奠定基础。比如，通过软件分析得到地形的坡度数据，以不同跨度分析地形每一处的坡度，并以不同颜色区分，则可直观看出哪些地方比较平坦，哪些地方陡峭。进而为开发选址提供有力依据，也避免过度填挖土方，造成无端浪费。

（2）进行可视化能耗分析。从 BIM 技术层面而言，可进行日照模拟、二氧化碳排放计算、自然通风和混合系统情境仿真、环境流体力学情境模拟等多项测试比对，也可将规划建设的建筑物置于现有建筑环境当中，进行分析论证，讨论在新建筑增加情况下各项环境指标的变化，从而在众多方案中优选出更节能、更绿色、更生态、更适合人居的最佳方案。

（3）进行前期规划方案比选与优化。通过 BIM 三维可视化分析，也可对于运营、交通、消防等其他各方面规划方案，进行比选、论证，从中选择最佳结果。亦即，利用直观的 BIM 三维参数模型，让业主、设计方（甚至施工方）尽早地参与项目讨论与决策，这将大大提高沟通效率，减少不同人因对图纸理解不同而造成的信息损失及沟通成本。

2. 设计阶段 BIM 应用

从 BIM 的发展可以看到，BIM 最开始的应用就是在设计阶段，然后再扩展到建筑工程的其他阶段。BIM 在方案设计、初步设计、施工图设计的各个阶段均有广泛的应用，尤其是在施工图设计阶段的冲突检测及三维管线综合以及施工图出图方面。

（1）可视化功能有效支持设计方案比选。在方案设计和初步分析阶段，利用具有三维可视化功能的 BIM 设计软件，一方面设计师可以快速通过三维几何模型的方式直接表达设计灵感，直接就外观、功能、性能等多方面进行讨论，形成多个设计方案，进行一一比选，最终确定出最优方案。另一方面，在业主进行方案确认时，协助业主针对一些设计构想、设计亮点、复杂节点等通过三维可视化手段予以直观表达或展现，以便了解技术的可行性、建成的效果，以及便于专业之间的沟通协调，及时作出方案的调整。

（2）可分析性功能有效支持设计分析和模拟。确定项目的初步设计方案后，需要进行详细的建筑性能分析和模拟，再根据分析结果进行设计调整。BIM 三维设计软件可以导出多种格式的文件与基于 BIM 技术的分析软件和模拟软件无缝对接，进行建筑性能分析。这类分析与模拟软件包括日照分析、光污染分析、噪声分析、温度分析、安全疏散模拟、垂直交通模拟等，能够对设计方案进行全性能的分析，只要简单地输入 BIM 模型，就可以提供数字化的可视分析图，对提高设计质量有很大的帮助。

（3）集成管理平台有效支持施工图的优化。BIM 技术将传统的二维设计图纸转变为三维模型并整合集成到同一个操作平台中，在该平台通过链接或者复制功能融合所有专业模型，直观地暴露各专业图纸本身问题以及相互之间的碰撞问题。使用局部三维视图、剖面视图等功能进行修改调整，提高了各专业设计师及负责人之间的沟通效率，在深化设计阶段解决大量设计不合理问题、管线碰撞问题，空间得到最优化，最大限度地提高施工图纸的质量，减少后期图纸变更数量。

（4）参数化协同功能有效支持施工图的绘制。在设计出图阶段，方案的反复修改时常发生，某一专业的设计方案发生修改，其他专业也必须考虑协调问题。基于 BIM 的设计平台所有的视图中（剖面图、三维轴测图、平面图、立面图）构件和标注都是相互关联的，设计过程中只要在某一视图进行修改，其他视图构件和标注也会跟着修改，如图 1-3 所示。不仅如此，施工图纸在 BIM 模型中也是自动生成的，这让设计人员对图纸的绘制、修改的时间大大减少。

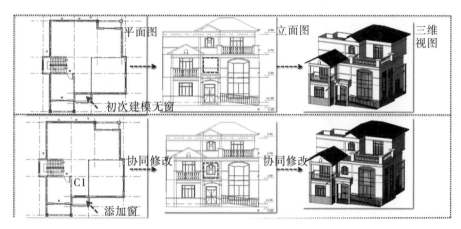

图 1-3　一处修改处处更新（关联修正）

3. 施工阶段 BIM 应用

施工阶段是项目由虚到实的过程，在此阶段施工单位关注的是在满足项目质量的前提下，运用高效的施工管理手段，对项目目标进行精确的把控，确保工程按时保质保量完成。而 BIM 在进度控制与管理、工程量的精确统计等方面均能发挥巨大的作用。

（1）BIM 为进度管理与控制提供可视化解决方法。施工计划的编制是一个动态且复杂的过程，通过将 BIM 模型与施工进度计划相关联，可以形成 BIM 4D 模型，通过在 4D 模型中输入实际进度，则可实现进度实际值与计划值的比较，提前预警可能出现的进度拖延情况，实现真正意义上的施工进度动态管理。不仅如此，在资源管理方面，以工期为媒介，可快速查看施工期间劳动力、材料的供应情况、机械运转负荷情况，提早预防资源用量高峰和资源滞留的情况发生，做到及时把控，及时调整，及时预案，从而防止出现进度拖延。

（2）BIM 为施工质量控制和管理提供技术支持。工程项目施工中对复杂节点和关键工序的控制是保证施工质量的关键，4D 模拟不但可以模拟整个项目的施工进度，还可以对复杂技术方案的施工过程和关键工艺及工序进行模拟，实现施工方案可视化交底，避免由语言文字和二维图纸交底引起的理解分歧和信息错漏等问题，提高建筑信息的交流层次并且使各参与方之间沟通方便，为施工过程各环节的质量控制提供新的技术支持。另外，通过 BIM 与物联网技术可以实现对整个施工现场的动态跟踪和数据采集，在施工过程中对物料进行全过程的跟踪管理，记录构件与设备施工的实时状态与质量检测情况，管理人员及时对质量情况进行分析和处理，BIM 为大型建设项目的质量管理开创新途径和新方法提供了有力的支持。

（3）BIM 为施工成本控制提供有效数据。对施工单位而言，具体工程实量、具体材料用量是工程预算、材料采购、下料控制、计量支付和工程结算的依据,是涉及项目成本控制的重要数据。BIM 模型中构件的信息是可运算的,且每个构件具有独特的编码,通过计算机可自动识别、统计构件数量,再结合实体扣减规则,实现工程实量的计算。在施工过程中结合BIM 资源管理软件,从不同时间段、不同楼层、不同分部分项工程,对工程实量进行计算和统计,根据这些数据从材料采购、下料控制、计量支付和工程结算等不同的角度对施工项目的成本进行跟踪把控,使建筑施工的成本得到有效控制。

(4)BIM 为协同管理工作提供平台服务。施工过程中,不同参与方、不同专业、不同部门岗位之间需要协同工作,以保证沟通顺畅,信息传达正确,行为协调一致,避免事后扯皮和返工是非常有必要的。利用 BIM 模型可视化、参数化、关联化等特性,将模型信息集成到同一个软件平台,实现信息共享。施工各参与方均在 BIM 基础上搭建协同工作平台,以 BIM 模型为基础进行沟通协调,在图纸会审方面,能在施工前期解决图纸问题;在施工现场管理方面,实时跟踪现场情况;在施工组织协调方面,提高各专业间的配合度,合理组织工作。

4. 运维阶段 BIM 应用

运营阶段是项目投入使用的阶段,在建筑生命周期中持续时间最长。在运营阶段中,设施运营和维护方面耗费的成本不容小觑。BIM 能够提供关于建筑项目协调一致和可计算的信息,该信息可以共享和重复使用。通过建立基于 BIM 的运维管理系统,业主和运营商可大大降低由于缺乏操作性而导致的成本损失。目前 BIM 在设施维护中的应用主要在设备运行管理和建筑空间管理两方面。

(1)建筑设备智能化管理。利用基于 BIM 的运维管理系统,能够实现在模型中快速查找设备相关信息,例如:生产厂商、使用期限、责任人联系方式、使用说明等信息,通过对设备周期的预警管理,可以有效防止事故的发生,利用终端设备、二维码和 RFID 技术,迅速对发生故障设备进行检修,如图 1-4 所示。

图 1-4　设备运维系统

（2）建筑空间智能化管理。对于大型商业地产项目而言，业主可以通过 BIM 模型直观地查看每个建筑空间上的租户信息，如租户的名称、建筑面积、租金情况，还可以实现租户各种信息的提醒功能。同时还可以根据租户信息的变化，随时进行数据的调整和更新。

1.3 BIM 技术相关标准

1.3.1 BIM 标准概述

BIM 作为一个建筑工程领域全新的概念，目前被多数国家采用并推广，而各国政府在 BIM 的采用与推广过程中起到了主导性作用。各国政府先后建立 BIM 研究机构或者与其他公共机构合作，制定符合各国需求的国家 BIM 标准指南，并随着研发进度相继优化更新已出的条款。同时，各国大学与地方政府在政府大力支持下，各自研究推广地区 BIM 标准。

1.3.2 国外 BIM 标准

1. 美国

到 2015 年为止，美国各公共机构前后发布 47 份 BIM 标准与指南，其中 17 份来自政府机构，30 份来自非营利机构。其中大部分标准都包含项目实施计划（Project Execution Plan）、建模方法论（Modeling Methodology）与构件表达方式及数据组织（Component Presentation Style and Data Organization）。而最大的差异来自于细节程度（Level of Details），大约有一半的标准并未提供模型在各阶段所需要的精度指标。

47 份 BIM 标准与指南中有 24 份是由国家级组织机构主导发布。

GSA 为了支持 3D‐4D‐BIM 计划推广，先后发布 8 本 BIM 指南系列。分别为：

①第一册：3D‐4D‐BIM 简介（3D‐4D‐BIM Overview）。介绍 BIM 技术，尤其是 GSA 的 3D‐4D‐BIM 如何运用在建筑工程项目中，主要对象是 BIM 入门用户。

②第二册：检验空间规划（Spatial Program Validation）。介绍 BIM 如何用于设计并检验复核 GSA 要求的空间规划。

③第三册：三维激光扫描（3D Laser Scanning）。为三维成像与评价标准提供指南。

④第四册：四维工程计划（4D Phasing）。定义四维工程计划范围，并提供技术指南。

⑤第五册：能源效率（Energy Performance）。介绍项目各阶段能耗模拟重要性及模拟流程。

⑥第六册：人流与保安验证（Circulation and Security Validation）。介绍 BIM 如何用于设计决策，以保障满足相应要求。

⑦第七册：建筑因素（Building Element）。介绍不同构架的建筑信息，并为信息的建立、修改与维护提供指导意见。

⑧第八册：设施管理（Facility Management）。为设施管理提供 BIM 应用指南，并规定 BIM 模型需满足的最低技术要求。

美国建筑科学研究院在 2007 年与 2012 年相继发布美国 BIM 标准（National Building Information Modeling Standard）第一版与第二版，而在 2015 年末，发布此标准第三版。第三版包含从规划到设计、施工及运营的建筑全生命周期中的 BIM 标准。

美国建筑师协会（American Institute of Architects，AIA）在 2008 年发布《E202TM—2008 建筑信息模型展示协议》（E202TM‐2008 Building Information Modeling Protocol Exhibit),制定五类开发等级(Levels of Development)与相应 BIM 应用要求。

2. 英国

为了实现英国政府 2016 年开始在政府项目中全面使用 BIM 的目标,建设委员会(Construction Industry Council,CIC)与 BIM 任务小组合作推出多项 BIM 标准。在 BIM 任务小组的主导与技术支持下,建设委员会在 2013 年发布两项 BIM 标准:BIM 协议(BIM Protocol V1)与使用 BIM 过程中专业赔偿保险实践指南(Best Practice Guide for Professional Indemnity Insurance When Using BIMs V1)。前者确定项目团队在所有建设合同中所需达到的 BIM 要求,后者对 BIM 项目中所能遇到的专业赔偿保险的主要风险进行了概述。

同时,许多英国本地非营利机构,如英国标准机构(British Standards Institution,BSI)与 AEC - UK 委员会(the AEC - UK Committee),也发布了各自 BIM 标准。英国标准机构 B/555 委员会(BSI B/555 Committee)从 2007 年起,为建筑业全生命周期信息的数字化定义与交换出台多项标准。例如,PAS 1192 - 2:2013 说明信息管理流程以支持交付阶段的二等级 BIM(BIM Level 2);PAS 1192 - 3:2014 则将重点放在运营阶段中的资产。AEC - UK 委员会在 2009 年与 2012 年先后发布首版 BIM 标准(BIM Standard)与第二版 BIM 协议(BIM Protocol Version 2.0)。从 2012 年开始,AEC - UK 委员会将 BIM 协议扩展到各软件平台,包括 Autodesk Revit、Bentley AECOsim Building Designer 与 Grphisoft ArchiCAD。

3. 芬兰

芬兰国有地产服务公司在建设公司、咨询公司等多家企业的协助支持下,在 2012 年发布全新 BIM 指南(The Common BIM Requirements 2012 V1.0)。这本指南包含由多家经验丰富的企业与组织提供的 13 个要求事项,因此其实用性非常高。同年芬兰混凝土协会发表制作混凝土结构物的 BIM 指南。

4. 挪威

到 2013 年为止,挪威政府与非营利机构共发布 6 项 BIM 标准。为了准确说明兼容 IFC 标准的 BIM,Statsbygg 在 2008 年到 2013 年先后发布四个版本的 BIM 标准(Statsbygg Building Information Modeling Manual)。作为政府主导开发的标准,挪威政府项目将强制性应用该标准,同时它还适用于挪威所有建筑工程项目。挪威住建协会(Norwegian Home Builders' Association)也在 2011 年与 2012 年发布第一版与第二版的 BIM 标准,主要对常用软件工具进行了介绍,并对能耗模拟、造价计算、通风与屋架等四个部分进行了详细的说明。

5. 丹麦

2007 年,国家企业建设局(the National Agency for Enterprise and Construction)发布四种 3D CAD/BIM 应用指南,分别为 3D CAD Manual 2006、3D Working Method 2006、3D CAD Project Agreement 2006 与 Layer and Object Structure 2006。

6. 瑞典

瑞典非营利机构瑞典标准协会(Swedish Standards Institute,SSI)在 2009 年发布施工与设施管理的数字化交付(Digital Deliverables for Construction and Facilities Management)。由于此标准仅为管理指南,缺乏具体方法与案例,因此 2009 年 OpenBIM 机构(OpenBIM Organization)在瑞典成立并建立当地 BIM 标准。

7. 澳大利亚

2009年,澳大利亚合作研究中心(Cooperative Research Centre,CRC)建筑创新部发布国家信息模型指南(National Guidelines for Digital Modeling)以推广BIM技术在本国建筑与施工行业的应用。指南对模型的建造、开发、模拟及性能评测进行了详细的讲解。2011年,由澳大利亚政府资助的非营利机构,建筑信息系统公司(Construction Information Systems Limited)发布BIM指南,并取名为NATSPEC国家BIM指南(NATSPEC National BIM Guide),指南包含BIM优势、建模方法论、展现方式与交付要求。一年之后,该机构再次发布一个辅助文档"BIM项目管理计划模板"(Project BIM Management Plan Template)。

8. 新加坡

作为全球发展BIM最前卫的国家之一,新加坡已出台12项BIM标准。大部分标准都对建模方法论与构件表达方式及数据组织进行了详细的解释,可是有一部分标准并未提起项目规划实施计划与细节程度。唯有建设部发布的BIM指南(BIM Guide)含有上述四个因素。

9. 日本

相比于其他发达国家,日本在BIM标准开发进度上相对较慢。直到2012年,日本建筑师协会(Japan Institute of Architects,JIA)发布BIM标准指南,此标准对建筑师提供了BIM的流程化与交付要求。

10. 韩国

到目前为止,韩国国土海洋部、韩国公共采购服务中心、韩国建设交通技术评价机构及韩国建设技术研究院先后发布6个BIM标准。

2009年,韩国建筑BIM标准(National Architectural BIM Guide)项目在国土海洋部出资主导下,由韩国buildingSMART协会与庆熙大学(Kyung Hee University)合作开发。此标准含三个指南:BIM工作指南、技术指南与管理指南。

韩国公共采购服务中心从2010年开始也主持建立BIM指南,由韩国buildingSMART协会、庆熙大学及熙林建筑事务所(Heerim Architecture)共同开发,已推出建筑BIM指南(PPS Guideline V1:Architectural BIM Guide)与基于BIM的造价管理指南(PPS Guideline V2:BIM based Cost Management Guide)。

1.3.3 国内BIM标准

1. 国家级

中华人民共和国住房城乡建设部在2011年声明"十二五"期间大力发展BIM之后不久,在2012年批准了5个关于建筑工程的BIM国家标准编制。5个标准为:《建筑工程信息模型应用统一标准》《建筑工程信息模型储存标准》《建筑工程信息模型分类和编码标准》《建筑工程设计信息模型交付标准》《建筑工程施工信息模型应用标准》。其中《建筑工程模型应用统一标准》(GB/T 51212—2016)正式发布,自2017年7月1日起实施。

2. 行业级

为规范建筑工程设计信息模型的表达方式,协调建筑工程各参与方识别建筑工程设计信息,2014年成立了《建筑工程设计信息模型制图标准》编委会,经历了两年的行业探索与研究,在2016年编委会决定将《制图标准》更名为《表达标准》,贴近模型实际,更适用于建筑工程设计和建造过程中建筑工程设计信息模型的建立、传递和使用,各专业之间的协同,工程设计各参与方的协作等过程。建筑装饰行业工程建设标准已制定并颁布,《建筑装饰装修工程 BIM 实施标准》(T/CBDA – 3—2016)自 2016 年 12 月 1 日起实施。

3. 地方级

各直辖市与各省政府陆续推出地方 BIM 标准供建筑工程单位使用。

(1)北京市:2014 年由北京市质量技术监督局与北京市规划委员会共同发布《民用建筑信息模型设计标准》,此标准涉及 BIM 的资源要求、模型深度要求、交付要求等 BIM 应用过程中所需的基本内容。

(2)上海市:2015 年由上海市城乡建设管理委员会发布《上海市建筑信息模型技术应用指南》。此指南在国家 BIM 标准基础上,针对上海地区建筑工程项目的特点,建立了相应技术标准,并界定各项目参与方权利与义务。上海专项行业标准也在积极制定中。

(3)深圳市:2015 年由深圳市建筑工务署发布《BIM 实施管理标准》。此标准对深圳市新建、改建、扩建项目在应用 BIM 时所需满足的职责、交付、协同等提出要求。

(4)香港特区:香港房屋委员会在 2009 年发布了香港首个 BIM 标准并推广到整个建筑工程行业,此标准包含 BIM 标准(BIM Standard)、用户指南(User Guide)、构件设计指南(Library Component Design Guide)和参考文献(Reference)。2013 年,香港建设部(Construction Industry Council,CIC)建立了一个 BIM 工作小组并指定由该组织开发 BIM 标准,最终在 2015 年初出版。

(5)浙江省:2016 年由浙江省住房和城乡建设厅发布《浙江省建筑信息模型(BIM)技术应用导则》,针对 BIM 实施的组织管理与 BIM 技术应用点提出了相应的要求。

第 2 章　BIM 工具与相关技术

教学导入

工欲善其事,必先利其器。想要认识 BIM,了解 BIM,掌握 BIM 技术的应用,离不开工具的支持。从设计到施工,从施工到运维管理,都需要建立和使用 BIM 模型,增强项目参与各方之间的沟通。因此以需求为导向,模型为基础,就需要对 BIM 工具及相关技术有一定的认识。

本章主要介绍 BIM 软硬件工具,并分析工具软件的应用方向。同时对 BIM 与其他相关技术的结合应用进行阐述与展望。

学习要点

- BIM 工具
- BIM 的相关技术

2.1　BIM 工具概述

BIM 应用离不开软硬件的支持,在项目的不同阶段或不同目标单位,需要选择不同软件并予以必要的硬件和设施设备配置。BIM 工具有软件、硬件和系统平台三种类别。硬件工具如计算机、三维扫描仪、3D 打印机、全站仪机器人、手持设备、网络设施等。系统平台是指由 BIM 软硬件支持的模型集成、技术应用和信息管理的平台体系。这里主要介绍软件工具。

BIM 软件的数量十分庞大,BIM 系统并不能靠一个软件实现,或靠一类软件实现,而是需要不同类型的软件,而且每类软件也可选择不同的产品。这里通过对目前在全球具有一定市场影响或占有率,并且在国内市场具有一定认识和应用的 BIM 软件(包括能发挥 BIM 价值的软件)进行梳理和分类,希望对 BIM 软件有个总体了解。

先对 BIM 软件的各个类型作一个归纳,如图 2-1 所示,BIM 软件分核心建模软件和用模软件。图中央为核心建模软件,围绕其周围的均为用模软件。

2.1.1　BIM 核心建模软件

这类软件英文通常叫"BIM Autho-

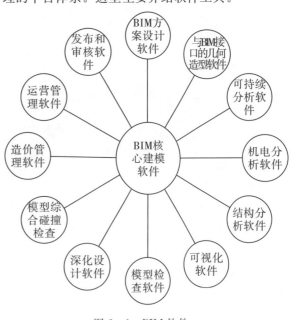

图 2-1　BIM 软件

ring Software",是 BIM 的基础,换句话说,正是因为有了这些软件才有了 BIM,也是从事 BIM 的同行要碰到的第一类 BIM 软件。因此我们称它们为"BIM 核心建模软件",简称 "BIM 建模软件"。BIM 核心建模软件分类详见图 2-2。

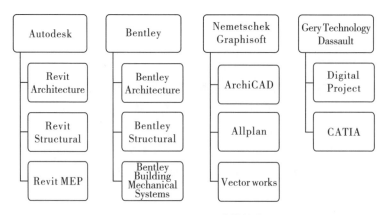

图 2-2　BIM 核心建模软件

从图 2-2 中可以了解到,BIM 核心建模软件主要有以下 4 个方向:

(1)Autodesk 公司的综合性最强,包含 Revit 建筑、结构和机电系列,在民用建筑市场借助 AutoCAD 已有的优势,有相当不错的市场表现。Revit 平台的核心是 Revit 参数化更改引擎,它可以自动协调在任何位置(例如在模型视图或图纸、明细表、剖面、平面图中)所作的更改,针对特定专业的建筑设计和文档系统,支持所有阶段的设计和施工图纸,多视口建模如图 2-3 所示。

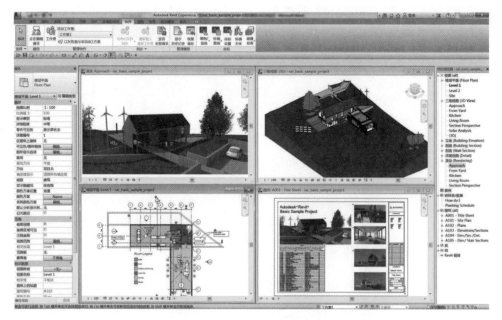

图 2-3　Revit 建模工作界面

（2）Bentley 侧重专业领域的市场耕耘，包括建筑、结构和设备系列，Bentley 产品在工厂设计（石油、化工、电力、医药等）和基础设施（道路、桥梁、市政、水利等）领域有无可争辩的优势。开发出 MicroStation TriForma 这一专业的 3D 建筑模型制作软件（由所建模型可以自动生成平面图、剖面图、立面图、透视图及各式的量化报告，如数量计算、规格与成本估计），如图 2-4 所示。

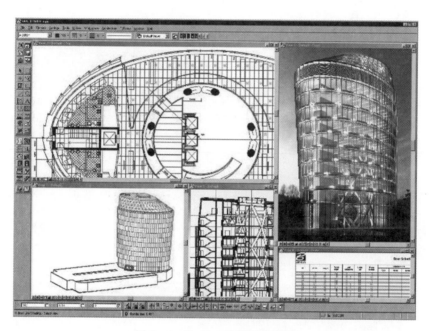

图 2-4　Bentley 建模工作界面

（3）ArchiCAD 最早普及了 BIM 的概念，自从 2007 年 Nemetschek 收购 Graphisoft 以后，ArchiCAD、Allplan、VectorWorks 三个产品就被归到同一个系列里面了，其中国内同行最熟悉的是 ArchiCAD（见图 2-5），属于一个面向全球市场的产品，应该可以说是最早的一个具有市场影响力的 BIM 核心建模软件，但是在中国由于其专业配套的功能（仅限于建筑专业）与多专业一体的设计院体制不匹配，很难实现业务突破。Nemetschek 的另外 2 个产品，Allplan 主要市场在德语区，VectorWorks 则是其在美国市场使用的产品名称。

（4）Dassault 公司的 CATIA 是全球最高端的机械设计制造软件，如图 2-6 所示，在航空、航天、汽车等领域具有接近垄断的市场地位，应用到工程建设行业无论是对复杂形体还是超大规模建筑，其建模能力、表现能力和信息管理能力都比传统的建筑类软件有明显优势，而与工程建设行业的项目特点和人员特点的对接问题则是其不足之处。Digital Project 是 Gery Technology 公司在 CATIA 基础上开发的一个面向工程建设行业的应用软件（二次开发软件），其本质还是 CATIA，就跟天正的本质是 AutoCAD 一样。

BIM 的核心建模软件除了这四大系列外，目前还有四个被广泛应用的后起之秀，它们是 Google 公司的草图大师 SketchUp、Robert McNeel 的犀牛 Rhino、FormZ 及 Tekla，SketchUp 和 Rhino 的市场更大。SketchUp 最简单易用，建模极快，最适合前期的建筑方案推敲，因为建立的为形体模型，难以用于后期的设计和施工图；Rhino 广泛应用于工业造型设计，简单快速，不受约束的自由造形 3D 和高阶曲面建模工具，在建筑曲面建模方面可大展身手；

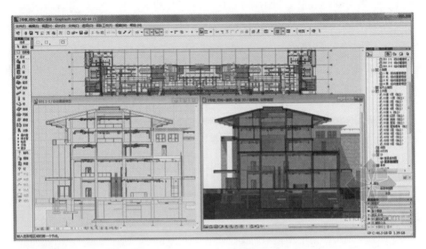

图 2-5　ArchiCAD 建模工作界面

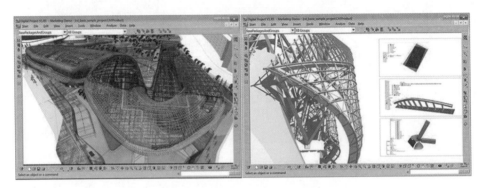

图 2-6　CATIA 建模工作界面

Formz 类似 AutoDesk 的 Max,也是国外 3D 绘图的常用设计工具;来自芬兰 Tekla 公司的 Tekla Structure(Xsteel)用于不同材料的大型结构设计,在国外占有很大市场份额,目前在国内发展迅速,但比较复杂,不易掌握,对异形结构支持弱。

　　因此,对于一个项目或企业 BIM 核心建模软件技术路线的确定,可以考虑如下基本原则:民用建筑用 Autodesk Revit;工厂设计和基础设施用 Bentley;单专业建筑事务所选择 ArchiCAD、Revit、Bentley 都有可能成功;项目完全异形、预算比较充裕的可以选择 Digital Project 或 CATIA。

2.1.2　BIM 可持续(绿色)分析软件

　　可持续或者绿色分析软件如图 2-7 所示,可以使用 BIM 模型的信息对项目进行日照、风环境、热工、景观可视度、噪音等方面的分析,主要软件有国外的 Echotect、Green Building Studio、IES 以及国内的 PKPM 等。

2.1.3　BIM 机电分析软件

　　水暖电等设备和电气分析软件,如图 2-8 所示。国内产品有鸿业、博超等,国外产品有 Design Master、IES Virtual Environment、Trane Trace 等。

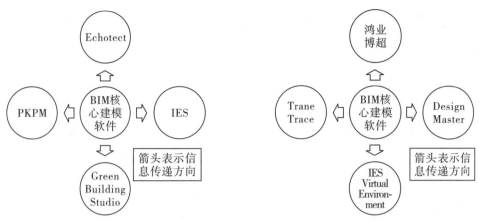

图 2-7 BIM 可持续(绿色)分析软件　　　图 2-8 BIM 机电分析软件

2.1.4 BIM 结构分析软件

结构分析软件是目前和 BIM 核心建模软件集成度比较高的产品,基本上两者之间可以实现双向信息交换,即结构分析软件可以使用 BIM 核心建模软件的信息进行结构分析,分析结果对结构的调整又可以反馈回到 BIM 核心建模软件中去,自动更新 BIM 模型。

ETABS、STAAD、Robot 等国外软件以及 PKPM 等国内软件都可以跟 BIM 核心建模软件配合使用,如图 2-9 所示。

2.1.5 BIM 可视化软件

有了 BIM 模型以后,对可视化软件的使用至少有如下好处:

(1)可视化建模的工作量减少了;

(2)模型的精度和与设计(实物)的吻合度提高了;

(3)可以在项目的不同阶段以及各种变化情况下快速产生可视化效果。

常用的可视化软件包括 3ds Max、Artlantis、AccuRender 和 Lightscape 等,如图 2-10 所示。

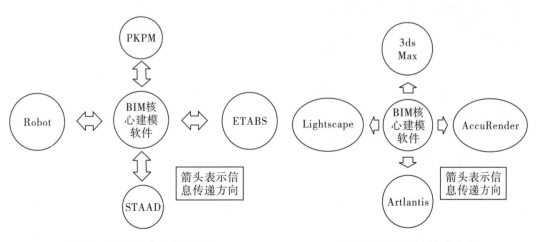

图 2-9 BIM 结构分析软件　　　　图 2-10 BIM 可视化软件

2.1.6 BIM深化设计软件

Xsteel是目前最有影响的基于BIM技术的钢结构深化设计软件,该软件可以使用BIM核心建模软件的数据,对钢结构进行面向加工、安装的详细设计,生成钢结构施工图(加工图、深化图、详图)、材料表、数控机床加工代码等。图2-11是Xsteel设计的一个例子(由宝钢钢构提供)。

2.1.7 BIM模型综合碰撞检查软件

有两个根本原因直接导致了模型综合碰撞检查软件的出现:①不同专业人员使用各自的BIM核心建模软件建立自己专业相关的BIM模型,这些模型需要在一个环境里面集成起来才能完成整个项目的设计、分析、模拟,而这些不同的BIM核心建模软件无法实现这一点;②对于大型项目来说,硬件条件的限制使得BIM核心建模软件无法在一个文件里面操作整个项目模型,但是又必须把这些分开创建的局部模型整合在一起研究整个项目的设计、施工及其运营状态。

模型综合碰撞检查软件的基本功能包括集成各种三维软件(包括BIM软件、三维工厂设计软件、三维机械设计软件等)创建的模型,进行3D协调、4D计划、可视化、动态模拟等,属于项目评估、审核软件的一种。常见的模型综合碰撞检查软件有Autodesk Navisworks、Bentley Projectwise Navigator和Solibri Model Checker等,如图2-12所示。

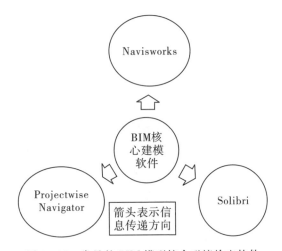

图2-11 Xsteel设计实例   图2-12 常见的BIM模型综合碰撞检查软件

2.1.8 BIM造价管理软件

造价管理软件利用BIM模型提供的信息进行工程量统计和造价分析,由于BIM模型结构化数据的支持,基于BIM技术的造价管理软件可以根据工程施工计划动态提供造价管理需要的数据,这就是所谓BIM技术的5D应用。

国外的BIM造价管理有Innovaya和Solibri、RIB iTWO,鲁班是国内BIM造价管理软件的代表,如图2-13所示。

鲁班对以项目或业主为中心的基于BIM的造价管理解决方案应用给出了如下整体框架,如图2-14所示,这无疑会对BIM信息在造价管理上的应用水平提升起到积极作用,同

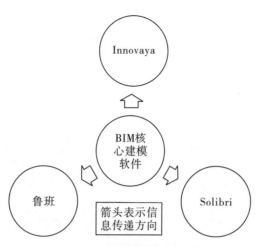

图 2-13　BIM 造价管理软件

时也是全面实现和提升 BIM 对工程建设行业整体价值的有效实践,因此我们知道,能够使用 BIM 模型信息的参与方和工作类型越多,BIM 对项目能够发挥的价值就越大。

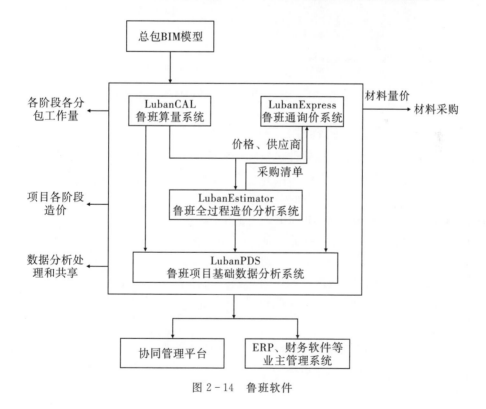

图 2-14　鲁班软件

2.1.9　**BIM 运营管理软件**

可以把 BIM 形象地比喻为建设项目的 DNA。根据美国国家 BIM 标准委员会的资料,一个建筑物生命周期 75% 的成本发生在运营阶段(使用阶段),而建设阶段(设计、施工)的成本只占项目生命周期成本的 25%。

　　BIM 模型为建筑物的运营管理阶段服务是 BIM 应用重要的推动力和工作目标,在这方面美国运营管理软件 ArchiBUS 是最有市场影响的软件之一。

　　图 2-15 是由 FacilityONE 提供的基于 BIM 的运营管理整体框架,对同行认识和了解 BIM 技术的运营管理应用有所帮助。

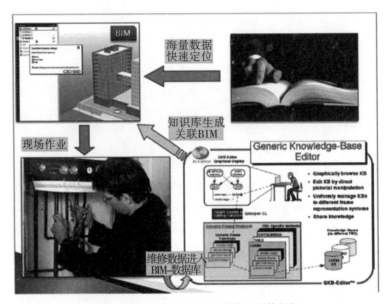

图 2-15　基于 BIM 的运营管理整体框架

2.1.10　BIM 发布审核软件

　　最常用的 BIM 成果发布审核软件包括 Autodesk Design Review、Adobe PDF 和 Adobe 3D PDF,正如这类软件本身的名称所描述的那样,发布审核软件把 BIM 的成果发布成静态的、轻型的、包含大部分智能信息的、不能编辑修改但可以标注审核意见的、更多人可以访问的格式如 DWF、PDF、3D PDF 等,供项目其他参与方进行审核或者利用,如图 2-16 所示。

2.1.11　BIM 常用软件汇总

　　基于上文所述的 BIM 核心建模软件与应用软件的阐述,可见有关 BIM 的软件很多,体系很庞大,而且现在每个软件公司都

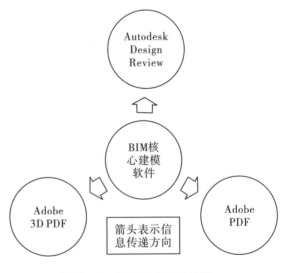

图 2-16　BIM 发布审核软件

在开发更多的功能,一个软件可能以项目周期中一个环节为主兼顾其他几个环节,因而下面我们通过用一张表来帮助理清软件分类,表中软件的排序依据是按照大多数建筑类高校师生使用的频率,并结合 BIM 生命周期从概念、设计、分析、量算和施工的顺序排列,同时又按

地域性差异作出分类,如表2-1所示。

表2-1 BIM常用软件一览表

	BIM 软件及所属公司		特　点
1	概念设计软件	Google 草图大师(美国)	SketchUp	简单易用,建模快,适合前期方案推敲
2		Autodesk(美国)	3ds Max	集 3D 建模、效果图和动画展示于一体,适用于方案后期效果展示
3	设计建模软件	Autodesk（美国）	Revit	集 3D 建模展示、方案和施工图于一体,集成建筑、结构和机电专业,市场应用较广,但对中国标准规范的支持不足
4		Graphisoft(匈牙利)	ArchiCAD	世界上最早的 BIM 软件,集 3D 建模展示、方案和施工图于一体,但对中国标准规范的支持不足
5		Bentley(美国)	Architecture系列	基于 MicroStation 平台,集 3D 建模展示、方案和施工图于一体
6		Robert McNeel(美国)	犀牛 Rhino	不受约束的自由造形 3D 和高阶曲面建模工具,应用于工业造型设计,简单快速,在建筑曲面建模方面可大展身手
7		Dassault(法国)	CATIA	起源于飞机设计,最强大的三维 CAD 软件,独一无二的曲面建模能力,应用于复杂异型的三维建筑设计
8		Tekla Corp(芬兰)	Tekla/Xsteel	应用于不同材料的大型结构设计,但对异形结构支持不足
9		CSI(美国)	SAP2000	集成建筑结构分析与设计,SAP2000 适合多模型计算,拓展性和开放性更强,设置更灵活,趋向于"通用"的有限元分析;ETABS结合中国规范比较好
10			ETABS	
11		中国建筑科学研究院检验科技股份有限公司(中国)	PKPM 系列	集建筑、结构、设备与节能为一体的建筑工程综合 CAD 系统,符合本地化标准
12		天正公司(中国)	天正系列	基于 AutoCAD 平台,遵循国标和设计师习惯,可完成各个设计阶段的任务,为建筑、结构与电气等专业设计提供了全面的解决方案
13		北京理正(中国)	理正系列	基于 AutoCAD 平台,遵循国标和设计师习惯,可在建筑、结构、水电、勘察与岩土系列进行施工图绘制
14		鸿业科技(中国)	鸿业系列	提供了基于 Revit 平台的建筑与机电专业的协同建模和基于 AutoCAD 平台的施工图设计与出图

	BIM 软件及所属公司		特　点
15	环境能源分析	美国能源部与劳伦斯伯克利国家实验室共同开发(美国)	EnergyPlus	用于对建筑中的热环境、光环境、日照、能量分析等方面的因素进行精确的模拟和分析
16		Autodesk(美国)	Ecotect Analysis	
17	施工造价管理	广联达股份有限公司(中国)	广联达系列	基于自主 3D 图形平台研发的系列算量软件,适合全国各省市计算规则与清单、定额库,可快速进行算量建模。其 BIM 5D 平台通过模型与成本关联,以此对项目商务应用进行管控
18		上海鲁班软件(中国)	鲁班系列	基于 AutoCAD 平台开发的土建、钢筋、安装等专业算量软件,其 Luban PDS 系统以算量模型或 BIM 模型以及造价数据为基础,将数据与 ERP 系统对接,形成数据共享,从而对项目进行施工管理
19		深圳斯维尔(中国)	斯维尔系列	基于 AutoCAD 平台进行开发,有设计、节能设计、算量与造价分析等功能,应用于进行编制工程概预、结算与招标投标报价
20	施工管理	Autodesk (美国)	Navisworks	可导入 Autodesk AutoCAD 与 Revit 等软件创建的设计数据,从而可实现动态 4D 模拟、冲突管理、动态漫游等
21		RIB Software(德国)	iTWO	通过整合 CAD 与企业资源管理系统(ERP)的信息及其应用,依据建筑流程,实时获取施工过程的材料、设备信息
22		Vico Software(美国)	Vico Office Suite	5D 虚拟建造软件,包含多个模块,可进行工序模拟、成本估计、体量计算、详图生成、碰撞检查、施工问题检查等应用

目前,BIM 软件众多,可选择范围广,如何正确选择合适的 BIM 软件,并能学以致用,发挥 BIM 价值是摆在 BIM 应用单位和个人面前必须决策的问题。面对中国巨大的市场需求,期待有更多更好的适合中国应用实际的 BIM 软件问世。

2.1.12　软件互操作性

目前,在我国市场上具有影响力的 BIM 软件有几十种,这些软件主要集中在设计阶段和工程量计算阶段,施工管理和运营维护的软件相对较少。而较有影响力的供应商主要包括 Autodesk(美国)、Bentley(美国)、Progman(芬兰)、Graphisoft(匈牙利)以及中国的鸿业、理正、广联达、鲁班、斯维尔等。

根据实验以及应用可以得出这样一个结论:这些 BIM 软件间的信息交互性是存在的,但是在项目运营阶段 BIM 技术并未得到充分应用,使得运营阶段在建设项目的全寿命周期内处于"孤立"状态。然而,在建设项目全寿命周期管理中是以运营为导向实现建设项目价值最大化。如何使得 BIM 技术最大限度符合全寿命周期管理理念,提升我国建设行业生产力水平,值得深入研究。进一步分析,就某一个阶段 BIM 技术而言,应用价值也未达到充分的实现,比如设计阶段中"绿色设计""规范检查""造价管理"三个环节仍出现了"孤岛现象"。当前,如何统筹管理,实现 BIM 在各阶段、各专业间的协同应用,软件互操作性是研究解决的关键。

这里需要指出:BIM 是 10％的技术问题加上 90％的社会文化问题。而目前已有研究中90％是技术问题,这一现象说明,BIM 技术的实现问题并非技术问题,而更多的是统筹管理问题。值得欣喜的是,由中国建筑科学研究院主导的 P-BIM 体系对于提升国内外软件互操作能力,实现建筑全生命期的信息交换取得了阶段性成果。

2.2 BIM 相关技术

近些年随着 BIM 应用的发展,相关技术很多,本书在以下方面作简要介绍,如图 2-17所示。

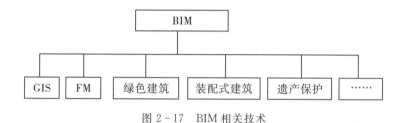

图 2-17　BIM 相关技术

2.2.1 BIM 和 GIS

地理信息系统(GIS)是在计算机软、硬件支持下,对地理空间数据进行采集、输入、存储、操作、分析、建模、查询、显示和管理,以提供对资源、环境及各种区域性研究、规范、管理决策所需信息的人机模型,从而能够解决问题:某个地方有什么,符合那些条件的实体在哪里,实体在地理位置上发生了哪些变化,某个地方如果具备某种条件会发生什么问题等。它对于城市规划这样的宏观领域是一项重要的技术。它可以在城市规划的各个阶段发挥重要的作用,包括专题制图(图框、图例、风玫瑰)、空间叠加技术分析(现状容积率统计、城市用地适宜性评价)、三维分析技术(三维场景模拟、地形分析和构建、景观视域分析)、交通网络分析技术(交通网络构建、设施服务区分析、设施优化布局分析、交通可达性分析)、空间研究分析(空间句法、空间格局分析)、规划信息管理技术(规划管理信息系统、规划信息资源库)等,可以方便制作各类专题图和三维模拟,而且软件模块丰富,可以嵌套编程,方便灵活嵌入其他系统中。

其缺点主要是:优点即是缺点,正因为 ESRI 定位大视角巨系统,所以系统比较庞大,前期数据整理比较费精力,所以上手比较慢。而且此软件在规划领域应用广泛,在建筑设计领域的具体视角体现较少,故主要用于环境分析。此外对硬件要求也比较高,价格昂贵。

BIM 与 GIS 的契合性主要体现在技术方面,首先二者的专业基础技术相似,包括数据库管理和图形图像处理等技术,这为 BIM 和 GIS 的可视化功能提供了较好的基础;其次二者的数字化信息处理方式相同,二者的数据可以转换为统一标准下的数字化数据,因此可将BIM中的数据导入GIS中,同时也将GIS中的数据应用于BIM中,互为对方的数据源,用来确定施工场地的合理化布置和物料运输路线的最佳选择。BIM技术可以将施工阶段和设计阶段的物料属性信息(形状、大小、所占空间)进行相互比较,而GIS技术是对与建设项目相关的环境、现有建筑的分布和建设项目外形的客观描述,是一个具备查询和分析功能的平台。

2.2.2 BIM 和 FM

BIM技术的价值并不仅仅局限于建筑的设计与施工阶段,在运营维护阶段,BIM同样能产生极其巨大的价值,在运维阶段重要的一门技术就是FM,又叫设施管理系统,BIM模型中包含的丰富信息可以为FM的决策和实施提供有力的信息支撑。

现代设施管理的业务范围已超越了物业维修和保养的工作范畴,覆盖设施的全生命周期,其职能范围包括维护运营、行政服务、空间管理、建筑工程设计和工程服务、不动产管理、设施规划、财务规划、能源管理、健康安全等。它从建筑物业主、管理者和使用者的利益出发,对业务运营涉及的所有设施与环境进行全生命周期的规划、管理,对可预见性风险进行规避和控制。设施管理注重并坚持与新技术应用同步发展,在降低成本、提高效率的同时,保证了管理与技术数据分析处理的准确,促进科学决策,为核心业务的发展提供服务和支撑。

据某国外研究机构对办公建筑全生命周期的成本费用分析,设计和建造成本只占到了整个建筑生命周期费用的20%左右,而运营维护的费用占到了全生命周期费用的67%以上。

在运营维护阶段,充分发挥利用BIM的价值,不但可以提高运营维护的效率和质量,而且可以降低运营维护费用,基于BIM的空间管理、资产管理、设施故障的定位排除、能源管理、安全管理等功能实现,在可视化、智能化、数据精确性和一致性方面都大大优于传统的运维软件。大数据、传感器、定位系统、移动互联、社交媒体、BIM建筑等新技术的集成应用,也是智慧化运维的必然趋势。

国外FM管理系统软件主要有 IBM TRIRIGA＋Maximo、Archibus。TRIRIGA 是IBM公司2011年收购的软件,基于 WEB 开发,与 IBM Maximo 资产管理软件结合为用户提供投资项目管理、空间管理、资产组合规划、能源管理等全面的设施和房地产管理解决方案。Archibus是全球知名的设施管理系统软件,可以管理所有不动产及设施,Archibus 包含"不动产及租赁管理""工作场所管理""设备资产管理""大厦运维管理""可持续管理"等主要模块。它可以集中资产信息、控制支出和执行规范、优化设施使用、有效执行流程。目前国外的设施管理软件也已开始对 BIM 模型提供支持,并尝试向云平台服务模式转化。

虽然在国外FM管理体系已经比较成熟,但 FM 在国内还处在发展期,比如上海现代建筑设计集团率先通过申都大厦的运维管理平台实践。整体还缺少与 BIM 及物联网相结合的、适合国内FM运维管理需求的系统化管理云平台,这个云平台远期将以 BIM 和网络为基础,共用操作界面环节,将完美融合建筑的后期应用:物业及设施管理(PM＋FM)、建筑设备管理(BMS)、综合安全管理(SMS)、信息设施管理(ITSI),从而实现智慧化各应用系统之间信息资源的共享与管理、各应用系统的交互操作和快速响应与联动控制,以达到自动化监视与控制的目的。基于云计算和BIM的建筑管理信息平台如图2-18所示。

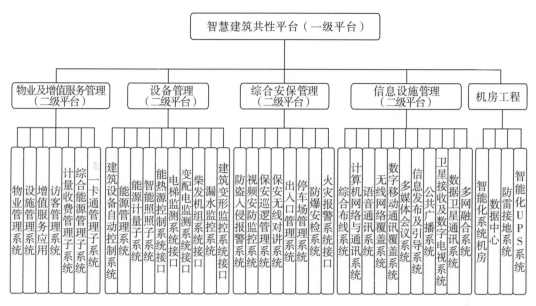

图 2-18　基于云计算和 BIM 的建筑管理信息平台

2.2.3　BIM 和绿色建筑

绿色建筑理念吹遍全球,国内近些年因为建筑污染、能源危机进而推行建筑节能设计,就是以绿色建筑为发展目标。绿色建筑的含义在于:高效利用周边的自然环境、气候条件等,减少建筑污染的排放,与生态环境良好共生,做到可持续发展。

随着 BIM 概念的普及,越来越多的项目开始尝试应用 BIM 技术融入绿色建筑的各个环节。就建筑生命周期而言,以规划设计阶段分析最重要,以建造施工阶段的整合部分最复杂,否则就会出现大量耗能设计并造成大量后期工序冲突。

1. 在规划设计方面

实现绿色设计、可持续设计方面 BIM 的优势是很明显的:BIM 方法可用于分析采光、热能、电能、噪声、气流、不同建材等绿建建筑性能的方方面面,去分析实现最低能耗的建筑设计,还可在项目大环境规划中完成群体间的日照时间、模拟风环境、热岛检测、景观模拟、排水模拟等,为规划设计的"绿色探索"注入高科技力量。

2. 在施工运维阶段

在施工过程中,借助 BIM 的冲突检测、施工模拟、工程量计算、人员物资调配,可以进一步达到避免浪费、节约资源的绿色建筑目的。运维阶段:绿建的设备运营管理、废弃物管理、物业管理强调高效管理,以达到回收利用等目标,BIM 模型的众多数据可以直接被物业管理的 FM 系统调用,从而提高管理效率,减少人力和物资的消耗。

我国绿色建筑设计处于起步阶段,缺少系统分析工具,绿色建筑规划设计软件存在以下问题:①国内绿建软件发展滞后,核心功能计算依赖于国外软件,还不能成体系的独立。②各绿建软件相互独立,数据共享性差。③绿建需要多专业多软件配合,软件都无法集成,所以绿色建筑评价标准的准确性和一致性有很大问题。

所以以前不少 BIM 应用单位都还是浅尝辄止,仅仅是起到辅助设计的作用或者作为项目招投标阶段的"噱头",并没有真正形成生产力,但2016年以来,在一些前沿大公司大项目的带动下,基于BIM绿色建筑应用趋势正势不可挡地袭来。

2.2.4　BIM和装配式建筑

在施工领域,装配式建筑作为一种先进的建筑模式,被广为应用到建筑行业的建设过程中。装配式建筑模式是设计→工厂制造→现场安装,相较于设计→现场传统施工模式来说核心是"集成",BIM方法是"集成"的主线。这条主线串联起设计、生产、施工、装修和管理的全过程,服务于设计、建设、运维、拆除的全生命周期,可以数字化虚拟,信息化描述各种系统要素,实现信息化协同。

这种模式优点是节约了时间,但这种模式推广起来仍有困难,从技术和管理层面来看,一方面是因为设计、工厂制造、现场安装三个阶段相分离,设计成果可能不合理,在安装过程才发现不能用或者不经济,造成变更和浪费,甚至影响质量;另一方面,工厂统一加工的产品比较死板,缺乏多样性,不能满足不同客户的需求。

BIM技术的引入可以有效解决以上问题,它将设计方案、制造需求、安装需求集成在BIM模型中,在实际建造前统筹考虑设计、制造、安装的各种要求,把实际制造、安装过程中可能产生的问题提前解决。

在装配式建筑BIM应用中,模拟工厂加工的方式,以"预制构件模型"的方式来进行系统集成和表达,这就需要建立装配式建筑的BIM构件库。通过装配式建筑BIM构件库的建立,可以不断增加BIM虚拟构件的数量、种类和规格,逐步构建标准化预制构件库。在深化设计、构件生产、构件吊装等阶段,都将采用BIM进行构件的模拟、碰撞检验与三维施工图纸的绘制。BIM的运用使得预制装配式技术更趋完善合理。

2.2.5　BIM和历史街区与历史建筑保护

BIM模型核心是将现实建筑的参数录入到计算机中,建立一个与现实完全相同的虚拟模型,这个模型本质是一个数字化的、信息完备的、与实际情况完全一致的建筑信息库。这个信息库应当包含建筑所有的数据信息,包括建筑构件的几何形体、物理特性、状态属性等。同时还应包括非构件对象的信息,如构件所围合的空间、处于对象内的人的行为、发生火灾时火势的蔓延等。这种高度集成的信息模型不但可以运用到建筑设计阶段,同样对已建成建筑的保护与研究有很大的帮助。因此能够通过BIM模型模拟历史街区及建筑在现实世界的状态以及在遇到突发问题时发生的变化,对研究古建筑的现状、变化规律以及发展趋势有很大帮助。

2.2.6　BIM和VR

VR(Virtual Reality,即虚拟现实技术)是一种可以创建和体验虚拟世界的计算机仿真系统,它利用计算机生成一种交互式的三维动态视景和实体行为的虚拟环境,从而使用户沉浸到其中。

BIM是利用计算机与互联网技术将建筑平面图纸转成可视化的多维度数据模型,虽然BIM模型可以达到模拟的效果,但与VR相比在视觉效果上还有很大差距,VR能弥补视觉表现真实度的短板。目前VR的发展主要在硬件设备的研究上,缺乏丰富的内容资源使得VR难以表现虚拟现实的真正价值,VR内容的模型建立与内容调整上更需投入大量成本,新技术存在落地难的困境。而BIM本身就具有的模型与数据信息,为VR提供极好的内容与落地应用的真实场景。

BIM已在建造方式上改变了传统的施工方法,VR的诞生给人们带来了不一样的感知交互体验,因而BIM与VR的结合,可在虚拟建筑表现效果上进行更为深度的优化与应用,从而为项目设计方案的决策制定、施工方案的选择优化、虚拟交底、工程教育质量的提升等方面提供了强有力的技术支撑。

当前样板房、虚拟交底等应用只是VR与BIM相融合的开始,未来利用BIM与VR系统平台打造虚拟城市,为城市创造更多的新空间,推动超大型城市的形成与改变,才是其发展的长远道路。在此过程中,无论是在设备硬件研究上,还是在内容填充上,BIM与VR都还有很长的道路需要走。当BIM与VR真正相互融合,带给我们的将不只是简单的虚拟建筑场景,而是一场全方位感知的盛宴,是一场建筑技术的新革命!

2.2.7　BIM和三维激光扫描技术

BIM具有可视化、协调性、模拟性、优化性和可出图性的特点,而三维激光扫描仪则具有数据真实性、准确特点。通过三维激光扫描施工现场得到真实、准确的数据;通过对比检测得知施工现场是否在施工质量控制范围之内;旧的建筑物因为图纸不齐全或长年累月的位移导致在对其改造时因无法获取准确的数据信息,也就无法正确地实施改造;通过三维激光扫描改造现场,建立BIM体系模型,通过BIM体系模型建立整套的BIM改造方案。目前参与的项目应用点:①三维激光扫描仪结合BIM施工环节;②检测控制施工质量;③根据现有的施工情况进行合理的二次设计;④三维激光扫描仪结合BIM翻新环节;⑤图纸不足造成改造方案不准确问题。图2-19为经三维扫描后拼接而成的Revit模型。

图2-19　经三维扫描后拼接而成的Revit模型

但是三维扫描的物体是大量的点云,一个小房子可能达到数以亿级的点数,对计算机的硬件要求会更高,后期处理的工作量也会增大,随着硬件和软件技术的进步,激光扫描技术将会成为BIM的数据测量利器。

2.2.8　BIM与3D打印技术

3D打印机(3D Printers)是一位名为恩里科·迪尼(Enrico Dini)的发明家设计的一种神奇的打印机。1995年,麻省理工创造了"三维打印"一词,当时的毕业生Jim Bredt和Tim Anderson修改了喷墨打印机方案,把墨水挤压在纸张上的方案变为把约束溶剂挤压到粉末床的解决方案。

　　三维打印机被用来制造样品，节约了设计样品到产品生产时间，打印的原料可以是有机或者无机的材料，通过3D打印机打印出更实用的物品。3D打印机广泛应用于政府、航天和国防、医疗设备、高科技、教育业以及制造业。

　　目前，已经国外有学者使用3D打印机成功地"打印"出一幢完整的建筑，以及所有房间内部立体物品。3D打印技术的前景广阔，3D打印的前提是有三维模型，BIM技术与3D打印机技术相结合，扩展应用范围，如虎添翼，可以想象，在未来的工业4.0精细定制领域，大型的3D打印设备将会极大改变目前的建筑业态面貌。

第3章 Revit 应用基础

教学导入

学习 BIM 最好的方法就是动手创建 BIM 模型,通过软件建模的操作学习,不断深入理解 BIM 的理念。Revit 系列软件是 Autodesk 公司针对建筑设计行业开发的三维参数化设计软件平台,自 2004 年进入中国以来,已成为最流行的 BIM 模型创建工具,越来越多的设计企业、工程公司使用它完成三维设计工作和 BIM 模型创建工作。

3.1 节主要介绍 Revit 的操作基础,包括 Revit 的启动、界面操作,项目、项目样板及族的基本概念,以及族类型、文件格式等。内容多以概念为主,这些概念是学习掌握 Revit 的基础。

3.2 节通过实际操作,详细阐述了如何用鼠标配合键盘控制视图的浏览、缩放、旋转等基本功能以及对图元的复制、移动、对齐、阵列的基本编辑操作;还介绍了通过尺寸标注来约束图元及临时尺寸标注修改图元位置。这些内容都是 Revit 操作的基础,只有掌握基本的操作后,才能更加灵活地操作软件,创建和编辑各种复杂的模型。

学习要点

- Revit 基本概念
- Revit 主要功能
- Revit 基本术语
- Revit 操作命令

3.1 Revit 操作基础

3.1.1 Revit 的启动

Revit 是标准的 Windows 应用程序,可以通过双击快捷方式启动 Revit 主程序。启动后,会默认显示"最近使用的文件"界面。如果在启动 Revit 时,不希望显示"最近使用的文件界面",可以按以下步骤来设置。

(1)启动 Revit,单击左上角"应用程序菜单"按钮![按钮],在菜单中选择位于右下角的 ![选项] 按钮,弹出"选项"对话框,如图 3-1 所示。

(2)在"选项"对话框中,切换至"常规"选项卡,清除"启动时启用'最近使

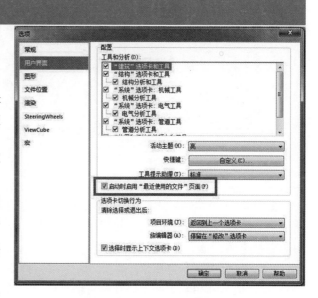

图 3-1 "用户界面"选项卡

用文件'页面"复选框,设置完成后单击 ⬛确定 按钮,退出"选项"对话框。

(3)单击"应用程序菜单" 🏃‍ 按钮,单击右下角 退出Revit 按钮关闭 Revit,重新启动 Revit,此时将不再显示"最近使用的文件"界面,仅显示空白界面。

(4)使用相同的方法,勾选"选项"对话框中"启动时启用'最近使用文件'页面"复选框并单击 ⬛确定 按钮,将重新启用"最近使用的文件"界面。

3.1.2　Revit 的界面

Revit 2016 的应用界面如图 3-2 所示。在主界面中,主要包含项目和族两大区域,分别用于打开或创建项目以及打开或创建族。在 Revit 2016 中,已整合了包括建筑、结构、机电各专业的功能,因此,在项目区域中,提供了建筑、结构、机械、构造等项目创建的快捷方式。单击不同类型的项目快捷方式,将采用各项目默认的项目样板进入新项目创建模式。

项目样板是 Revit 工作的基础。在项目样板中预设了新建的项目所有默认设置,包括长度单位、轴网标高样式、墙体类型等。项目样板仅为项目提供默认预设工作环境,在项目创建过程中,Revit 允许用户在项目中自定义和修改这些默认设置。

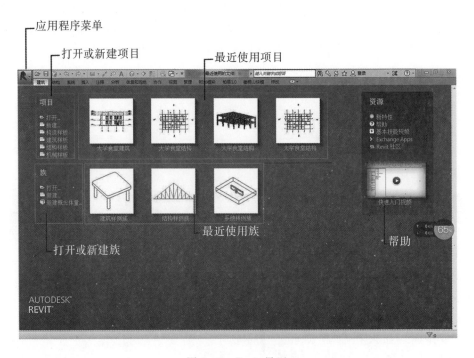

图 3-2　Revit 界面

如图 3-3 所示,在"选项"对话框中,切换至"文件位置"选项卡,可以查看 Revit 中各类项目所采用的样板设置。在该对话框中,还允许用户添加新的样板快捷方式,浏览指定所采用的项目样板。

还可以通过单击"应用程序菜单"按钮,在列表中选择"新建→项目"选项,将弹出"新建项目"对话框,如图 3-4 所示。在该对话框中可以指定新建项目时要采用的样板文件,除可以选择已有的样板快捷方式外,还可以单击 浏览(B)… 按钮指定其他样板文件创建项目。

在该对话框中,选择"新建"的项目为"项目样板"的方式,用于自定义项目样板。

图 3-3 "选项"对话框"文件位置"选项卡

图 3-4 "新建项目"对话框

Revit 提供了完善的帮助文件系统,以方便用户在遇到使用困难时查阅。可以随时单击"帮助与信息中心"栏中的"Help" ![help icon] 按钮或按键盘"F1"键,打开帮助文档进行查阅。目前,Revit 已将帮助文件以在线的方式提供,因此必须连接 Internet 才能正常查看帮助文档。

3.1.3 Revit 基本术语

要掌握 Revit 的操作,必须先理解软件中的几个重要的概念和专用术语。由于 Revit 是针对工程建设行业推出的 BIM 工具,因此 Revit 中大多数术语均来自于工程项目,例如结构墙、门、窗、楼板、楼梯等。但软件中包括几个专用的术语,读者务必掌握。

除前面介绍的参数化、项目样板外,Revit 还包括几个常用的专用术语。这些常用术语包括项目、对象类别、族、族类型、族实例等。必须理解这些术语的概念与含义,才能灵活创建模型和文档。

1. 项目

在 Revit 中,可以简单地将项目理解为 Revit 的默认存档格式文件。该文件中包含了工程中所有的模型信息和其他工程信息,如材质、造价、数量等,还可以包括设计中生成的各种图纸和视图。项目以".rvt"数据格式保存。注意".rvt"格式的项目文件无法在低版本的Revit 打开,但可以被更高版本的 Revit 打开。例如,使用 Revit 2012 创建的项目文件,无法在 Revit 2011 或更低的版本中打开,但可以使用 Revit 2014 打开或编辑。

![小提示 icon] 小提示

使用高版本的软件打开文件后,当在保存文件时,Revit 将升级项目文件格式为新版本

文件格式。升级后的文件也将无法使用低版本软件打开了。

前面提到,项目样板是创建项目的基础。事实上在 Revit 中创建任何项目时,均会采用默认的项目样板文件。项目样板文件以".rte"格式保存。与项目文件类似,无法在低版本的 Revit 软件中使用高版本创建的样板文件。

2. 图元

图元是构成项目的基础。在项目中,各图元主要起三种作用:①基准图元可帮助定义项目的定位信息。例如,轴网、标高和参照平面都是基准图元。②模型图元表示建筑的实际三维几何图形。它们显示在模型的相关视图中。例如,墙、窗、门和屋顶是模型图元。③视图专有图元只显示在放置这些图元的视图中。它们可帮助对模型进行描述或归档。例如,尺寸标注、标记和详图构件都是视图专有图元。

而模型图元又分为两种类型:①主体(或主体图元)通常在构造场地在位构建。例如,墙和楼板是主体。②构件是建筑模型中其他所有类型的图元。例如,窗、门和橱柜是模型构件。

对于视图专有图元,则分为以下两种类型:①标注是对模型信息进行提取并在图纸上以标记文字的方式显示其名称、特性。例如,尺寸标注、标记和注释记号都是注释图元。当模型发生变更时,这些注释图元将随模型的变化而自动更新。②详图是在特定视图中提供有关建筑模型详细信息的二维项。例如包括详图线、填充区域和详图构件。这类图元类似于 AutoCAD 中绘制的图块,不随模型的变化而自动变化。

如图 3-5 所示,列举了 Revit 中各不同性质和作用的图元的使用方式。

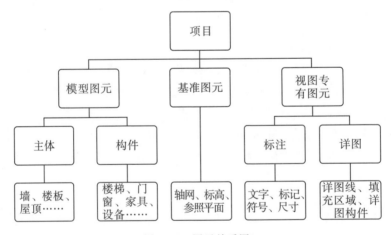

图 3-5 图元关系图

3. 对象类别

与 AutoCAD 不同,Revit 不提供图层的概念。Revit 中的轴网、墙、尺寸标注、文字注释等对象以对象类别的方式进行自动归类和管理。Revit 通过对象类别进行细分管理。例如,模型图元类别包括墙、楼梯、楼板等;注释类别包括门窗标记、尺寸标注、轴网、文字等。

在项目任意视图中通过按键盘默认快捷键 VV,将打开"可见性图形替换"对话框,如图 3-6 所示,在该对话框中可以查看 Revit 包含的详细类别名称。

图 3 - 6 "可见性图形替换"对话框

注意在 Revit 的各类别对象中,还将包含子类别定义,例如楼梯类别中,还可以包含踢面线、轮廓等子类别。Revit 通过控制对象中各子类别的可见性、线型、线宽等设置,控制三维模型对象在视图中的显示,以满足建筑出图的要求。

在创建各类对象时,Revit 会自动根据对象所使用的族将该图元自动归类到正确的对象类别当中。例如,放置门时,Revit 会自动将该图元归类于"门",而不必像 AutoCAD 那样预先指定图层。

4. 族

Revit 的项目是由墙、门、窗、楼板、楼梯等一系列基本对象"堆积"而成,这些基本的零件就是图元。除三维图元外,包括文字、尺寸标注等单个对象也称之为图元。

族是 Revit 的重要基础。Revit 的任何单一图元都由某一个特定族产生。例如,一扇门、一面墙、一个尺寸标注、一个图框。由一个族产生的各图元均具有相似的属性或参数。例如,对于一个平开门族,由该族产生的图元可以具有高度、宽度等参数,但具体每个门的高度、宽度的值可以不同,这由该族的类型或实例参数定义决定。

在 Revit 中,族分为三种:

(1)可载入族。可载入族是指单独保存为族".rfa"格式的独立族文件,且可以随时载入到项目中的族。Revit 提供了族样板文件,允许用户自定义任意形式的族。在 Revit 中,门、窗、结构柱、卫浴装置等均为可载入族。

(2)系统族。系统族仅能利用系统提供的默认参数进行定义,不能作为单个族文件载入或创建。系统族包括墙、尺寸标注、天花板、屋顶、楼板等。系统族中定义的族类型可以使用"项目传递"功能在不同的项目之间进行传递。

(3)内建族。在项目中,由用户在项目中直接创建的族称为内建族。内建族仅能在本项目中使用,既不能保存为单独的".rfa"格式的族文件,也不能通过"项目传递"功能将其传递给其他项目。

与其他族不同,内建族仅能包含一种类型。Revit 不允许用户通过复制内建族类型来创建新的族类型。

5. 类型和实例

除内建族外,每一个族包含一个或多个不同的类型,用于定义不同的对象特性。例如,对于墙来说,可以通过创建不同的族类型,定义不同的墙厚和墙构造。而每个放置在项目中的实际墙图元,则称之为该类型的一个实例。Revit 通过类型属性参数和实例属性参数控制图元的类型或实例参数特征。同一类型的所有实例均具备相同的类型属性参数设置,而同一类型的不同实例,可以具备完全不同的实例参数设置。

如图 3-7 所示,列举了 Revit 中族类别、族、族类型和族实例之间的相互关系。

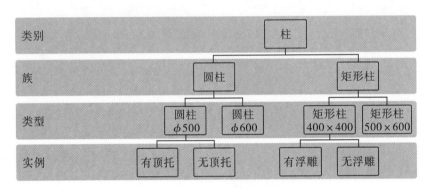

图 3-7　族关系

例如,对于同一类型的不同墙实例,它们均具备相同的墙厚度和墙构造定义,但可以具备不同的高度、底部标高、顶部标高等信息。

修改类型属性的值会影响该族类型的所有实例,而修改实例属性时,仅影响所有被选择的实例。要修改某个实例具有不同的类型定义,必须为族创建新的族类型。例如,要将其中一个厚度 240mm 的墙图元修改为 300mm 厚的墙图元,必须为墙创建新的类型,以便于在类型属性中定义墙的厚度。

6. 各术语间的关系

在 Revit 中,各类术语间对象的关系如图 3-8 所示。

可这样理解 Revit 的项目,Revit 的项目由无数个不同的族实例(图元)组合而成,而 Revit 通过族和族类别来管理这些实例,用于控制和区分不同的实例。而在项目中,Revit 通过对象类别来管理这些族。因此,当某一类别在项目中设置为不可见时,隶属于该类别的所有图元均将不可见。本书在后续的章节中,将通过具体的操作来理解这些晦涩难懂的概念。

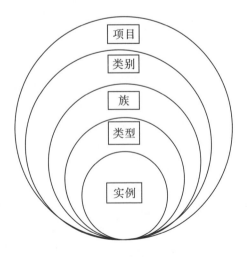

图 3-8　对象关系图

读者在此有基本理解即可。

3.1.4　Revit 文件格式

1. 四种基本文件格式

（1）rte 格式。rte 格式是项目样板文件格式，包含项目单位、标注样式、文字样式、线型、线宽、线样式、导入/导出设置等内容。为规范设计和避免重复设置，对 Revit 自带的项目样板文件，根据用户自身需要、内部标准设置，并保存成项目样板文件，便于用户新建项目文件时选用。

（2）rvt 格式。rvt 格式是项目文件格式，包含项目所有的建筑模型、注释、视图、图纸等项目内容。通常基于项目样板文件（.rte）创建项目文件，编辑完成后保存为 rvt 文件，作为设计使用的项目文件。

（3）rft 格式。rft 格式是可载入族的样板文件格式。创建不同类别的族要选择不同族的样板文件。

（4）rfa 格式。rfa 格式是可载入族的文件格式。用户可以根据项目需要创建自己的常用族文件，以便随时在项目中调用。

2. 支持的其他文件格式

在项目设计、管理时，用户经常会使用多种设计、管理工具来实现自己的意图，为了实现多软件环境的协同工作，Revit 提供了"导入""链接""导出"工具，可以支持 CAD、FBX、IFC、gbXML 等多种文件格式。用户可以根据需要进行有选择的导入和导出，如图 3-9 所示。

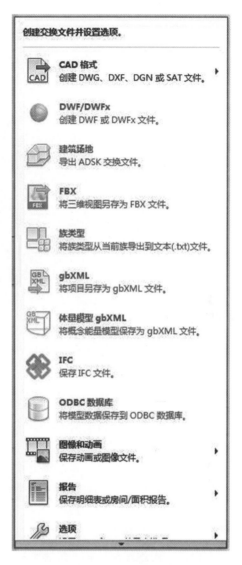

图 3-9　文件交换

3.2　Revit 基本操作

上一节介绍了 Revit 的基础概念。由于读者刚刚接触 Revit 软件，这些概念显得相当难以理解，即使读者不能理解这些概念也没关系，随着对 Revit 操作的熟练和理解的加深，这些概念会自然理解。接下来，将介绍 Revit 的基本操作和编辑工具。

3.2.1　用户界面

Revit 使用了 Ribbon 界面，用户可以根据自己的需要修改界面布局。例如，可以将功能区设置为 4 种显示设置之一。还可以同时显示若干个项目视图，或修改项目浏览器的默认位置。

图 3-10 为在项目编辑模式下 Revit 的界面形式。

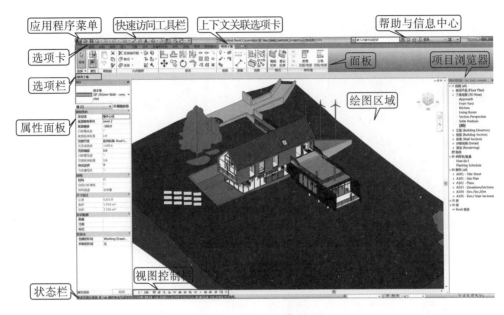

图 3 - 10　Revit 工作界面

1. 应用程序菜单

单击左上角"应用程序菜单"按钮 可以打开应用程序菜单列表,如图 3 - 11 所示。

应用程序菜单按钮类似于传统界面下的"文件"菜单,包括"新建""保存""打印""退出 Revit"等均可以在此菜单下执行。在应用程序菜单中,可以单击各菜单右侧的箭头查看每个菜单项的展开选择项,然后再单击列表中各选项执行相应的操作。

单击应用程序菜单右下角 选项 按钮,可以打开"选项"对话框。如图 3 - 12 所示,在"用户界面"选项卡中,用户可根据自己的工作需要自定义出现在功能区域的选项卡命令,并自定义快捷键。

小提示

在 Revit 中使用快捷键时直接按键盘对应字母即可,输入完成后无需输入空格或回车(注意与 AutoCAD 等软件的操作区别)。在本书后续章节,将对操作中使用到的每一个工具说明默认快捷键。

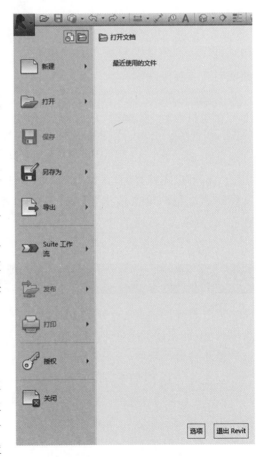

图 3 - 11　应用程序菜单

图 3-12　自定义快捷键

2. 功能区

功能区提供了在创建项目或族时所需要的全部工具。在创建项目文件时,功能区显示如图 3-13 所示。功能区主要由选项卡、工具面板和工具组成。

图 3-13　功能区

单击工具可以执行相应的命令,进入绘制或编辑状态。在本书后面章节中,会按选项卡、工具面板和工具的顺序描述操作中该工具所在的位置。例如,要执行"门"工具,将描述为"建筑"→"构件"→"门"。

如果同一个工具图标中存在其他工具或命令,则会在工具图标下方显示下拉箭头,单击该箭头,可以显示附加的相关工具。与之类似,如果在工具面板中存在未显示的工具,会在面板名称位置显示下拉箭头。图 3-14 为墙工具中包含的附加工具。

图 3-14　附加工具菜单

小提示

如果工具按钮中存在下拉箭头,直接单击工具将执行最常用的工具,即列表中第一个工具。

Revit 根据各工具的性质和用途,分别组织在不同的面板中。如图 3-15 所示,如果存在与面板中工具相关的设置选项,则会在面板名称栏中显示斜向箭头设置按钮。单击该箭头,可以打开对应的设置对话框,对工具进行详细的通用设定。

图 3-15　工具设置选项

用鼠标左键按住并拖动工具面板标签位置时,可以将该面板拖曳到功能区上其他任意位置,使之成为浮动面板。要将浮动面板返回到功能区,移动鼠标至面板之上,浮动面板右上角显示控制柄时,如图 3-16 所示,单击"将面板返回到功能区"符号即可将浮动面板重新返回工作区域。注意工具面板仅能返回其原来所在的选项卡中。

Revit 提供了三种不同的功能区面板显示状态。单击选项卡右侧的功能区状态切换符号 🔲，可以将功能区视图在显示完整的功能区、最小化到面板平铺、最小化至选项卡状态间循环切换。图 3-17 为最小化到面板平铺时功能区的显示状态。

图 3-16　面板返回到功能区按钮

图 3-17　功能区状态切换按钮

3. 快速访问工具栏

除可以在功能区域内单击工具或命令外,Revit 还提供了快速访问工具栏,用于执行最常用的命令。默认情况下快速访问工具栏包含的项目见表 3-1。

表 3-1　快速访问工具栏

快速访问工具栏项目	说明
（打开）	打开项目、族、注释、建筑构件或 IFC 文件
（保存）	用于保存当前的项目、族、注释或样板文件
（撤消）	用于在默认情况下取消上次的操作。显示在任务执行期间执行的所有操作的列表
（恢复）	恢复上次取消的操作。另外还可显示在执行任务期间所执行的所有已恢复操作的列表
（切换窗口）	点击下拉箭头,然后单击要显示切换的视图
（三维视图）	打开或创建视图,包括默认三维视图、相机视图和漫游视图
（同步并修改设置）	用于将本地文件与中心服务器上的文件进行同步
（定义快速访问工具栏）	用于自定义快速访问工具栏上显示的项目。要启用或禁用项目,请在"自定义快速访问工具栏"下拉列表上该工具的旁边单击

可以根据需要自定义快速访问栏中的工具内容,根据自己的需要重新排列顺序。例如,要在快速访问栏中创建墙工具,如图 3－18 所示,右键单击功能区"墙"工具,弹出快捷菜单中选择"添加到快速访问工具栏",即可将墙及其附加工具同时添加至快速访问栏中。使用类似的方式,在快速访问栏中右键单击任意工具,选择"从快速访问栏中删除",可以将工具从快速访问栏中移除。

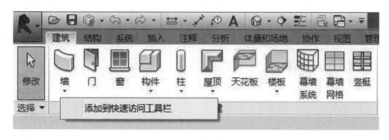

图 3－18　添加到快速访问工具栏

快速访问工具栏可以设置在功能区下方。在快速访问工具栏上单击"自定义快速访问工具栏"下拉菜单"在功能区下方显示",如图 3－19 所示。

单击"自定义快速访问工具栏"下拉菜单,在列表中选择"自定义快速访问栏"选项,将弹出如图 3－20 所示的"自定义快速访问工具栏"对话框。使用该对话框,可以重新排列快速访问栏中的工具显示顺序,并根据需要添加分隔线。勾选该对话框中的"在功能区下方显示快速访问工具栏"选项也可以修改快速访问栏的位置。

图 3－19　自定义快速访问工具栏

图 3－20　"自定义快速访问工具栏"对话框

4. 选项栏

选项栏默认位于功能区下方,用于当前正在执行操作的细节设置。选项栏的内容比较类似于 AutoCAD 的命令提示行,其内容因当前所执行的工具或所选图元的不同而不同。图 3－21 为使用墙工具时,选项栏的设置内容。

图 3-21 选项栏

可以根据需要将选项栏移动到 Revit 窗口的底部,在选项栏上单击鼠标右键,然后选择"固定在底部"选项即可。

5. 项目浏览器

图 3-22 项目浏览器

项目浏览器用于组织和管理当前项目中包括的所有信息,包括项目中所有视图、明细表、图纸、族、组、链接的 Revit 模型等项目资源。Revit 按逻辑层次关系组织这些项目资源,方便用户管理。展开和折叠各分支时,将显示下一层集的内容。图 3-22 为项目浏览器中包含的项目内容。项目浏览器中,项目类别前显示"➕"表示该类别中还包括其他子类别项目。在 Revit 中进行项目设计时,最常用的操作就是利用项目浏览器在各视图中切换。

在 Revit 中,可以在项目浏览器对话框任意栏目名称上单击鼠标右键,在弹出右键菜单中选择"搜索"选项,打开"在项目浏览器中搜索"对话框,如图 3-23 所示。可以使用该对话框在项目浏览器中对视图、族及族类型名称进行查找定位。

在项目浏览器中,右键单击第一行"视图(全部)",在弹出右键快捷菜单中选择"类型属性"选项,将打开项目浏览器的"类型属性"对话框,如图 3-24 所示。可以自定义项目视图的组织方式,包括排序方法和显示条件过滤器。

图 3-23 "在项目浏览器中搜索"对话框

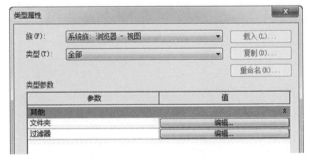

图 3-24 "类型属性"对话框

6. 属性面板

"属性"面板可以查看和修改用来定义 Revit 中图元实例属性的参数。属性面板各部分的功能如图 3-25 所示。

在任何情况下,按键盘快捷键"Ctrl+1",均可打开或关闭属性面板。还可以选择任意图元,单击上下文关联选项卡中 📇 按钮;或在绘图区域中单击鼠标右键,在弹出的快捷菜单中选择"属性"选项将其打开。可以将属性面板固定到 Revit 窗口的任一侧,也可以将其拖拽到绘图区域的任意位置成为浮动面板。

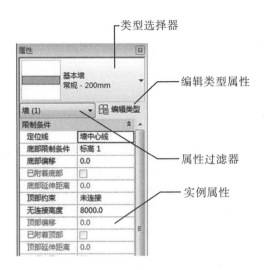

图 3-25 "属性"面板

当选择图元对象时,属性面板将显示当前所选择对象的实例属性;如果未选择任何图元,则选项板上将显示活动视图的属性。

7. 绘图区域

Revit 窗口中的绘图区域显示当前项目的楼层平面视图以及图纸和明细表视图。在 Revit 中每当切换至新视图时,都在绘图区域创建新的视图窗口,且保留所有已打开的其他视图。

默认情况下,绘图区域的背景颜色为白色。在"选项"对话框"图形"选项卡中,可以设置视图中的绘图区域背景反转为黑色。如图 3-26 所示,使用"视图"→"窗口"→"平铺"或"层叠"工具,并可设置所有已打开视图排列方式为平铺、层叠等。

图 3-26 视图排列方式

8. 视图控制栏

在楼层平面视图和三维视图中,绘图区各视图窗口底部均会出现视图控制栏,如图 3-27 所示。

$$1:100$$

图 3-27 视图控制栏

通过控制栏,可以快速访问影响当前视图的功能,其中包括下列 12 个功能:比例、详细程度、视觉样式、打开/关闭日光路径、打开/关闭阴影、显示/隐藏渲染对话框、裁剪视图、显示/隐藏裁剪区域、解锁/锁定三维视图、临时隔离/隐藏、显示隐藏的图元、分析模型的可见性。在后面将详细介绍视图控制栏中各项工具的使用。

3.2.2 视图控制

1. 项目视图种类

Revit 视图有很多种形式,每种视图类型都有特定用途,视图不同于 CAD 绘制的图纸,它是 Revit 项目中 BIM 模型根据不同的规则显示的投影。

常用的视图有平面视图、立面视图、剖面视图、详图索引视图、三维视图、图例视图、明细表视图等。同一项目可以有任意多个视图,例如,对于"1F"标高,可以根据需要创建任意数量的楼层平面视图,用于表现不同的功能要求,如"1F"梁布置视图、"1F"柱布置视图、"1F"房间功能视图、"1F"建筑平面图等。所有视图均根据模型剖切投影生成。

如图 3-28 所示,Revit 在"视图"选项卡"创建"面板中提供了创建各种视图的工具,也可以在项目浏览器中根据需要创建不同视图类型。

(1)楼层平面视图及天花板平面。楼层/结构平面视图及天花板视图是沿项目水平方向,按指定的标高偏移位置剖切项目生成的视图。大多数项目至少包含一个楼层/结构平面。楼层/结构平面视图在创建项目标高时默认可以自动创建对应的楼层平面视图(建筑样板创建的是楼层平面,结构样板创建的是结构平面);在立面中,已创建的楼层平面视图的标高标头显示为蓝色,无平面关联的标高标头是黑色。除使用项目浏览器外,在立面中可以通过双击蓝色标高标头进入对应的楼层平面视图;使用"视图"→"创建"→"平面视图"工具可以手动创建楼层平面视图。

在楼层平面视图中,当不选择任何图元时,"属性"面板将显示当前视图的属性。在"属性"面板中单击"视图范围"后的编辑按钮,将打开"视图范围"对话框,如图 3-29 所示。在该对话框中,可以定义视图的剖切位置。

图 3-28 视图工具

图 3-29 "视图范围"对话框

该对话框中,各主要功能介绍如下:

①视图主要范围。每个平面视图都具有"视图范围"视图属性,该属性也称为可见范围。视图范围是用于控制视图中模型对象的可见性和外观的一组水平平面,分别称"顶部平面""剖切面""底部平面"。顶部平面和底部平面用于制定视图范围最顶部和底部位置,剖切面是确定剖切高度的平面,这 3 个平面用于定义视图范围的"主要范围"。

②视图深度范围。"视图深度"是视图范围外的附加平面,可以设置视图深度的标高,以显示位于底裁剪平面之下的图元,默认情况下该标高与底部重合。"主要范围"的底不能超过"视图深度"设置的范围。

各深度范围图解如图 3 - 30 所示。

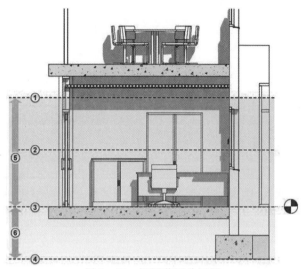

图 3 - 30　视图范围分层图
①—顶部；②—剖切面；③—底部；④—偏移量；⑤—主要范围；⑥—视图深度

③视图范围内图元样式设置（见图 3 - 31）。

图 3 - 31　"可见性/图形替换"对话框

"主要范围"内图元投影样式设置："可见性/图形"→"模型类别"→"投影/表面"选项内的对象样式设置。

"主要范围"内图元截面样式设置：视图→可见性图形设置→模型类别→"截面"选项内的对象样式设置。

"深度范围"内图元线样式设置：视图→可见性图形设置→模型类别→可见性→线

→〈超出〉。

天花板视图与楼层平面视图类似,同样沿水平方向指定标高位置对模型进行剖切生成投影。但天花板视图与楼层平面视图观察的方向相反:天花板视图为从剖切面的位置向上查看模型进行投影显示,而楼层平面视图为从剖切面位置向下查看模型进行投影显示。图3-32为天花板平面的视图范围定义。

图3-32 天花板平面视图范围定义

(2)立面视图。立面视图是项目模型在立面方向上的投影视图。在 Revit 中,默认每个项目将包含东、西、南、北4 个立面视图,并在楼层平面视图中显示立面视图符号 ⊙ 。双击平面视图中立面标记中黑色小三角,会直接进入立面视图。Revit 允许用户在楼层平面视图或天花板视图中创建任意立面视图。

(3)剖面视图。剖面视图允许用户在平面、立面或详图视图中通过在指定位置绘制剖面符号线,在该位置对模型进行剖切,并根据剖面视图的剖切和投影方向生成模型投影。剖面视图具有明确的剖切范围,单击剖面标头即将显示剖切深度范围,可以通过鼠标自由拖拽。

(4)详图索引视图。当需要对模型的局部细节进行放大显示时,可以使用详图索引图。可向平面视图、剖面视图、详图视图或立面视图中添加详图索引,这个创建详图索引的视图,被称之为"父视图"。在详图索引范围内的模型部分,将以详图索引视图中设置的比例显示在独立的视图中。详图索引视图显示父视图中某一部分的放大版本,且所显示的内容与原模型关联。

绘制详图索引的视图是该详图索引视图的父视图。如果删除父视图,则该详图索引视图也将删除。

(5)三维视图。使用三维视图,可以直观查看模型的状态。Revit 中三维视图分两种:正交三维视图和透视图。在正交三维视图中,不管相机距离的远近,所有构件的大小均相同,可以点击快速访问栏"默认三维视图"图标 ⬡ 直接进入默认三维视图,可以配合使用"Shift"键和鼠标中键根据需要灵活调整视图角度,如图3-33 所示。

如图3-34 所示,使用"视图"→"创建"→"三维视图"→"相机"工具创建相机视图。在透视三维视图中,越远的构件显示得越小,越近的构件显示得越大,这种视图更符合人眼的观察视角。

2. 视图基本操作

可以通过鼠标、ViewCube 和视图导航来实现对 Revit 视图进行平移、缩放等操作。在平面、立面或三维视图中,通过滚动鼠标中键可以对视图进行缩放;按住鼠标中键并拖动,可以实现视图的平移。在默认三维视图中,按住键盘"Shift"键并按住鼠标中键拖动鼠标,可以实现对三维视图的旋转。注意,视图旋转仅对三维视图有效。

在三维视图中,Revit 还提供了 ViewCube,用于实现对三维视图的控制。

ViewCube 默认位于屏幕右上方,如图3-35 所示。通过单击 ViewCube 的面、顶点或边,可以在模型的各立面、等轴测视图间进行切换。用鼠标左键按住并拖拽 ViewCube 下方

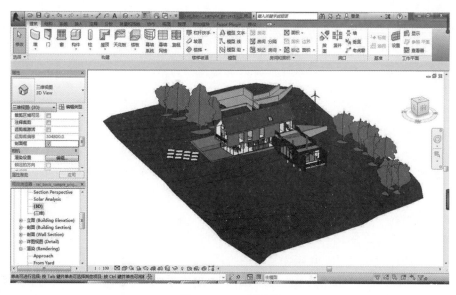

图 3-33　三维视图

的圆环指南针,还可以修改三维视图的方向为任意方向,其作用与按住键盘"Shift"键和鼠标中键并拖拽的效果类似。

图 3-34　相机视图工具

　　为更加灵活地进行视图缩放控制,Revit 提供了"导航栏"工具条,如图 3-36 所示。默认情况下,导航栏位于视图右侧 ViewCube 下方,如图 3-37 所示。在任意视图中,都可通过导航栏对视图进行控制。

　　导航栏主要提供两类工具:视图平移查看工具和视图缩放工具。单击导航栏中上方第一个圆盘图标,将进入全导航控制盘控制模式,如图 3-38 所示,导航控制盘将跟随鼠标指针的移动而移动。全导航盘中提供"缩放""平移""动态观察(视图旋转)"等命令,移动鼠标指针至导航盘中命令位置,按住左键不动即可执行相应的操作。

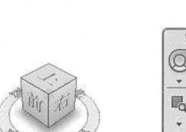

图 3-35　ViewCube　　　图 3-36　"导航栏"工具　　　图 3-37　激活导航栏　　　图 3-38　全导航控制盘

55

【快捷键】显示或隐藏导航盘的快捷键为"Shift＋W"。

导航栏中提供的另外一个工具为"缩放"工具,单击缩放工具下拉列表,可以查看 Revit 提供的缩放选项,如图 3－39 所示。在实际操作中,最常使用的缩放工具为"区域放大",使用该缩放命令时,Revit 允许用户选择任意的范围窗口区域,将该区域范围内的图元放大至充满视口显示。

【快捷键】区域放大的快捷键为 ZR。

任何时候使用视图控制栏缩放列表中"缩放全部以匹配"选项,都可以将缩放显示当前视图中全部图元。在 Revit 2016 中,双击鼠标中键,也会执行该操作。

用于修改窗口中的可视区域。用鼠标点击下拉箭头,勾选下拉列表中的缩放模式,就能实现缩放。

【快捷键】缩放全部以匹配的默认快捷键为 ZF。

除对视口中进行缩放、平移、旋转外,还可以对视图窗口进行控制。前面已经介绍过,在项目浏览器中切换视图时,Revit 将创建新的视图窗口。可以对这些已打开的视图窗口进行控制。如图 3－40 所示,在"视图"选项卡"窗口"面板中提供了"平铺""切换窗口""关闭隐藏对象"等窗口操作命令。

图 3－39　缩放工具

图 3－40　窗口操作命令

使用"平铺",可以同时查看所有已打开的视图窗口,各窗口将以合适的大小并列显示。在非常多的视图中进行切换时,Revit 将打开非常多的视图。这些视图将占用大量的计算机内存资源,造成系统运行效率下降。可以使用"关闭隐藏对象"命令一次性关闭所有隐藏的视图,节省项目消耗系统资源。注意"关闭隐藏对象"工具不能在平铺、层叠视图模式下使用。切换窗口工具用于在多个已打开的视图窗口间进行切换。

【快捷键】窗口平铺的默认快捷键为 WT;窗口层叠的快捷键为 WC。

3. 视图显示及样式

通过视图控制栏(见图 3－41),可以对视图中的图元进行显示控制。视图控制栏从左至右分别为:视图比例、视图详细程度、视觉样式、打开/关闭日光路径、阴影、渲染(仅三维视图)、视图裁剪控制、视图显示控制选项。注意由于在 Revit 中各视图均采用独立的窗口显示,因此,在任何视图中进行视图控制栏的设置,均不会影响其他视图的设置。

(1)比例。视图比例用于控制模型尺寸与当前视图显示之前的关系。如图 3-42 所示，单击视图控制栏 **1：100** 按钮，在比例列表中选择比例值即可修改当前视图的比例。注意无论视图比例如何调整，均不会修改模型的实际尺寸，仅会影响当前视图中添加的文字、尺寸标注等注释信息的相对大小。Revit 允许为项目中的每个视图指定不同比例，也可以创建自定义视图比例。

图 3-41　视图控制栏　　　　　　　　　　　图 3-42　视图比例

(2)详细程度。Revit 提供了三种视图详细程度：粗略、中等、精细。Revit 中的图元可以在族中定义在不同视图详细程度模式下要显示的模型。如图 3-43 所示，在门族中分别定义"粗略""中等""精细"模式下图元的表现。Revit 通过视图详细程度控制同一图元在不同状态下的显示，以满足出图的要求。例如，在平面布置图中，平面视图中的窗可以显示为四条线；但在窗安装大样中，平面视图中的窗将显示为真实的窗截面。

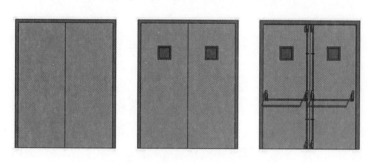

图 3-43　视图详细程度

(3)视觉样式。视觉样式用于控制模型在视图中的显示方式。如图 3-44 所示，Revit 提供了六种显示视觉样式："线框""隐藏线""着色""一致的颜色""真实""光线追踪"。显示效果逐渐增强，但所需要系统资源也越来越大。一般平面或剖面施工图可设置为线框或隐藏线模式，这样系统消耗资源较小，项目运行较快。

"线框"模式是显示效果最差但速度最快的一种显示模式。"隐藏线"模式下，图元将做遮挡计算，但并不显示图元的材质颜色；"着色"模式和"一致的颜色"模式都将显示对象材质"着色颜色"中定义

图 3-44　视觉样式选项

的色彩,"着色"模式将根据光线设置显示图元明暗关系,"一致的颜色"模式下,图元将不显示明暗关系。

"真实"模式和材质定义中"外观"选项参数有关,用于显示图元渲染时的材质纹理。光线追踪模式将对视图中的模型进行实时渲染,效果最佳,但将消耗大量的计算机资源。

图 3-45 为在默认三维视图中同一段墙体在 6 种不同模式下的不同表现。

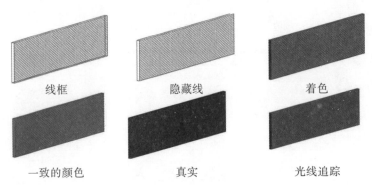

线框　　　　　　　　　隐藏线　　　　　　　　　着色

一致的颜色　　　　　　　真实　　　　　　　光线追踪

图 3-45　不同模式的视觉样式

在本书后续章节中,将详细介绍如何自定义图元的材质。读者可参考相关章节内容,以便加深对本节所述内容的理解。

(4)打开/关闭日光路径、打开/关闭阴影。在视图中,可以通过打开/关闭阴影开关在视图中显示模型的光照阴影,增强模型的表现力。在日光路径按钮中,还可以对日光进行详细设置。

(5)裁剪视图、显示/隐藏裁剪区域。视图裁剪区域定义了视图中用于显示项目的范围,由两个工具组成:是否启用裁剪及是否显示剪裁区域。可以单击 🖼 按钮在视图中显示裁剪区域,再通过启用裁剪按钮将视图剪裁功能启用,通过拖拽裁剪边界,对视图进行裁剪。裁剪后,裁剪框外的图元不显示。

(6)临时隔离/隐藏选项和显示隐藏的图元选项。在视图中可以根据需要临时隐藏任意图元。如图 3-46 所示,选择图元后,单击临时隐藏或隔离图元(或图元类别)命令 ✿,将弹出隐藏或隔离图元选项,可以分别对所选择图元进行隐藏和隔离。其中隐藏图元选项将隐藏所选图元;隔离图元选项将在视图隐藏所有未被选定的图元。可以根据图元(所有选择的图元对象)或类别(所有与被选择的图元对象属于同一类别的图元)的方式对图元的隐藏或隔离进行控制。

图 3-46　隐藏图元选项

所谓临时隐藏图元是指当关闭项目后,重新打开项目时被隐藏的图元将恢复显示。视图中临时隐藏或隔离图元后,视图周边将显示蓝色边框。此时,再次单击隐藏或隔离图元命令,可以选择"重设临时隐藏/隔离"选项恢复被隐藏的图元。或选择"将隐藏/隔离应用到视图"选项,此时视图周边蓝色边框消失,将永久隐藏不可见图元,即无论任何时候,图元都将不再显示。

要查看项目中隐藏的图元,如图 3-47 所示,可以单击视图控制栏中显示隐藏的图元 命令。Revit 将会显示彩色边框,所有被隐藏的图元均会显示为亮红色。

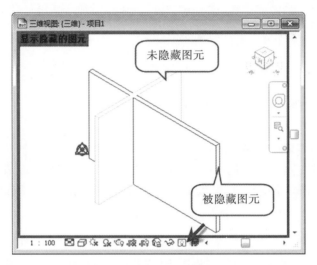

图 3-47 查看项目中隐藏的图元

如图 3-48 所示,单击选择被隐藏的图元,点击"显示隐藏的图元"→"取消隐藏图元"选项可以恢复图元在视图中的显示。注意恢复图元显示后,务必单击"切换显示隐藏图元模式"按钮或再次单击视图控制栏 9 按钮返回正常显示模式。

图 3-48 恢复显示被隐藏的图元

🖋 **小提示**

也可以在选择隐藏的图元后单击鼠标右键,在右键菜单中选择"取消在视图中隐藏"→"按图元",取消图元的隐藏。

(7)显示/隐藏渲染对话框(仅三维视图才可使用)。单击该按钮,将打开渲染对话框,以便对渲染质量、光照等进行详细的设置。Revit 采用 Mental Ray 渲染器进行渲染。本书后续章节中,将介绍如何在 Revit 中进行渲染。读者可以参考相关章节的内容。

(8)解锁/锁定三维视图(仅三维视图才可使用)。如果需要在三维视图中进行三维尺寸标注及添加文字注释信息,需要先锁定三维视图。单击该工具将创建新的锁定三维视图。锁定的三维视图不能旋转,但可以平移和缩放。在创建三维详图大样时,将使用该方式。

(9)分析模型的可见性。临时仅显示分析模型类别:结构图元的分析线会显示一个临时视图模式,隐藏项目视图中的物理模型并仅显示分析模型类别,这是一种临时状态,并不会随项目一起保存,清除此选项则退出临时分析模型视图。

3.2.3 图元基本操作

1. 图元选择

在 Revit 中,要对图元进行修改和编辑,必须选择图元。在 Revit 中可以使用 4 种方式进行图元的选择,即点选、框选、特性选择、过滤器选择。

(1)点选。移动鼠标至任意图元上,Revit 将高亮显示该图元并在状态栏中显示有关该图元的信息,单击鼠标左键将选择被高亮显示的图元。在选择时如果多个图元彼此重叠,可以移动鼠标至图元位置,循环按键盘"Tab"键,Revit 将循环高亮预览显示各图元,当要选择的图元高亮显示后单击鼠标左键将选择该图元。

🌾 **小提示**

按"Shift＋Tab"键可以按相反的顺序循环切换图元。

如图 3-49 所示,要选择多个图元,可以按住键盘"Ctrl"键后,再次单击要添加到选择集中的图元;如果按住键盘"Shift"键单击已选择的图元,将从选择集中取消该图元的选择。

Revit 中,当选择多个图元时,可以将当前选择的图元选择集进行保存,保存后的选择集可以随时被调用。如图 3-50 所示,选择多个图元后,单击"选择"→  保存 按钮,即可弹出"保存选择"对话框,输入选择集的名称,即可保存该选择集。要调用已保存的选择集,单击"管理"→"选择"→ 载入 按钮,将弹出"恢复过滤器"对话框,在列表中选择已保存的选择集名称即可。

图 3-49 选择多个图元

图 3-50 保存选择

(2)框选。将光标放在要选择的图元一侧,并对角拖拽光标以形成矩形边界,可以绘制选择范围框。当从左至右拖拽光标绘制范围框时,将生成"实线范围框"。被实线范围框全部位包围的图元才能选中;当从右至左拖拽光标绘制范围框时,将生成"虚线范围框",所有被完全包围或与范围框边界相交的图元均可被选中,如图 3-51 所示。

(3)特性选择。鼠标左键单击图元,选中后高亮显示;再在图元上单击鼠标右键,用"选择全部实例"工具,在项目或视图中选择某一图元或族类型的所有实例。有公共端点的图元,在连接的构件上单击鼠标右键,然后单击"选择连接的图元",能把这些同端点链接的图元一起选中,如图 3-52 所示。

图 3-51　框选　　　　　图 3-52　特性选择

（4）过滤器选择。选择多个图元对象后，单击状态栏过滤器 ▽，能查看到图元类型，在"过滤器"对话框中，选择或取消部分图元的选择，如图 3-53 所示。

图 3-53　过滤器选择

2. 图元编辑

如图 3-54 所示，在修改面板中，Revit 提供了"修改""移动""复制""镜像""旋转"等命令，利用这些命令可以对图元进行编辑和修改操作。

（1）移动 ✛："移动"命令能将一个或多个图元从一个位置移动到另一个位置。移动的时候，可以选择图元上某点或某线来移动，也可以在空白处随意移动。

【快捷键】移动命令的默认快捷键为 MV。

（2）复制 ⊶："复制"命令可复制一个或多个选定图元，并生成副本。点选图元，复制时，选项栏如图 3-55 所示。可以通过勾选"多个"选项实现连续复制图元。

图 3-54　图元编辑面板

图 3-55　关联选项栏

【快捷键】复制命令的默认快捷键为 CO。

（3）阵列复制 ⊞："阵列"命令用于创建一个或多个相同图元的线性阵列或半径阵列。在族中使用"阵列"命令，可以方便地控制阵列图元的数量和间距，如百叶窗的百叶数量和间距。阵列后的图元会自动成组，如果要修改阵列后的图元，需进入编辑组命令，然后才能对成组图元进行修改。

【快捷键】阵列复制命令的默认快捷键为 AR。

（4）对齐 ⌐："对齐"命令将一个或多个图元与选定位置对齐。如图 3-56 所示，对齐操作时，要求先单击选择对齐的目标位置，再单击选择要移动的对象图元，选择的对象将自动对齐至目标位置。对齐工具可以以任意的图元或参照平面为目标,在选择墙对象图元时,还可以在选项栏中指定首选的参照墙的位置;要将多个对象对齐至目标位置,在选项栏中勾选"多重对齐"选项即可。

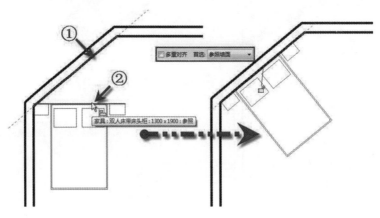

图 3-56　对齐操作

【快捷键】对齐工具的默认快捷键为 AL。

(5)旋转 ⟳ :"旋转"命令可使图元绕指定轴旋转。默认旋转中心位于图元中心,如图3-57所示,移动鼠标至旋转中心标记位置,按住鼠标左键不放将其拖拽至新的位置松开鼠标左键,可设置旋转中心的位置。然后单击确定起点旋转角边,再确定终点旋转角边,就能确定图元旋转后的位置。在执行旋转命令时,勾选选项栏中"复制"选项可在旋转时创建所选图元的副本,而在原来位置上保留原始对象。

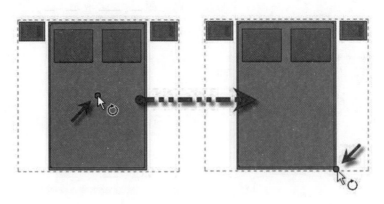

图 3-57　旋转操作

【快捷键】旋转命令的默认快捷键为 RO。

(6)偏移 ⌐ :"偏移"命令可以生成与所选择的模型线、详图线、墙或梁等图元进行复制或在与其长度垂直的方向移动指定的距离。如图3-58所示,可以在选项栏中指定拖拽图形方式或输入距离数值方式来偏移图元。不勾选复制时,生成偏移后的图元时将删除原图元(相当于移动图元)。

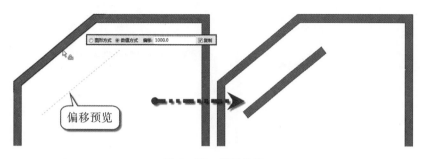

图 3-58　偏移操作

【快捷键】偏移命令的默认快捷键为 OF。

(7)镜像 ："镜像"命令使用一条线作为镜像轴,对所选模型图元执行镜像(反转其位置)。确定镜像轴时,既可以拾取已有图元作为镜像轴,也可以绘制临时轴。通过选项栏,可以确定镜像操作时是否需要复制原对象。

(8)修剪和延伸:如图 3-59 所示,修剪和延伸共有 3 个工具,从左至右分别为修剪/延伸为角、单个图元修剪和多个图元修剪工具。

图 3-59　修剪和延伸工具

【快捷键】修剪并延伸为角命令的默认快捷键为 TR。

如图 3-60 所示,使用"修剪"和"延伸"命令时必须先选择修剪或延伸的目标位置,然后选择要修剪或延伸的对象即可。对于多个图元的修剪工具,可以在选择目标后,多次选择要修改的图元,这些图元都将延伸至所选择的目标位置。可以将这些工具用于墙、线、梁或支撑等图元的编辑。对于 MEP 中的管线,也可以使用这些工具进行编辑和修改。

🖋 小提示

在修剪或延伸编辑时,鼠标单击拾取的图元位置将被保留。

(9)拆分图元 ：拆分工具有两种使用方法,即拆分图元和用间隙拆分。通过"拆分"命令,可将图元分割为两个单独的部分,可删除两个点之间的线段,也可在两面墙之间创建定义的间隙。

(10)删除图元 ："删除"命令可将选定图元从绘图中删除,和用 Delete 命令直接删除效果一样。

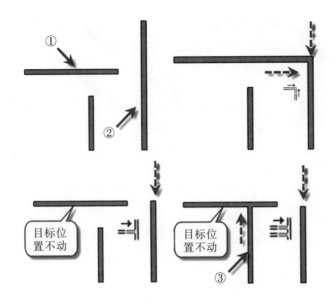

图 3-60　修剪、延伸操作

【快捷键】删除命令的默认快捷键为 DE。

3. 图元限制及临时尺寸

(1)尺寸标注的限制条件。在放置永久性尺寸标注时,可以锁定这些尺寸标注。锁定尺寸标注时,即创建了限制条件。选择限制条件的参照时,会显示该限制条件(蓝色虚线),如图 3-61 所示。

(2)相等限制条件。选择一个多段尺寸标注时,相等限制条件会在尺寸标注线附近显示为一个"EQ"符号。如果选择尺寸标注线的一个参照(如墙),则会出现"EQ"符号,在参照的中间会出现一条蓝色虚线,如图 3-62 所示。

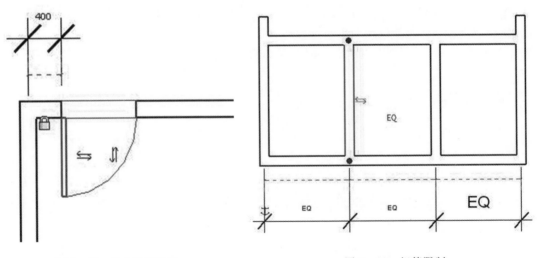

图 3-61　尺寸标注限制　　　　　　　　　　图 3-62　相等限制

"EQ"符号表示应用于尺寸标注参照的相等限制条件图元。当此限制条件处于活动状态时,参照(以图形表示的墙)之间会保持相等的距离。如果选择其中一面墙并移动它,则所有墙都将随之移动一段固定的距离。

(3)临时尺寸。临时尺寸标注是相对最近的垂直构件进行创建的,并按照设置值进行递增。点选项目中的图元,图元周围就会出现蓝色的临时尺寸,修改尺寸上的数值,就可以修改图元位置。可以通过移动尺寸界线来修改临时尺寸标注,以参照所需构件,如图 3-63 所示。

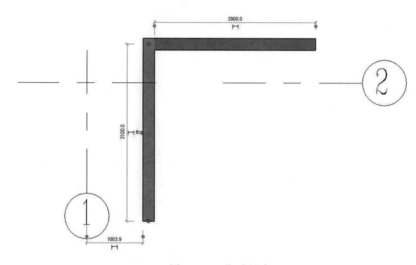

图 3-63 临时尺寸

单击在临时尺寸标注附近出现的尺寸标注符号 ⊢⊣,然后即可修改新尺寸标注的属性和类型。

3.2.4 快捷操作命令

1. 常用快捷键

为提高工作效率,汇总常用快捷键见表 3-2 至表 3-5,用户在任何时候都可以通过键盘输入快捷键直接访问至指定工具。

表 3-2 建模与绘图工具常用快捷键

命令	快捷键	命令	快捷键
墙	WA	对齐标注	DI
门	DR	标高	LL
窗	WN	高程点标注	EL
放置构件	CM	绘制参照平面	RP
房间	RM	模型线	LI
房间标记	RT	按类别标注	TG
轴线	GR	详图线	DL
文字	TX		

表 3-3　编辑修改工具常用快捷键

命令	快捷键	命令	快捷键
删除	DE	对齐	AL
移动	MV	拆分图元	SL
复制	CO	修剪/延伸	TR
旋转	RO	偏移	OF
定义旋转中心	R3	在整个项目中选择全部实例	SA
列阵	AR	重复上一个命令	RC
镜像、拾取轴	MM	匹配对象类型	MA
创建组	GP	线处理	LW
锁定位置	PP	填色	PT
解锁位置	UP	拆分区域	SF

表 3-4　捕捉替代常用快捷键

命令	快捷键	命令	快捷键
捕捉远距离对象	SR	捕捉到远点	PC
像限点	SQ	点	SX
垂足	SP	工作平面网格	SW
最近点	SN	切点	ST
中点	SM	关闭替换	SS
交点	SI	形状闭合	SZ
端点	SE	关闭捕捉	SO
中心	SC		

表 3-5　视图控制常用快捷键

命令	快捷键	命令	快捷键
区域放大	ZR	临时隐藏类别	RC
缩放配置	ZF	临时隔离类别	IC
上一次缩放	ZP	重设临时隐藏	HR
动态视图	F8	隐藏图元	EH
线框显示模式	WF	隐藏类别	VH
隐藏线显示模式	HL	取消隐藏图元	EU
带边框着色显示模式	SD	取消隐藏类别	VU
细线显示模式	TL	切换显示隐藏图元模式	RH
视图图元属性	VP	渲染	RR
可见性图形	VV	快捷键定义窗口	KS
临时隐藏图元	HH	视图窗口平铺	WT
临时隔离图元	HI	视图窗口层叠	WC

2. 自定义快捷键

除了系统自带的快捷键外，Revit 用户亦可以根据自己的习惯修改其中的快捷键命令。下面以修改"墙"定义快捷键"M"为例，来详细讲解如何在 Revit 中自定义快捷键。

（1）如图 3-64 所示，单击"视图"→"窗口"→"用户界面"→"快捷键"选项，如图 3-65 所示，打开"快捷键"对话框。

图 3-64　自定义快捷键

（2）如图 3-66 所示，在"搜索"文本框中，输入要定义快捷键的命令的名称"门"，将列出名称中所显示的"门"的命令或通过"过滤器"下拉框找到要定义的快捷键的命令所在的选项卡，来过滤显示该选项卡中的命令列表内容。

（3）在"指定"列表中，第一步选择所需命令"门"，第二步在"按新建"文本框中输入快捷键字符"M"，第三步单击 **指定(A)** 按钮。新定义的快捷键将显示在选定命令的"快捷方式"列，如图 3-67 所示。

（4）如果自定义的快捷键已被指定给其他命令，则会弹出"快捷方式重复"对话框，如图 3-68 所示，通知指定的快捷键已指定给其他命令。单击"确定"按钮忽略提示，按"取消"按钮重新指定所选命令的快捷键。

图 3-65　打开自定义
快捷键命令

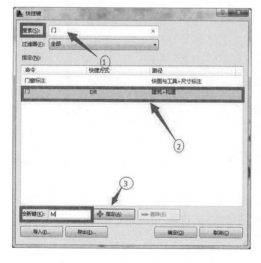

图 3-66　"快捷键"对话框搜索

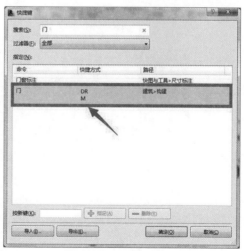

图 3-67　"快捷键"对话框指定

（5）如图 3-69 所示，单击"快捷键"对话框底部 **导出(E)...** 按钮，弹出"导出快捷键"对话框，如图 3-70 所示，输入要导出的快捷键文件名称，单击 **保存(S)** 按钮可以将所有自已定义的快捷键保存为 .xml 格式的数据文件。

图 3 - 68　"快捷方式重复"提示　　　　图 3 - 69　"导出快捷键"对话框

图 3 - 70　保存"快捷键"

（6）当重新安装 Revit 2016 时，可以通过"快捷键"对话框底部的"导入"工具，导入已保存的".xml"格式快捷键文件。同一命令可以指定给多个不同的快捷键。

第 4 章　Revit 模型的创建

教学导入

从本章开始,将在 Revit 2016 中进行操作,以软件自带项目案例为蓝本,从零开始创建基本建筑模型。对项目案例构件的建模命令、思路、流程进行阐述和实操,使读者建立模型概念、熟悉建模操作,为后续专业应用打下基础。

学习要点

- 构件的创建
- 构件的编辑

4.1　案例概述

4.1.1　项目概况

安装 Autodesk Revit 2016 软件后,打开软件界面,如图 4-1 所示,可直接看到 Revit 软件自带的项目案例与族案例图样,其项目文件储存在"用户选择的 Revit 软件安装目录(如 C:program Files(X86))→Autodesk→Revit Copernicus→Samples"文件夹下。本章节选择"建筑样例项目"(即 rac_basic_sample_project. rvt)为案例进行讲述,如图 4-2 所示。

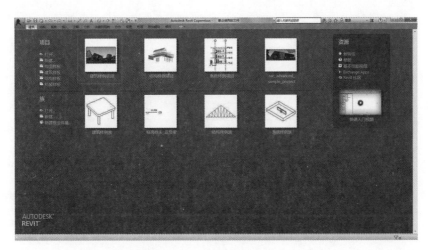

图 4-1　Revit 2016 界面

该建筑样例为一普通二层小别墅项目,总建筑面积约为 283.674m²,其中一层面积为 182.04m²,二层面积为 101.6m²。该建筑样例中已建立了基本的 Revit 模型(包含标高、轴网、视图、柱、墙、板、天花板、屋顶、门窗、栏杆、家具、场地等),方便读者直接查看已建立的模型参数并用于建模参考;除此以外,本案例还包含了对模型的进一步的应用,如房间标记、生

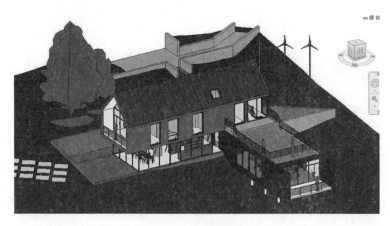

图 4-2 小别墅项目

成明细表、渲染、生成图纸等,可基本掌握对该软件常用命令的充分认知,因而本章节选择在该案例的基础上直接进行命令讲解与拓展训练的学习。

4.1.2 项目流程

对于 Revit 项目建模,通常包括以下流程,如图 4-3 所示。

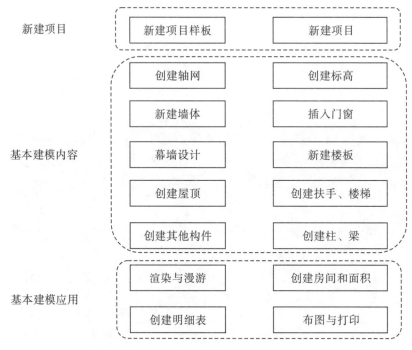

图 4-3 基本建模流程

对于整个建模过程分为新建项目、基本建模内容、基本建模应用三大板块,其中新建项目主要是新建项目样板和项目,包括项目的单位、标注、位置等的基本设置以及样板版本的统一;基本建模内容主要是对项目中的构件依次建模;基本建模应用则是通过对建立的模型进行渲染出效果图,创建房间与明细表从而对材料进行统计,并且可直接出设计图并打印。

4.2 项目准备

任何项目开始前,都需要在前期进行基本设置的准备工作,从而使得各绘图人员做到设计项目单位、对象样式、线型图案、项目位置、项目标注、其他等设置统一,如图 4-4 所示,在"管理"选项卡中可对进行各类基本设置。

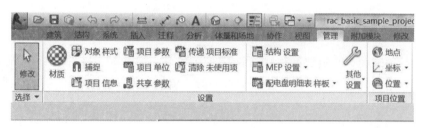

图 4-4 "管理"选项卡

4.2.1 项目单位设置

切换到"管理"选项卡→"设置"面板→单击"项目单位 ⬚⬚ "命令,弹出"项目单位"设置对话框,如图 4-5 所示。项目单位可依据不同的规程进行项目单位的设置,当在"视图属性"中修改规程时,对应的会采用所设置的项目单位,如图 4-6 所示。

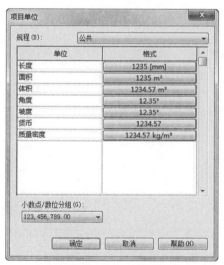

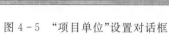

图 4-5 "项目单位"设置对话框　　　图 4-6 "视图属性"修改

目前软件可设置的单位包括长度、面积、体积、角度、坡度、货币、质量密度,单击要修改单位的格式凸显框,弹出对应单位可修改的格式信息,如长度可修改单位、舍入位数、是否带单位符号等。

4.2.2 项目位置设置

项目新建样板时,都需要对项目坐标位置进行统一设置。通过对项目地理位置的定位,得到气象等信息,便于后期的相关分析与模拟。项目位置如图 4-7 所示,可打开"管理"选项卡→"项目位置"面板进行设置。

图4-7 "项目位置"面板

单击"地点"按钮,切换至"默认城市列表",选择"北京,中国"。或者如果PC电脑处于连网状态,则软件会通过Bing地图服务显示互动的地图。其他的天气和场地用户可自定义进行设置。

4.2.3 其他基本设置

除了上述的设置外,还可对项目中的材质、尺寸标注、捕捉、项目信息、项目参数、共享参数、传递项目标准及清除未使用项等进行设置。

(1)材质设置⬡:可对项目中所涉及的各构件的材质进行标识、图形、外观、物理与热度的设置。一般在构件属性编辑器中也可对构件的材质进行编辑。

(2)项目标注:如图4-8主要是针对标记族的设置,如剖面索引、立面和剖面视图及箭头标记符号的设置,以及使用临时尺寸标注时默认的测量起点与终点,如图4-9所示。

图4-8 标记族设置

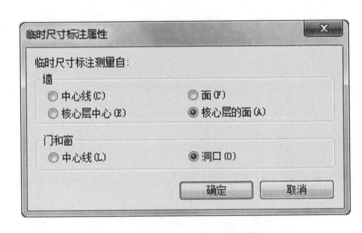

图4-9 临时尺寸标注属性设置

(3)捕捉设置🧲:用于设置捕捉增量,以及启用或禁用捕捉点,其功能类似于CAD的捕捉设置。

(4)项目信息🗂:用于指定能量数据、项目状态和客户信息,某些项目信息值可直接显示在图纸的标题栏中。通过对"共享参数"的使用,可将自定义字段添加至项目信息中。

(5)项目参数🗐与共享参数🗒:两者皆为用于项目图元的参数,并在明细表中使用。区别在于项目参数仅限于本项目,不能与其他项目或族共享;而共享参数存储于一个独立于任何族文件或项目的文件中,可为族文件或项目添加尚未定义的特定数据。

(6)传递项目标准🗂:用于传递不同项目间的数据标准,避免由于数据标准的差异影响绘图效果,包括族类型、线宽、材质、视图样板和对象样式等项目标准。

4.3 标高和轴网的创建

4.3.1 创建标高

标高用来定义楼层层高及生成平面视图,反映建筑物构件在竖向的定位情况,在 Revit 中开始进行建模前,应先对项目的层高和标高信息作出整体规划。标高不是必须作为楼层层高,其标高符号样式可定制修改。

下面以案例项目为例,介绍 Revit 中创建项目标高的一般步骤。

如图 4-10 所示,点击"新建"→"项目",打开 Revit 2016 默认的"建筑样板"。在 Revit 中,"标高"命令必须在立面和剖面视图中才能使用,因此在正式开始项目设计前,必须事先打开一个立面视图,如南立面。在立面视图中将默认样板中的标高 1 和标高 2 均修改为 1F 和 2F,其中 2F 的标高为"4.000",如图 4-11 所示,单击标高符号中的高度值,可输入"3.5",则 2F 的楼层高度改为 3.5m,如图 4-12 所示。

图 4-10　打开默认建筑样板

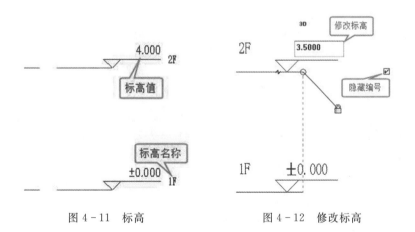

图 4-11　标高

图 4-12　修改标高

除了直接修改标高值,还可通过临时尺寸标注修改两标高间的距离。单击"2F",蓝显后在 1F 与 2F 间会出现一条蓝色临时尺寸标注如图 4-13 所示,此时直接单击临时尺寸上的标注值,即可重新输入新的数值,该值单位为"mm",与标高值的单位"m"不同,读者要注意区别。

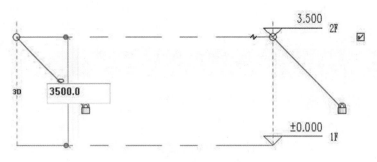

图 4-13 调整标高

绘制标高 3：单击"建筑"选项卡→"基准"面板→"标高"命令，移动光标到视图中"2F"左端标头上方 3000mm 处，当出现绿色标头对齐虚线时，单击鼠标左键捕捉标高起点。向右拖动鼠标，直到再次出现绿色标头对齐虚线，单击鼠标完成新楼层的绘制，并将其重命名为"3F"。

4.3.2 创建轴网

轴网用于构件定位，在 Revit 中轴网只需要在任意一个平面视图中绘制一次，其他平面和立面、剖面视图中都将自动显示。

在项目浏览器中双击"楼层平面"项下的"1F"视图，打开"楼层平面：1F"视图。选择"建筑"选项卡→"基准"面板→"轴网"命令或快捷键 GR 进行绘制。

在视图范围内单击一点后，垂直向上移动光标到合适距离再次单击，绘制第一条垂直轴线，轴号为 1。利用复制命令创建 2—7 号轴网。选择 1 号轴线，单击"修改"面板的"复制"命令，在 1 号轴线上单击捕捉一点作为复制参考点，然后水平向右移动光标，输入间距值 1200 后，单击一次鼠标复制生成 2 号轴线。保持光标位于新复制的轴线右侧，分别输入 3900、2800、1000、4000、600 后依次单击确认，绘制 3—7 号轴线，完成结果如图 4-14 所示。

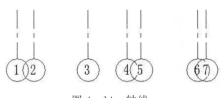

图 4-14 轴线

使用复制功能时，勾选选项栏中的"约束"，可使得轴网垂直复制，"多个"可单次连续复制。

继续使用"轴网"命令绘制水平轴线，移动光标到视图中 1 号轴线标头左上方位置，单击鼠标左键捕捉一点作为轴线起点。然后从左向右水平移动光标到 7 号轴线右侧一段距离后，再次单击鼠标左键捕捉轴线终点，创建第一条水平轴线。选择该水平轴线，修改标头文字为"A"，创建 A 号轴线。

同上绘制水平轴线步骤，利用"复制"命令，创建 B—E 号轴线。移动光标在 A 号轴线上单击捕捉一点作为复制参考点，然后垂直向上移动光标，保持光标位于新复制的轴线上侧，分别输入 2900、3100、2600、5700 后依次单击确认，完成复制。

重新选择 A 号轴线进行复制，垂直向上移动光标，输入值 1300，单击鼠标绘制轴线，选择新建的轴线,修改标头文字为"1/A"。完成后的轴网如图 4-15 所示。

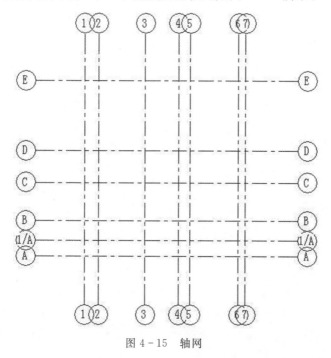

图 4-15 轴网

4.4 墙体的创建

墙体是建筑设计中的重要组成部分,在实际工程中墙体根据材质、功能也分多种类型,如隔墙、防火墙、叠层墙、复合墙、幕墙等,因此在绘制时,需要综合考虑墙体的高度、厚度、构造做法、图纸粗略、精细程度的显示、内外墙体区别等。随着高层建筑的不断涌现,幕墙以及异形墙体的应用越来越多,而通过Revit 能有效建立出直观的三维信息模型。

4.4.1 绘制墙体

进入平面视图中,单击"建筑"选项卡→"构建"面板→"墙"的下拉按钮,如图 4-16 所示。有"建筑墙""结构墙""面墙""墙饰条""墙分隔缝"五种选择,"墙饰条"和"墙分隔缝"只有在三维的视图下才能激活亮显,用于墙体绘制完后添加。其他墙可以从字面上来理解,建筑墙主要是用于分割空间,不承重;结构墙用于承重以及抗剪作用;面墙主要用于体量或常规模型创建墙面。

图 4-16 "墙"的下拉按钮

单击选择"墙:建筑"后,在选项卡中出现 **修改 | 放置 墙**上下文选项卡,面板中出现墙体的绘制方式如图 4-17 所示,属性栏将由视图"属性"框转变为墙"属性",如图 4-18 所示,以及选项栏也变为墙体设置选项,如图 4-19 所示。

绘制墙体需要先选择绘制方式,如直线、矩形、多边形、圆形、弧形等,如果有导入的二维

.dwg平面图作为底图,可以先选择"拾取线/边"命令,鼠标拾取.dwg平面图的墙线,自动生成Revit墙体。除此以外,还可利用"拾取面"功能拾取体量的面生成墙。

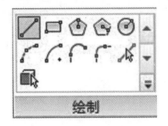

图4-17 墙体的绘制方式

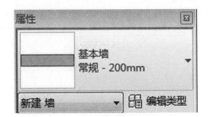

图4-18 墙属性

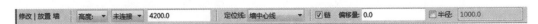

图4-19 墙体设置选项

1. 选项栏参数设置

在完成绘制方式的选择后,要设置有关墙体的参数属性。

(1)在"选项栏"中,"高度"与"深度"分别指从当前视图向上还是向下延伸墙体。

(2)"未连接"选项中还包含各个标高楼层;"4200"表示该视图墙顶部距底部4200mm。

(3)勾选"链"表示可以连续绘制墙体。

(4)"偏移量"表示绘制墙体时,墙体距离捕捉点的距离,如图4-20设置的偏移量为200mm,则绘制墙体时捕捉绿色虚线(即参照平面),绘制的墙体距离参照平面200mm。

(5)"半径"表示两面直墙的端点相连接处不是折线,而是根据设定的半径值,自动生成圆弧墙,如图4-21所示,设定的半径1000mm。

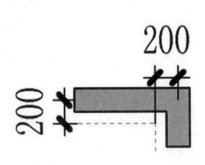

图4-20 偏移量设置

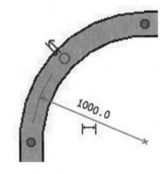

图4-21 圆弧墙

2. 实例参数设置

如图4-22所示,该属性为墙的实例属性,主要设置墙体的墙体定位线、高度、底部和顶部的约束与偏移等,有些参数为暗显,该参数可在:更换为三维视图、选中构件、附着时或改为结构墙等情况下亮显。

(1)定位线:共分为墙中心线、核心层、面层面与核心面四种定位方式。在Revit术语中,墙的核心层是指其主结构层。在简单的砖墙中,"墙中心线"和"核心层中心线"平面将会重合,然而它们在复合墙中可能会不同。顺时针绘制墙时,其外部面(面层面:外部)默认情况下位于顶部。

图 4-23 为一基本墙,右侧为基本墙的结构构造。通过选择不同的定位线,从左向右绘制出的墙体与参照平面的相交方式是不同的,如图 4-24 所示。选中绘制好的墙体,单击"翻转控件" ↕ 可调整墙体的方向。

(2)底部限制条件/顶部约束:表示墙体上下的约束范围。

(3)底/顶部偏移:在约束范围的条件下,可上下微调墙体的高度,如果同时偏移 100mm,表示墙体高度不变,整体向上偏移 100mm。+100mm 为向上偏移,-100mm 为向下偏移。

(4)无连接高度:表示墙体顶部在不选择"顶部约束"时高度的设置。

(5)房间边界:在计算房间的面积、周长和体积时,Revit会使用房间边界。可以在平面视图和剖面视图中查看房间边界。墙则默认为房间边界。

(6)结构:表示该墙是否为结构墙,勾选后,则可用于作后期受力分析。

图 4-22 墙的属性

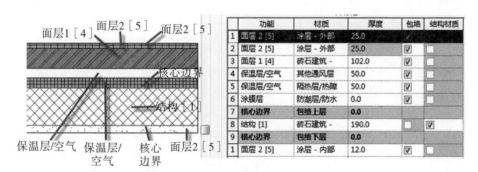

图 4-23 基本墙

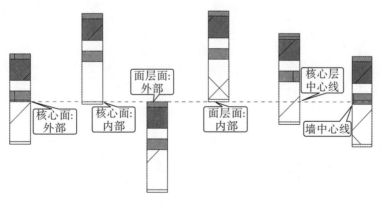

图 4-24 不同定位线绘制的墙体

3. 类型参数设置

在绘制完一段墙体后,选择该面墙,单击"属性"栏中的"编辑属性",弹出"类型属性"对话框,如图4-25所示。

(1)复制:可复制"系统族:基本墙"下不同类型的墙体,如复制新建:普通砖200mm,复制出的墙体为新的墙体。

(2)重命名:可将"类型"中的墙名称修改。

(3)结构:用于设置墙体的结构构造,单击"编辑",弹出"编辑部件"对话框,如图4-26所示。内/外部边表示墙的内外两侧,可根据需要添加墙体的内部结构构造。

(4)默认包络:"包络"指的是墙非核心构造层在断开点处的处理办法,仅是对编辑部件中勾选了"包络"的构造层进行包络,且只在墙开放的断点处进行包络。可选择"外部-带粉砖与砌块复合墙"在"楼层平面:修改类型属性"视图中查看包络差异情况,如图4-27所示为整个"外部边的包络"。

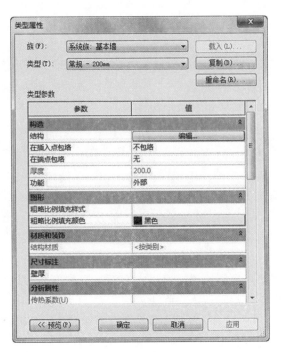

图4-25 "类型属性"对话框

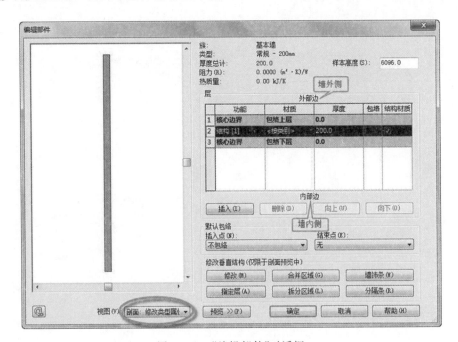

图4-26 "编辑部件"对话框

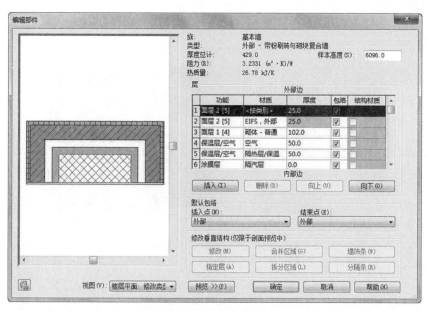

图 4 - 27 包络设置

(5)修改垂直结构:打开下方的"预览"后,选择"剖面:修改类型属性"视图后才会亮显。主要用于复合墙、墙饰条与分隔缝的创建。

复合墙:在"编辑部件"对话框中,插入一个面层 1,"厚度"改为 20mm。创建复合墙,通过利用"拆分区域"按钮拆分面层,放置在面层上会有一条高亮显示的预览拆分线,放置好高度后单击鼠标左键,在"编辑部件"对话框中再次插入新建面层 2,修改面层材质,单击该面层 2 前的数字序号,选中新建的面层,然后单击"指定层",在视图中单击拆分后的某一段面层,选中的面层蓝色显示,点击"修改",将新建的面层指定给了拆分后的某一段面层,如图 4 - 28 所示。

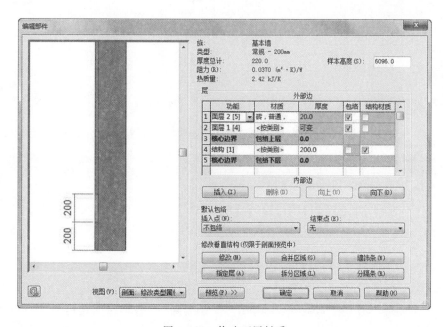

图 4 - 28 修改面层材质

通过对墙体面层的"指定层"与"修改",即可实现一面墙在不同高度有几个材质的要求,如图4-29所示。

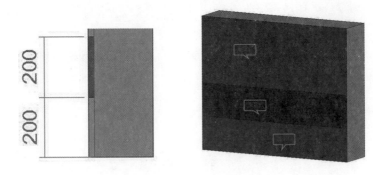

图4-29 墙体面层修改

墙饰条:主要是用于绘制的墙体在某一高度处自带墙饰条。单击"墙饰条",在弹出的"墙饰条"对话框中,单击"添加"轮廓可选择不同的轮廓族,如果没有所需的轮廓,可通过"载入轮廓"载入轮廓族,设置墙饰条的各参数,则可实现绘制出的墙体直接带有墙饰条,如图4-30所示。

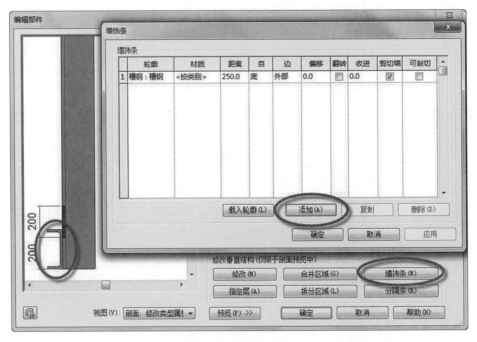

图4-30 墙饰条设置

分隔缝类似于墙饰条,只需添加分隔缝的族并编辑参数即可,在此不加以赘述。

4. 墙族分类

上述所讲的墙,均以"基本墙"为例讲述。但是墙除了"基本墙",还包括"叠层墙"和"幕墙",共三大块。

（1）"叠层墙"：要绘制叠层墙，首先需要在"属性"栏中选中叠层墙的案例，编辑其类型。其由不同的材质、类型的墙在不同的高度叠加而成，墙1、墙2均为来自"基本墙"，因此没有的墙类型要在"基本墙"中新建墙体后，再添加到叠层墙中。

（2）幕墙：主要用于绘制玻璃幕墙，详见 4.7 节。

4.4.2　编辑墙体

在定义好墙体的高度、厚度、材质等各参数后，按照 CAD 底图或设计要求绘制完墙体的过程中，还需要对墙体进行编辑。可利用"修改"面板下的"移动、复制、旋转、阵列、镜像、对齐、拆分、修剪、偏移"等编辑命令进行（和 CAD 中对线段的编辑一样），以及编辑墙体轮廓、附着/分离墙体，使所绘墙体与实际设计保持一致。

1. 编辑墙体轮廓

选择绘制好的墙后，自动激活"修改|墙"选项卡，单击"修改|墙"下"模式"面板中的"编辑轮廓"，如图 4-31 所示。如果在平面视图进行了轮廓编辑操作，此时弹出"转到视图"对话框，选择任意立面或三维进行操作，进入绘制轮廓草图模式。

图 4-31　"编辑轮廓"

在三维或立面中，利用不同的绘制方式工具，绘制所需形状，如图 4-32 所示。其创建思路为：创建一段墙体→修改|墙→编辑轮廓→绘制轮廓→修剪轮廓→完成绘制模式。

图 4-32　弧形墙体

完成后，单击"完成编辑模式" ✔ 即可完成墙体的编辑，保存文件。

2. 附着/分离墙体

如果墙体在多坡屋面的下方，需要墙和屋顶有效快速连接，依靠编辑墙体轮廓的话，会花费很多时间，此时通过"附着/分离"墙体能有效解决问题。

如图 4-33 所示，墙与屋顶未连接，用 Tab 键选中所有墙体，在"修改墙"面板中选择"附着顶部/底部"，在选项卡 **附着墙: ⊙ 顶部 ○ 底部** 中选择顶部或底部，再单击选择屋顶，则墙自动附着在屋顶下，如图 4-34 所示。再次选择墙，单击"分离顶部/底部"，再选择屋顶，则墙会恢复原样。

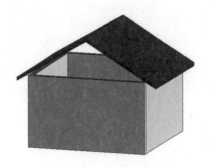

图 4-33　墙与屋顶未连接

图 4-34　墙自动附着

3. 墙体连接方式

墙体相交时,可有多种连接方式,如平接、斜接和方接三种方式,如图 4-35 所示。单击"修改"选项卡→"几何图形"面板→"墙连接" 功能,将鼠标光标移至墙上,然后在显示的灰色方块中单击,即可实现墙体的连接。

图 4-35　墙体连接方式

在设置墙连接时,可指定墙连接是否以及如何在活动平面视图中进行处理,在"墙连接"命令下,将光标移至墙连接上,然后在显示的灰色方块中单击。在"选项栏"中的"显示"有"清理连接""不清理连接""使用视图设置"三个显示设置,如图 4-36 所示。

默认情况下,Revit 会创建平接连接并清理平面视图中的显示,如果设置成"不清理连接",则在退出"墙连接"工具时,这些线不消失。另外,在设置墙体连接方式时,不同视图详细程度与显示设置也会在很大程度上影响显示效果。如图 4-37 所示。

图 4-36　显示设置

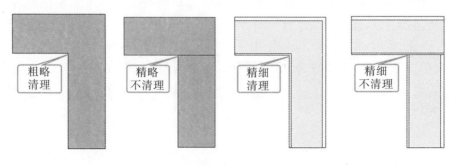

图 4-37　不同视图详细程度

本节主要建立了项目模型中最基础的模型——墙。通过对各类墙体的创建、属性设置，掌握各类墙体绘制、编辑和修改的方法。基本墙体创建是基础，对于复杂墙体，可利用内建族、体量等方式来创建。

4.5 门窗的创建

在三维模型中，门窗的模型与它们的平面表达并不是对应的剖切关系，在平面图中可与CAD 图一样表达，这说明门窗模型与平立面表达可以相对独立。在 Revit 中的门窗可直接放置已有的门窗族，对于普通门窗可直接通过修改族类型参数，如门窗的宽和高、材质等，形成新的门窗类型。

4.5.1 插入门、窗

门、窗是基于主体的构件，可添加到任何类型的墙体，并在平、立、剖以及三维视图中均可添加门，且门会自动剪切墙体放置。

单击"建筑"选项卡→"构建"面板→"门""窗"命令，在类型选择器下，选择所需的门、窗类型，如果需要更多的门、窗类型，通过"载入族"命令从族库载入或者和新建墙一样新建不同尺寸的门窗。

放置前，在"选项栏"中选择"在放置时进行标记"则软件会自动标记门窗，选择"引线"可设置引线长度，如图 4-38 所示。门窗只有在墙体上才会显示，在墙主体上移动光标，参照临时尺寸标注，当门位于正确的位置时单击鼠标确定。

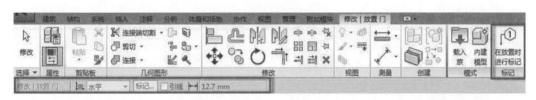

图 4-38 标记及引线设置

在放置门窗时，如果未勾选"在放置时进行标记"，还可通过第二种方式对门窗进行标记。选择"注释"选项卡中的"标记"面板，单击"按类别标记"，将光标移至放置标记的构件上，待其高亮显示时，单击鼠标则可直接标记；或者单击"全部标记"，在弹出的"标记所有未标记的对象"对话框，选中所需标记的类别后，单击"确定"即可，如图 4-39 所示。

图 4-39 通过"标记"面板设置标记

4.5.2 编辑门、窗

1. 实例属性

在视图中选择门、窗后，视图"属性"框则自动转成门/窗"属性"，如图 4-40 所示，在"属性"框中可设置门、窗的"标高"以及"底高度",该底高度即为窗台高度,顶高度为门窗高度＋底高度。该"属性"框中的参数为该扇门窗的实例参数。

图 4-40 门/窗"属性"设置

2. 类型属性

在"属性"框中,单击"编辑类型",在弹出的"类型属性"对话框中,可设置门、窗的高度、宽度、材质等属性,在该对话框中可同墙体复制出新的墙体一样,复制出新的门、窗,以及对当前的门、窗重命名,如图 4-41 所示。

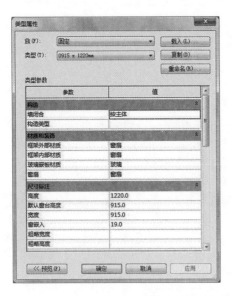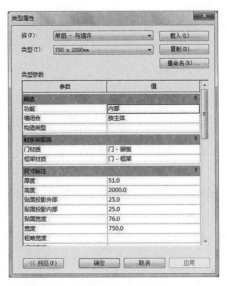

图 4-41 门、窗"类型属性"设置

对于窗如果有底标高,除了在实例或类型属性处修改,还可切换至立面视图,选择窗,移动临时尺寸界线,修改临时尺寸标注值。图 4-42 有一面东西走向墙体,则进入"项目浏览器",用鼠标单击"立面(建筑立面)",双击"南立面"从而进入南立面视图。在南立面视图中,如图 4 - 43 所示,选中该扇窗,移动临时尺寸控制点至±0 标高线,修改临时尺寸标注值为"1000"后,按"Enter"键确认修改。

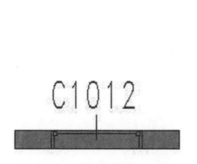

图 4 - 42   一面东西走向墙体

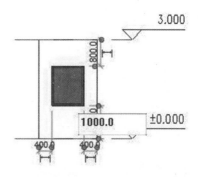

图 4 - 43   修改尺寸标注值

4.6   楼板的创建

楼板的创建不仅可以是楼面板,还可以是坡道、楼梯休息平台等,对于有坡度的楼板,通过"修改子图元"命令修改楼板的空间形状,设置楼板的构造层找坡,实现楼板的内排水和有组织排水的分水线建模绘制。

楼板共分为建筑板、结构板以及楼板边缘,建筑与结构同样是在于是否进行结构分析。楼板边缘多用于生成住宅外的小台阶。

4.6.1   新建楼板

单击"建筑"选项卡→"构建"面板→"楼板"→"楼板:建筑",在弹出的"修改|创建楼层边界"上下文选项卡(见图 4 - 44)中,可选择楼板的绘制方式,本教材以"直线"与"拾取墙"两种方式来讲解。

图 4 - 44   "修改|创建楼层边界"选项卡

使用"直线"命令绘制楼板边界则可绘制任意形状的楼板,"拾取墙"命令可根据已绘制好的墙体快速生成楼板。

1. 属性设置

在使用不同的绘制方式绘制楼板时,在"选项栏"中是不同的绘制选项,如图 4 - 45 所示,其"偏移"功能也是提高效率的有效方式,通过设置偏移值,可直接生成距离参照线一定偏移量的板边线。

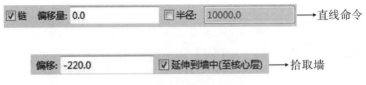

图4-45 属性设置

对于楼板的实例与类型属性主要设置板的厚度、材质以及楼板的标高与偏移值。

2. 绘制楼板

偏移量设置为200mm,用"直线"命令方式绘制如图4-46所示的矩形楼板,标高为"2F",内部为"200mm"厚的常规墙,高度为1F-2F,绘制时捕捉墙的中心线,顺时针绘制楼板边界线。

边界绘制完成后,单击 ✔ 完成绘制,此时会弹出"是否希望将高达此楼层标高的墙附着到此楼层的底部",如图4-47所示,如果单击"是",将高达此楼层标高的墙附着到此楼层的底部;单击"否",将高达此楼层标高的墙将未附着,与楼板同高度,如图4-48所示。

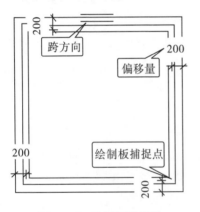

图4-46 绘制矩形楼板

图4-47 弹出对话框

图4-48 绘制楼板

通过"边界线"绘制完楼板后,在"绘制"面板中还有"坡度箭头"的绘制,其主要用于斜楼板的绘制,可在楼板上绘制一条坡度箭头,如图 4 - 49 所示,并在"属性"框中设置该坡度线的"最高/低处的标高"。

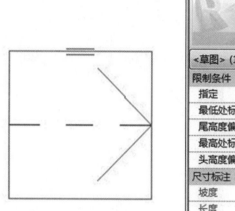

图 4 - 49　坡度线设置

4.6.2　编辑楼板

如果楼板边界绘制不正确,则可再次选中楼板,单击"修改 | 楼板"选项卡中的"编辑边界"命令,如图 4 - 50 所示,可再次进入编辑楼板轮廓草图模式。

图 4 - 50　"编辑边界"命令

1. 形状编辑

除了可编辑边界,还可通过"形状编辑"编辑楼板的形状,同样可绘制出斜楼板,如单击"修改子图元"选项后,进入编辑状态,单击视图中的绿点,出现"0"文本框,其可设置该楼板边界点的偏移高度,如 500,则该板的此点向上抬升 500mm,如图 4 - 51 所示。

2. 楼板洞口

楼板开洞,除了"编辑楼板边界"可开洞外,如图 4 - 52 所示,还有专门的开洞的方式。

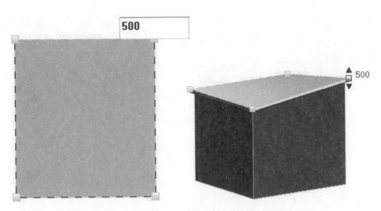

图4-51 通过"形状编辑"编辑楼板的形状

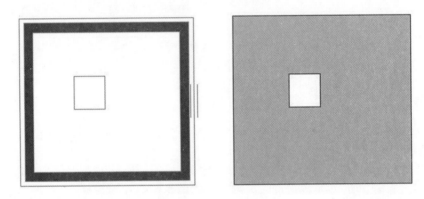

图4-52 楼板洞口

4.7 幕墙设计

幕墙是现代建筑设计中被广泛应用的一种建筑外墙,由幕墙网格、竖梃和幕墙嵌板组成。其附着到建筑结构,但不承担建筑的楼板或屋顶荷载。在 Revit 中,根据幕墙的复杂程度分常规幕墙、规则幕墙系统和面幕墙系统三种创建幕墙的方法。

常规幕墙是墙体的一种特殊类型,其绘制方法和常规墙体相同,并具有常规墙体的各种属性,可以像编辑常规墙体一样用"附着""编辑立面轮廓"等命令编辑常规幕墙。规则幕墙系统和面幕墙系统可通过创建体量或常规模型来绘制,主要对于幕墙数量、面积较大或不规则曲面时使用,此节主要讲常规幕墙的创建。

4.7.1 创建玻璃幕墙、跨层窗

幕墙四种默认类型:幕墙、外部玻璃、店面与扶手。

对于上述四种类型的幕墙,均可通过幕墙网格、竖梃以及嵌板三大组成元素来进行设置,本节主要以幕墙为例。

单击"建筑"选项卡→"构建"面板→"墙:建筑"→"属性"框中选择"幕墙"类型→绘制幕墙→编辑幕墙。幕墙的绘制方式和墙体绘制相同,但是幕墙比普通墙多了部分参数的设置。

1. 类型属性

绘制幕墙前,单击"属性"框中的"编辑类型",在弹出的"类型属性"对话中设置幕墙参数,如图 4-53 所示。主要需要设置"构造""垂直网格样式""水平网格样式""垂直竖梃""水平竖梃"几大参数。"复制"和"重命名"的使用方式和其他构件一致,可用于创建新的幕墙以及对幕墙重命名。

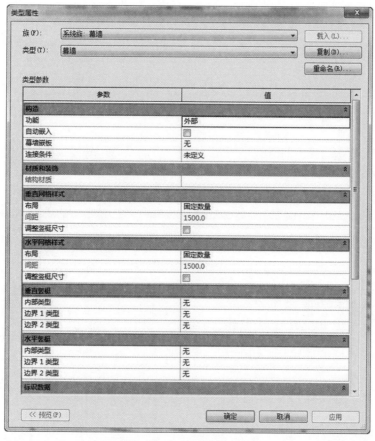

图 4-53 设置幕墙参数

(1)构造:主要用于设置幕墙的嵌入和连接方式。勾选"自动嵌入"则在普通墙体上绘制的幕墙会自动剪切墙体,如图 4-54 所示。

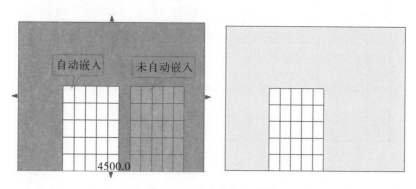

图 4-54 "自动嵌入"图示

"幕墙嵌板"中,单击"无"中的下拉框,可选择绘制幕墙的默认嵌板,一般幕墙的默认选择为"系统嵌板:玻璃"。

(2)垂直网格与竖直网格样式:用于分割幕墙表面,用于整体分割或局部细分幕墙嵌板。根据其"布局方式"可分为:"无""固定数量""固定距离""最大间距""最小间距"五种方式。

①无:绘制的幕墙没有网格线,可在绘制完幕墙后,在幕墙上添加网格线。

②固定数量:不能编辑幕墙"间距"选项,可直接利用幕墙"属性"框中的"编号"来设置幕墙网格数量。

③固定距离、最大间距、最小间距:三种方式均是通过"间距"来设置,绘制幕墙时,多用"固定数量"与"固定距离"两种。

(3)垂直竖梃与水平竖梃:设置的竖梃样式会自动在幕墙网格上添加,如果该处没有网格线,则该处不会生成竖梃。

2. 实例属性

玻璃幕墙在实例属性上与普通墙类似,只是多了垂直/水平网格样式。如图4-55所示。编号只有网格样式设置成"固定距离"时才能被激活,编号值即等于网格数。

垂直网格样式	☆
编号	4
对正	起点
角度	0.000°
偏移量	0.0
水平网格样式	☆
编号	4
对正	起点
角度	0.000°
偏移量	0.0

图4-55 垂直/水平风格样式

4.7.2 编辑玻璃幕墙

编辑玻璃主要包括两方面:一是编辑幕墙网格线段与竖梃;二是编辑幕墙嵌板。

1. 编辑幕墙网格线段

在三维或平面视图中,绘制一段带幕墙网格与竖梃的玻璃幕墙,样式自定,转到三维视图中,如图4-56所示。

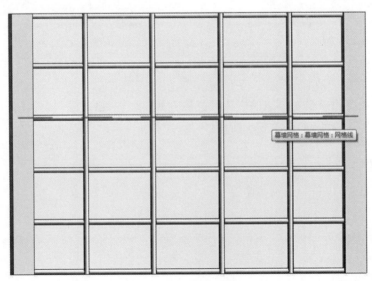

图4-56 绘制玻璃幕墙

将光标移至某根幕墙网格处,待网格虚线高亮显示时,单击鼠标左键,选中幕墙网格,则出现"修改|幕墙网格"上下文选项卡,单击"幕墙网格"面板中的"添加/删除线段"。此时,单击选中幕墙网格中需要断开的该段网格线,再单击删除网格线的地方又可添加网格线,如图4-57 所示。类型属性中设置了幕墙竖梃后,添加或删除幕墙网格线,同步会添加/删除幕墙竖梃。

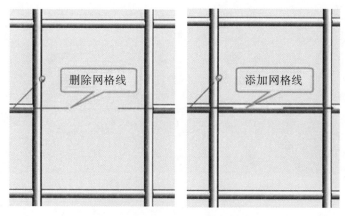

图 4-57　编辑幕墙网格线

如果不选中幕墙,同样可以添加幕墙网格,单击"建筑"选项卡→"构建"面板→"幕墙网格"或"竖梃"命令,在弹出的"修改|放置 幕墙网格(竖梃)"上下文选项卡的"放置"面板中,可以选择网格或竖梃的放置方式,如图4-58 和图 4-59 所示。

图 4-58　修改幕墙网格

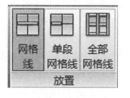

图 4-59　网格线

(1)放置幕墙网格。

①全部分段:单击添加整条网格线。

②一段:单击添加一段网格线,从而拆分嵌板。

③除拾取外的全部:单击先添加一条红色的整条网格线,再单击某段删除,其余的嵌板添加网格线。

(2)放置幕墙竖梃。

①网格线:单击一条网格线,则整条网格线均添加竖梃。

②单段网格线:在每根网格线相交后,形成的单段网格线处添加竖梃。

③全部网格线:全部网格线均加上竖梃。

2.　编辑幕墙嵌板

将鼠标放在幕墙网格上,通过多次切换 Tab 键选择幕墙嵌板,选中后,在"属性"框中的"类型选择器",可直接修改幕墙嵌板类型,如图4-60 所示。如果没有所需类型,可通过载入族库中的族文件或新建族载入到项目中。

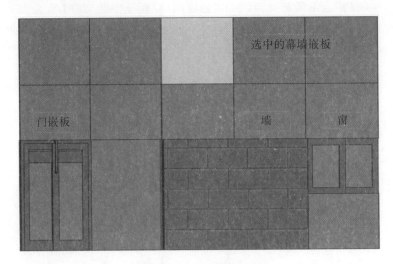

图 4 - 60　编辑幕墙嵌板

幕墙主要是通过设置幕墙网格、幕墙嵌板和幕墙竖梃来进行设计。对于幕墙网格可采用手动编辑和自动生成幕墙网格两种方式，可以对幕墙的造型进行各种编辑。灵活使用幕墙工具，可以创建任意复杂形式的幕墙样式。

4.8　屋顶的创建

屋顶是房屋最上层起覆盖作用的围护结构，根据屋顶排水坡度的不同，常见的有平屋顶、坡屋顶两大类，坡屋顶也具有很好的排水效果。屋顶是建筑的重要组成部分。在 Revit 中提供了多种建模工具。如：迹线屋顶、拉伸屋顶、面屋顶、玻璃斜窗等创建屋顶的常规工具。此外，对于一些特殊造型的屋顶，还可以通过内建模型的工具来创建。

4.8.1　创建迹线屋顶

对于大部分的屋顶的绘制，均是通过"建筑"选项卡→"构建"面板→"屋顶"下拉列表→选择绘制命令进行，如图 4 - 61 所示。其包括"迹线屋顶""拉伸屋顶""面屋顶"三种屋顶的绘制方式。

选择"迹线屋顶"，迹线屋顶即是通过绘制屋顶的各条边界线，为各边界线定义坡度的过程。

1. 上下文选项卡设置

选择"迹线屋顶"命令后，进入绘制屋顶轮廓草图模式。绘图区域自动跳转至"创建屋顶迹线"上下文选项卡，如图 4 - 62 所示。其绘制方式除了边界线的绘制，还包括坡度箭头的绘制。

图 4 - 61　"屋顶"下拉列表

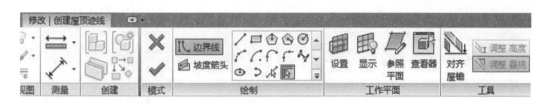

图 4-62 "创建屋顶迹线"选项卡

(1)边界线绘制方式。

屋顶的边界线绘制方式和其他构件类似,在绘制前,在"选项栏中"勾选"定义坡度",则绘制的每根边界线都定义了坡度值,可在"属性"中或选中边界线,单击角度值设置坡度值。"偏移量"是相对于拾取线的偏移值;"悬挑"用于"拾取墙"命令,是对于拾取墙线的偏移。如图 4-63 所示。

图 4-63 边界线绘制设置

(2)坡度箭头绘制方式。

除了通过边界线定义坡度来绘制屋顶,还可通过坡度箭头绘制。其边界线绘制方式和上述所讲的边界线绘制一致,但用坡度箭头绘制前需取消勾选"定义坡度",通过坡度箭头的方式来指定屋顶的坡度,如图 4-64 所示。

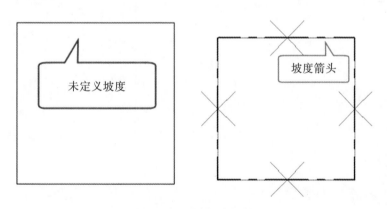

图 4-64 坡度箭头绘制

图 4-64 所绘制的坡度箭头,需在坡度"属性"框中设置坡度的"最高/低处标高"以及"头/尾高度偏移",如图 4-65 所示。完成后勾选"完成编辑模式",完成后的屋顶平面与三维视图,如图 4-66 所示。

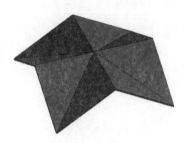

图 4-65 设置坡度　　　　图 4-66 屋顶平面与三维视图

2. 实例属性设置

对于用"边界线"方式绘制的屋顶,在"属性"框中与其他构件不同的是,多了截断标高、截断偏移、椽截面以及坡度四个概念,如图 4-67 所示。

(1)截断标高:指屋顶顶标高到达该标高截面时,屋顶会被该截面剪切出洞口,如 2F 标高处截断。

(2)截断偏移:截断面在该标高处向上或向下的偏移值,如 100mm。

(3)椽截面:指的是屋顶边界处理方式,包括垂直截面、垂直双截面与正方形双截面。

(4)坡度:各根带坡度边界线的坡度值,如 1:1.73。

图 4-68 为绘制的屋顶边界线,单击坡度箭头可调整坡度值,如图 4-69 所示为生成屋顶。根据整个的屋顶的生成过程,可以看出,屋顶是根据所绘制的边界线,按照坡度值形成一定角度向上延伸而成。

图 4-67 屋顶属性

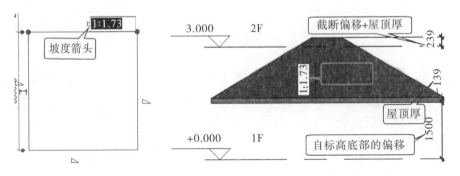

图 4-68 绘制的屋顶边界线　　　　图 4-69 生成的屋顶

4.8.2　创建拉伸屋顶

拉伸屋顶主要是通过在立面上绘制拉伸形状,按照拉伸形状在平面上拉伸而形成。拉伸屋顶的轮廓是不能在楼层平面上进行绘制的。

单击"建筑"选项卡→"构建"面板→"屋顶"下拉列表→"拉伸屋顶"命令,如果初始视图是平面,则选择"拉伸屋顶"后,会弹出"工作平面"对话框,如图 4－70 所示。

拾取平面中的一条直线,则软件自动跳转至"转到视图"界面,在平面中选择不同的线,软件弹出的"转到视图"中的选择立面是不同的。

如果选择水平直线,则跳转至"南、北"立面,如图 4－71 所示;如果选择垂直线,则跳转至"东、西"立面;如果选择的是斜线,则跳转至"东、西、南、北"立面,同时三维视图均可跳转。

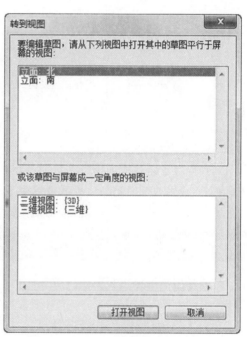

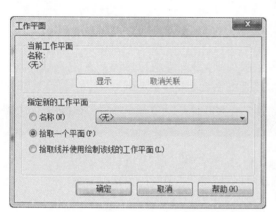

图 4－70　"工作平面"对话框　　　　　　图 4－71　"转到视图"界面

选择完立面视图后,软件弹出"屋顶参照标高和偏移"对话框,在对话框中设置绘制屋顶的参照标高以及参照标高的偏移值,如图 4－72 所示。

此时,可以开始在立面或三维视图中绘制屋顶拉伸截面线,无需闭合,如图 4－73 所示。绘制完后,需在"属性"框中设置"拉伸的起点/终点"(其设置的参照与最初弹出的"工作平

图 4－72　设置屋顶参照标高和偏移

面"选取有关,均是以"工作平面"为拉伸参照)、椽截面等,如图 4－74 所示;同时在"编辑类型"中设置屋顶的构造、材质、厚度、粗略比例填充样式等类型属性,完成后的屋顶平面图,如图 4－75 所示。

图4-73 屋顶拉伸截面线

图4-74 设置拉伸起点与终点

图4-75 参照平面

本节学习了屋顶的创建方法。对于屋顶,可采用迹线、拉伸屋顶的方法绘制。其中对于迹线,除了常用的指定轮廓边界线坡度生成复杂坡屋顶,以及使用拉伸屋顶可生成任意形状的屋顶模型外,还可使用坡度箭头工具生成带坡度的图元。

4.9 扶手、楼梯的创建

本节采用功能命令和案例讲解相结合的方式,详细介绍了扶手、楼梯、台阶和坡道的创建和编辑的方法,同时结合实际项目中会遇到的各类问题进行分析。

4.9.1 创建楼梯和栏杆扶手

楼梯作为建筑垂直交通当中的主要解决方式,高层建筑尽管采用电梯作为主要垂直交通工具,但是仍然要保留楼梯供紧急时逃生之用。楼梯按梯段可分为单跑楼梯、双跑楼梯和多跑楼梯;梯段的平面形状有直线的、折线的和曲线的,楼梯的种类和样式多样。楼梯主要由踢面、踏面、扶手、梯边梁以及休息平台组成,如图4-76所示。

单击"建筑"选项卡→"楼梯坡道"面板→"楼梯"下拉列表→"楼梯(按草图)"命令(按草图比按构件绘制的楼梯修改更灵活),进入绘制楼梯草图模式,自动激活"修改|创建楼梯草图"上下文选项卡,选择"绘制"面板下的"梯段"命令,即可开始直接绘制楼梯。

1. 实例属性

在"属性"框中,主要需要确定"楼梯类型""限制条件""尺寸标注"三大内容,如图4-77所示。根据设置的"限制条件"可确定楼梯的高度(1F与2F间高度为4m),"尺寸标注"可确定楼梯的宽度、所需踢面数以及实际踏板深度,通过参数的设定软件可自动计算出实际的踏步数和踢面高度。

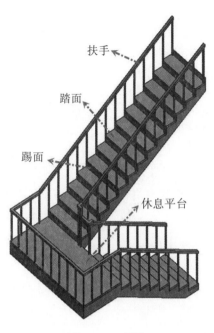

图 4 - 76　楼梯　　　　　　　　图 4 - 77　楼梯的属性

2. 类型属性

单击"属性"框中的"编辑类型",在弹出的"类型属性"对话框中,如图 4 - 78 所示,主要设置楼梯的"踏板""踢面""梯边梁"等参数。

图 4 - 78　踏步设置

完成楼梯的参数设置后,可直接在平面视图中开始绘制。单击"梯段"命令,捕捉平面上的一点作为楼梯起点,向上拖动鼠标后,梯段草图下方会提示"创建了 10 个踢面,剩余 13个"。

单击"修改|楼梯|编辑草图"上下文选项卡→"工作平面"面板→"参照平面"命令,在距离第 10 个踢面 1000mm 处绘制一根水平参照平面,如图 4-79 所示。捕捉参照平面与楼梯中线的交点继续向上绘制楼梯,直到梯段草图下方提示"创建了 23 个踢面,剩余 0 个"。

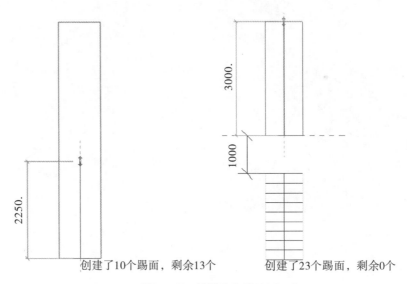

图 4-79　楼梯踏步设置

完成草图绘制的楼梯如图 4-80 所示,勾选"完成编辑模式",楼梯扶手自动生成,即可完成楼梯。

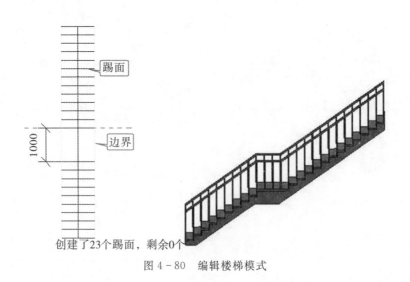

图 4-80　编辑楼梯模式

楼梯扶手除了可以自动生成,还可单独绘制。单击"建筑"选项卡→"楼梯坡道"面板→"扶手栏杆"下拉列表→"绘制路径"/"放置在主体上"。其中放置在主体上主要用于坡道或楼梯。

对于"绘制路径"方式,绘制的路径必须是一条单一且连接的草图,如果要将栏杆扶手分为几个部分,请创建两个或多个单独的栏杆扶手。但是对于楼梯平台处与梯段处的栏杆是要断开的,如图4-81所示。

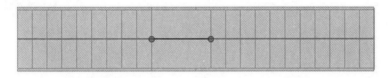

图4-81　绘制路径

对于绘制完的栏杆路径,需要单击"修改|栏杆扶手"上下文选项卡→"工具"面板→"拾取新主体",或设置偏移值,才能使得栏杆落在主体上,如图4-82所示。

图4-82　栏杆路径

4.9.2　编辑楼梯和栏杆扶手

1. 编辑楼梯

选中"楼梯"后,单击"修改|楼梯"上下文选项卡→"模式"面板→"草图绘制"命令,又可再次进入编辑楼梯草图模式。

单击"绘制"面板"踢面"命令,选择"起点-终点-半径弧"命令 ，单击捕捉第一跑梯段最右端的踢面线端点,再捕捉弧线中间一个端点绘制一段圆弧。

选择上述绘制的圆弧踢面,单击"修改"面板的"复制"按钮,在选项栏中勾选"约束"和"多个"。选择圆弧踢面的端点作为复制的基点,水平向左移动鼠标,在之前直线踢面的端点处单击放置圆弧踢面,如图4-83所示。

在放置完第一跑梯段的所有圆弧踢面后,按住Ctrl键选择第二跑梯段所有的直线踢面,按Delete键删除,如图4-84所示。单击"完成编辑"命令,即创建圆弧踢面楼梯。

对于楼梯边界,类似地单击"绘制"面板上的"边界"命令进行修改。

2. 编辑栏杆扶手

完成楼梯后,自动生成栏杆扶手,选中栏杆,在"属性"栏的下拉列表中可选择其他扶手替换。如果没有所需的栏杆,可通过"载入族"的方式载入。

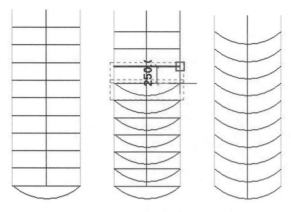

图4-83 放置圆弧踢面

图4-84 创建圆弧踢面楼梯

选择扶手后,单击"属性"框→"编辑类型"→"类型属性",如图4-85所示。

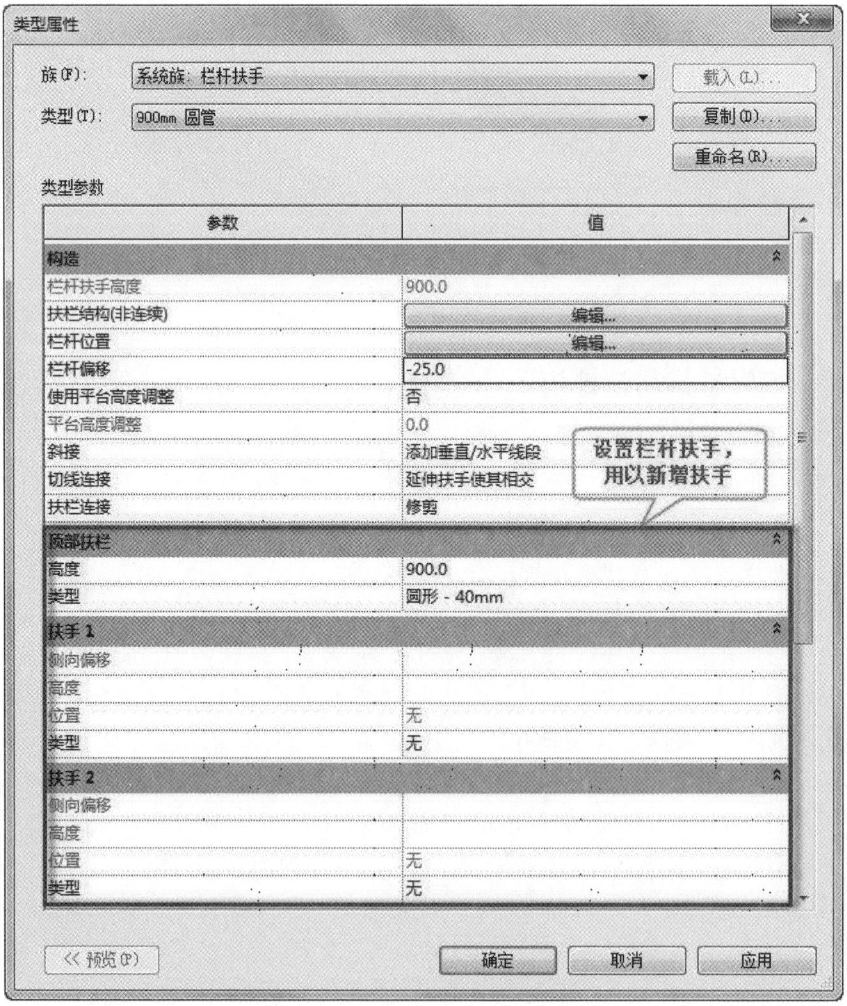

类型属性	

族(F): 系统族: 栏杆扶手 　　　　载入(L)...

类型(T): 900mm 圆管 　　　　复制(D)...

　　　　重命名(R)...

类型参数

参数	值
构造	
栏杆扶手高度	900.0
扶栏结构(非连续)	编辑...
栏杆位置	编辑...
栏杆偏移	-25.0
使用平台高度调整	否
平台高度调整	0.0
斜接	添加垂直/水平线段
切线连接	延伸扶手使其相交
扶栏连接	修剪
顶部扶栏	
高度	900.0
类型	圆形 - 40mm
扶手 1	
侧向偏移	
高度	
位置	无
类型	无
扶手 2	
侧向偏移	
高度	
位置	无
类型	无

设置栏杆扶手,用以新增扶手

<< 预览(P) 　　　确定　　　取消　　　应用

图4-85 "栏杆扶手"类型属性

（1）扶栏结构（非结构）：单击扶栏结构的"编辑"按钮，打开"编辑扶手"对话框，如图4-86所示。可插入新的扶手，"轮廓"可通过载入"轮廓族"载入选择，对于各扶手可设置其名称、高度、偏移、材质等。

图4-86 "编辑扶手"对话框

（2）栏杆位置：单击栏杆位置"编辑"按钮，打开"编辑栏杆位置"对话框，如图4-87所示。可编辑900mm圆管的"栏杆族"的族轮廓、偏移等参数。

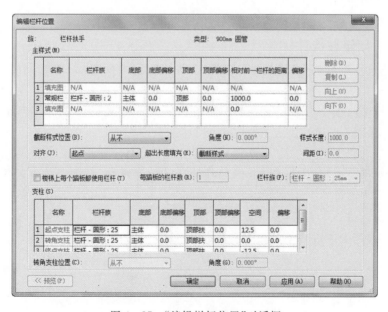

图4-87 "编辑栏杆位置"对话框

（3）栏杆偏移：栏杆相对于扶手路径内侧或外侧的距离。如果为-25mm,则生成的栏杆距离扶手路径为25mm,方向可通过"翻转箭头"控件控制,如图4-88所示。

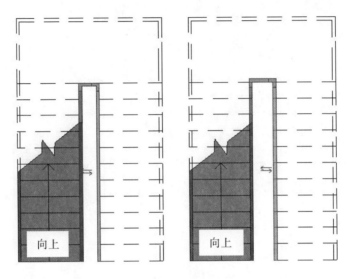

图4-88　栏杆偏移

4.10　柱、梁的创建

本节主要讲述如何创建和编辑建筑柱、结构柱以及梁、梁系统、结构支架等,使读者了解建筑柱和结构柱的应用方法和区别。根据项目需要,某些时候需要创建结构梁系统和结构支架,比如对楼层净高产生影响的大梁等。大多数时候可以在剖面上通过二维填充命令来绘制梁剖面,示意即可。

4.10.1　创建柱构件

柱分为建筑柱与结构柱,建筑柱主要用于砖混结构中的墙垛、墙上突出结构,不用于承重。

单击"建筑"选项卡→"构建"面板→"柱"下拉列表→"建筑柱"/"结构柱"命令,或者直接单击"结构"选项卡→"结构"面板→"柱"命令。

在"属性"框的"类型选择器"中选择适合尺寸规格的柱子类型,如果没有相应的柱类型,可通过"编辑类型"→"复制"功能创建新的柱,并在"类型属性"框中修改柱的尺寸规格。如果没有柱族,则需通过"载入族"功能载入柱子族。

放置柱前,需在"选项栏"中设置柱子的高度,勾选"放置后旋转"则放置柱子后,可对放置柱子直接旋转。

特别对于"结构柱",在弹出的"修改|放置 结构柱"上下文选项卡会比"建筑柱"多出"放置""多个""标记"面板,如图4-89所示。

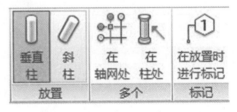

图4-89　创建柱构件

绘制多个结构柱:在结构柱中,能在轴网的交点处以及在建筑中创建结构柱。进入到"结构柱"绘制界面后,选择"垂直柱"放置,单击"多个"面板中的"在轴网处",在"属性"对话框中的"类型选择器"中选择需放置的柱类型,从右下向左上框选或交叉框选轴网,如图 4 - 90 所示。则框选中的轴网交点自动放置结构柱,单击"完成"则在轴网中放置多个同类型的结构柱,如图 4 - 91 所示。

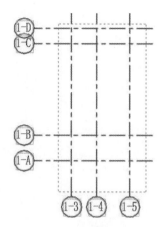

图 4 - 90 轴网设置(1)

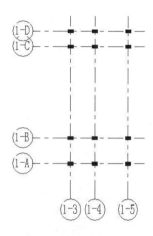

图 4 - 91 轴网设置(2)

除此以外,还可在建筑柱中放置结构柱,单击"多个"面板中的"在柱处",在"属性"对话框中的"类型选择器"中选择需放置的柱类型,按住 Ctrl 键可选中多根建筑柱,单击"完成",则完成在多根建筑柱中放置结构柱。

4.10.2 创建梁构件

单击"结构"选项卡→"结构"面板→"梁"命令,则进入梁的绘制界面中,如果没有梁族,则需通过"载入族"方式从族库中载入。一般梁的绘制可参照 CAD 底图,新建不同的尺寸,单击并捕捉起点和终点来绘制梁。

在选项栏中可选择梁的放置平面,还可从"结构用途"下拉箭头中选择梁的结构用途或让其处于自动状态,结构用途参数可以包括在结构框架明细表中,这样便可以计算大梁、托梁、檩条和水平支撑的数量,如图 4 - 92 所示。

图 4 - 92 梁的绘制界面

勾选"三维捕捉"选项,通过捕捉任何视图中的其他结构图元,可以创建新梁。这表示可以在当前工作平面之外绘制梁和支撑。例如,在启用了三维捕捉之后,不论高程如何,屋顶梁都将捕捉到柱的顶部。勾选"链"后,可绘制多段连接的梁。

也可使用"多个"面板中的"轴网"命令,拾取轴网线或框选、交叉框选轴网线,点"完成",系统自动在柱、结构墙和其他梁之间放置梁。

通过 Revit 可实现建筑工程师与结构工程师的模型相互参照,协同作业。若在当前实际项目建模过程中采用链接结构或其他模型形成完整的 BIM 模型,可实现跨专业协同作业。

4.11 其他构件的创建

4.11.1 绘制洞口

绘制洞口时,除了部分构件,如墙、楼板可"编辑边界"绘出洞口,还可使用"洞口"工具在墙、楼板、天花板、屋顶、结构梁、支撑和结构柱上剪切洞口。

单击"建筑"选项卡→"洞口"面板,均是洞口绘制的命令,包括:"按面""竖井""墙""垂直""老虎窗"。

(1)按面、垂直、竖井:主要用于创建一个垂直于屋顶、楼板或天花板选定面的洞口,均为水平构件,如图 4-93 所示。按面是针对某个平面,需在楼板、天花板或屋顶中选择一个面;垂直是也是针对选择整个图元;竖井则是在某个平面的垂直距离上均可被剪切。

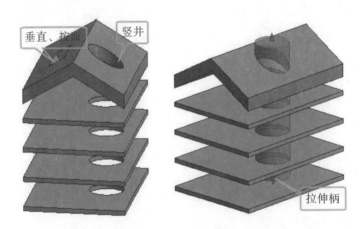

图 4-93 绘制洞口

对于"竖井"命令,可通过"拉伸柄"拉伸竖井的剪切长度。

(2)墙:主要用于创建墙洞口。如图 4-94 所示,选中绘制的"墙洞口",可通过"拉伸柄"控制洞口的大小。

(3)老虎窗:可以用于剪切屋顶,主要用于生成老虎窗。

4.11.2 台阶与坡道

Revit 中没有专用的"台阶"命令,可以采用创建在位族、外部构件族、楼板边缘甚至楼梯等方式创建各种台阶模型。本节讲述用"楼板边缘"命令创建台阶的方法。

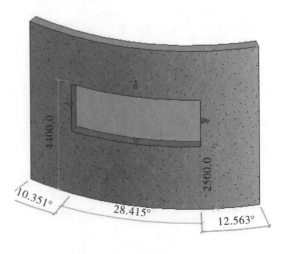

图 4-94 创建墙洞口

1. 绘制台阶

单击"建筑"选项卡→"构建"面板→"楼板"下
拉列表→"楼板边"命令，直接拾取绘制好的板边界
即可生成"台阶"。可通过"载入族"的方式载入所
需的"楼板边缘族"。如图 4-95 所示。通过调整双
向箭头可以修改楼板边的方向。

2. 绘制坡道

可以在平面视图或三维视图绘制一段坡道或
绘制边界线和踢面线来创建坡道。与楼梯类似，可
以定义直梯段、L 形梯段、U 形坡道和螺旋坡道。
还可以通过修改草图来更改坡道的外边界。

图 4-95　绘制台阶

单击"建筑"选项卡→"楼梯坡道"面板→"坡道"命令，则在弹出的"修改|创建坡道草图"
上下文选项卡中，可和楼梯一样，通过"梯段""边界""踢面"三种方式来创建坡道。

(1)实例属性。在"属性"对话框中，可设置坡道的"底部/顶部标高与偏移"以及坡道的
宽度，如图 4-96 所示。"顶部标高"和"顶部偏移"属性的默认设置可能会使坡道太长。建
议将"顶部标高"和"基准标高"都设置为当前标高，并将"顶部偏移"设置为较低的值。

(2)类型属性。单击"属性"框中"编辑类型"按钮，弹出"类型属性"对话框，如图 4-97
所示。

图 4-96　坡道属性设置

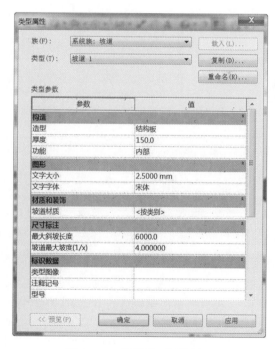

图 4-97　坡道类型属性设置

①厚度：只有在"造型"为"结构板"时才会亮显设置，如果为实体，则灰显。
②最大斜坡长度：指定要求平台前坡道中连续踢面高度的最大数量。

③坡道最大坡度(1/X):设置坡道的最大坡度。

4.11.3　设置场地

场地作为房屋的地下基础,要通过模型表达出建筑与实际地坪间的关系,以及建筑的周边道路情况。通过学习,将了解场地的相关设置与地形表面、场地构件的创建与编辑的基本方法和相关应用技巧。

单击"体量和场地"选项卡→"场地建模"面板→ 按钮。在弹出的"场地设置"对话框中,可设置等高线间隔值、经过高程、自定义的等高线、剖面填充样式、基础土层高程、角度显示等项目全局场地设置,如图4-98所示。

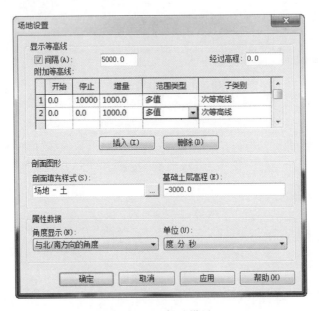

图4-98　场地设置

1. 创建地形表面、子面域与建筑地坪

(1)地形表面。

地形表面是建筑场地地形或地块地形的图形表示。默认情况下,楼层平面视图不显示地形表面,可以在三维视图或在专用的"场地"视图中创建。

单击打开"场地"平面视图→"体量和场地"选项栏→"场地建模"面板→"地形表面"命令,进入地形表面的绘制模式。

单击"工具"面板下"放置点"命令,在"选项栏" 高程 0.0 绝对高程 中输入高程值,在视图中单击鼠标放置点,修改高程值,放置其他点,连续放置则生成等高线。

单击地形"属性"框设置材质,完成地形表面设置。

(2)子面域与建筑地坪。

"子面域"工具是在现有地形表面中绘制的区域,不会剪切现有的地形表面。例如,可以使用子面域在地形表面绘制道路或绘制停车场区域。"子面域"工具和"建筑地坪"不同,"建筑地坪"工具会创建出单独的水平表面,并剪切地形,而创建子面域不会生成单独的地平面,而是在地形表面上圈定了某块可以定义不同属性集(例如材质)的表面区域,如图4-99

所示。

①子面域。

单击"体量和场地"选项卡→"修改场地"面板→"子面域"命令,进入绘制模式。用"线"绘制工具,绘制子面域边界轮廓线。

单击子面域"属性"中的"材质",设置子面域材质,完成子面域的绘制。

②建筑地坪。

单击"体量和场地"选项卡→"场地建模"面板→"建筑地坪"命令,进入绘制模式。用"线"绘制工具,绘制建筑地坪边界轮廓线。

在建筑地坪"属性"框中,设置该地坪的标高以及偏移值,在"类型属性"中设置建筑地坪的材质。

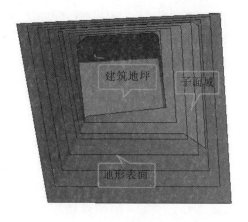

图 4-99 建筑地坪

2. 编辑地形表面

(1)编辑地形表面。

选中绘制好的地形表面,单击"修改|地形"上下文选项卡→"表面"面板→"编辑表面"命令,在弹出的"修改|编辑表面"上下文选项卡的"工具"面板中,如图 4-100 所示,可通过"放置点""通过导入创建""简化表面"三种方式修改地形表面高程点。

图 4-100 编辑地形表面

①放置点:增加高程点的放置。

②通过导入创建:通过导入外部文件创建地形表面。

③简化表面:减少地形表面中的点数。

(2)修改场地。

打开"场地"平面视图或三维视图,在"体量和场地"选项卡的"修改场地"面板中,包含多个对场地修改的命令。

①拆分表面:单击"体量和场地"选项卡→"修改场地"面板→"拆分表面"命令,选择要拆分的地形表面进入绘制模式。用"线"绘制工具,绘制表面边界轮廓线。在表面"属性"框的"材质"中设置新表面材质,完成绘制。

②合并表面:单击"体量和场地"选项卡→"修改场地"面板→"合并表面"命令,勾选选项栏 。选择要合并的主表面,再选择次表面,两个表面合二为一。

③建筑红线:创建建筑红线可通过两种方式。

单击"体量和场地"选项卡→"修改场地"面板→"建筑红线"命令,选择"通过绘制来创建"进入绘制模式,如图 4-101 所示。用"线"绘制工具,绘制封闭的建筑红线轮廓线,完成绘制。

另外也可选择"通过输入距离和方向角来创建",手动输入方向和距离。

图 4-101 创建建筑红线

4.12 渲染与漫游

在 Revit 中,可使用不同的效果和内容(如:照明、植物、贴花和人物)来渲染三维模型,通过视图展现模型真实的材质和纹理,还可以创建效果图和漫游动画,全方位展示建筑师的创意和设计成果。如此,在一个软件环境中,即可完成从施工图设计到可视化设计的所有工作,改善了以往在几个软件中操作所带来的重复劳动、数据流失等弊端,提高了设计效率。

本节将重点讲解设计表现内容,包括材质设置,给构件赋材质,创建室内外相机视图,室内外渲染场景设置及渲染,以及项目漫游的创建与编辑方法。

4.12.1 设置构件材质

在渲染之前,需要先给构件设置材质。材质用于定义建筑模型中图元的外观,Revit 提供了许多可以直接使用的材质,也可以自己创建材质。

打开 Revit 2016 自带的建筑样例项目,单击"管理"选项卡→"设置"面板→"材质"命令,打开"材质浏览器"对话框,如图 4-102 所示。在该对话框中,以"Acetal Resin,Black"为例,单击"图形"栏下"着色"中的"颜色"图标,不勾选"使用渲染外观",可打开"颜色"对话框,选择着色状态下的构件颜色。单击选择倒数第三个浅灰色矩形,如图 4-103 所示,单击"确定"。

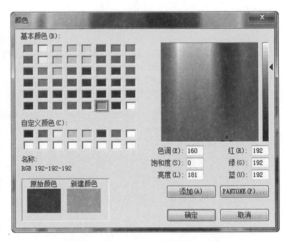

图 4-102　"材质浏览器"对话框　　　　　图 4-103　"颜色"对话框

单击"材质编辑器"中的"表面填充图案"下的"填充图案",弹出"填充样式"对话框,如图 4-104 所示。在下方"填充图案类型"中选择"模型",在填充图案样式列表中选择"soldier",单击"确定"回到"材质编辑器"对话框。

单击"截面填充图案"下的"填充图案",同样弹出"填充样式"对话框,单击左下角"无填充图案",关闭"填充样式"对话框。

单击"材质编辑器"左下方的"打开/关闭资源浏览器"按钮,打开"资源浏览器"对话框,双击"3 英寸方形-白色",添加了"3 英寸方形-白色"的外观到该材质中,在"材质浏览器"对话框中单击"确定",完成材质"Acetal Resin,Black"的修改,保存文件即可。在构件编辑的过程中,可对新建或修改的材质进行效果展示,如图 4－105 为"Cavity wall_sliders"基本墙的材质设置。

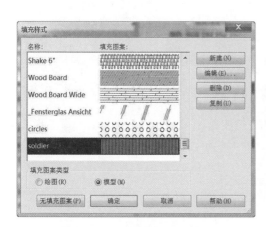

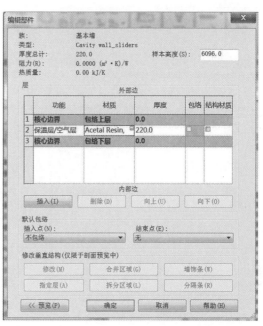

图 4－104 "填充样式"对话框　　　图 4－105 Cavity wall_sliders 基本墙的材质设置

4.12.2 创建相机视图

对构件赋予材质之后,在渲染之前,一般需先创建相机透视图,生成渲染场景。

在"项目浏览器"双击视图名称"Level 1"进入一层平面视图。单击"视图"选项卡→"三维视图"下拉菜单→"相机"命令,勾选选项栏的"透视图"选项,如果取消勾选则创建的相机视图为没有透视的正交三维视图,偏移量为 1750,如图 4－106 所示。

图 4－106 创建相机视图

移动光标至绘图区域 Level 1 视图中,在右下角单击放置相机。将光标向右上角移动,超过建筑绿色房间区域,单击放置相机视点,如图 4－107 所示。此时一张新创建的三维视图自动弹出,在项目浏览器"三维视图"项下,增加了相机视图"三维视图 1"。

双击进入"三维视图 1",单击"窗口"面板"平铺"(快捷键 WT)命令,此时绘图区域同时打开三维视图 1 和 Level 1 视图,在三维视图 1 中将"视图控制栏"内的"视觉样式"替换显示为"着色",单击选中三维视图的视口最外围,视口各边中点出现四个蓝色控制点,同时 Level 1 视图中同步显示出刚放置的相机,可继续拖动相机调整照射的方位,或在三维视图 1 中选择某控制点,单击并按住向外拖拽,放大视口直至找到合适的视野区域,松开鼠标。如图 4－108 所示,至此就创建了一个相机透视图。除此以外,三维视图中已创建了多个角度的相机视图,可打开查看各相机设置。

BIM模型算量应用

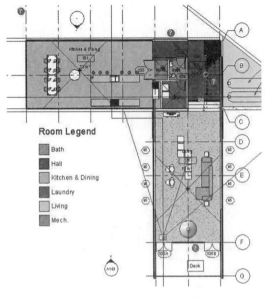

图 4-107　创建三维视图　　　　　　　图 4-108　相机透视图

4.12.3　渲染

　　Revit的渲染设置非常容易操作，只需要设置真实的地点、日期、时间和灯光即可渲染三维及相机透视图。单击视图控制栏中的"显示渲染对话框"命令，或"图形"面板中的"渲染"按钮，弹出"渲染"对话框，如图4-109所示。

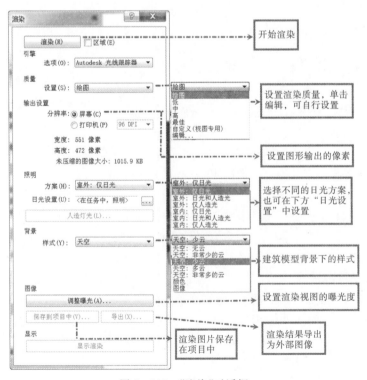

图 4-109　"渲染"对话框

按照"渲染"对话框设置渲染样式,单击"渲染"按钮,开始渲染并弹出"渲染进度"工具条,显示渲染进度,如图 4 - 110 所示。

图 4 - 110"渲染进度"工具条

完成渲染后的图形如图 4 - 111 所示。单击"导出 ..."将渲染存为图片格式。关闭渲染对话框后,图形恢复到未渲染状态。

如要查看渲染图片,则可在"项目浏览器"中的"渲染"视图中打开,如图 4 - 112 所示为别墅院子内拍摄的渲染角度。

图 4 - 111　渲染后的图形

图 4 - 112　渲染图片

4.12.4　漫游

上面已讲述相机的使用及生成渲染图片,另外通过设置各个相机路径,即可创建漫游动画,动态查看与展示项目设计。

1. 创建漫游

在项目浏览器中双击视图名称"Level 1"进入首层平面视图。单击"视图"选项卡→"三维视图"下拉菜单→"漫游"命令。在选项栏处相机的默认"偏移量"为 1750,也可自行修改,如图 4 - 113 所示。

图 4 - 113　创建漫游

光标移至绘图区域,在平面视图中单击开始绘制路径,即漫游所要经过的路线。光标每单击一个点,即创建一个关键帧,沿别墅外围逐个单击放置关键帧。若放置时看不到放置的相机,则在"属性"框中,取消勾选"裁剪视图"。路径围绕别墅一周后,鼠标单击选项栏"完成漫游"或按快捷键"Esc"完成漫游路径的绘制,如图 4 - 114 所示。

完成路径后,项目浏览器中出现"漫游"项,可以看到刚刚创建的漫游名称是"漫游 1",双击"漫游 1"打开漫游视图。单击"窗口"面板"关闭隐藏对象"命令,双击"项目浏览器"中"楼层平面"下的"Level 1",打开一层平面图,单击"窗口"面板"平铺"命令,此时绘图区域同时显示平面图和漫游视图。

在"视图控制栏"中将"漫游1"视图的"视觉样式"替换显示为"着色",选择渲染视口边界,单击视口四边上的控制点,按住向外拖拽,放大视口,如图4-115所示。

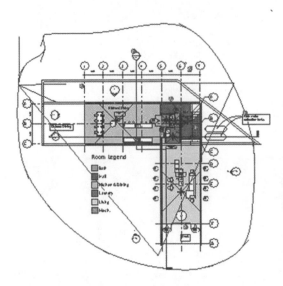

图4-114 绘制路径

图4-115 漫游视图

2. 编辑漫游

在完成漫游路径的绘制后,可在"漫游1"视图中选择外边框,从而选中绘制的漫游路径,在弹出的"修改|相机"上下文选项卡中,单击"漫游"面板中的"编辑漫游"命令。

在"选项栏"中的"控制"可选择"活动相机""路径""添加关键帧""删除关键帧"四个选项。

选择"活动相机"后,则平面视图中出现由多个关键帧围成的红色相机路径,对相机所在的各个关键帧位置,可调节相机的可视范围及相机前方的原点调整视角。完成一个位置的设置后,单击"编辑漫游"上下文选项卡→"漫游"面板→"下一关键帧"命令,如图4-116所示。设置各关键帧的相机视角,使每帧的视线方向和关键帧位置合适,得到完美的漫游,如图4-117所示。

图4-116 "下一关键帧"命令

选择"路径"后,则平面视图中出现由多个蓝点组成的漫游路径,拖动各个蓝点可调节路径,如图4-118所示。

选择"添加关键帧"和"删除关键帧"后可添加/删除路径上的关键帧。

编辑完成后可单击选项栏的"播放"键,播放刚刚完成的漫游。

漫游创建完成后可单击应用程序菜单"导出"→"图像和动画"→"漫游"命令,弹出"长度/格式"对话框,如图4-119所示。

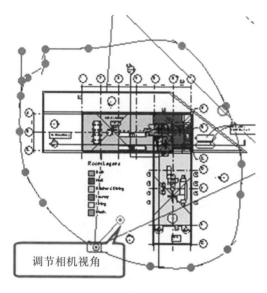

图 4-117　调节相机视角

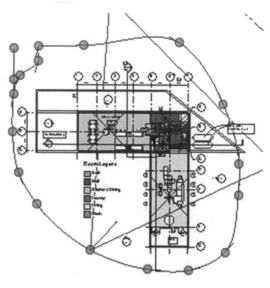

图 4-118　漫游路径

其中"帧/秒"项设置导出后漫游的速度为每秒多少帧,默认为 15 帧,播放速度会比较快,将设置改为 3 帧,速度将比较合适。单击"确定"后弹出"导出漫游"对话框,输入文件名,选择文件类型与路径,单击"保存"按钮,弹出"视频压缩"对话框,默认为"全帧(非压缩的)",产生的文件会非常大,建议在下拉列表中选择压缩模式为"Microsoft Video 1",此模式为大部分系统可以读取的模式,同时可以减小文件大小,单击"确定"将漫游文件导出为外部 AVI 文件。

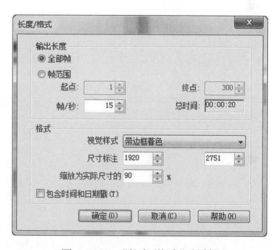

图 4-119　"长度/格式"对话框

4.13　房间和面积报告

在建筑设计过程中,房间的布置成为空间划分的重要手段。如对于住宅项目,需区别出客厅、厨房、主卧、次卧、阳台与卫生间等区域,传统的做法为用 CAD 手动量取每个区域的面积并标注名称,但在 Revit 中,房间的创建通过对空间分割后,可自动统计出各个房间的面积,并且在空间区域布局或房间名称修改后,相应的统计结果也会自动更新。因而通过 Revit 创建模型,可快速提高设计师的效率,避免花费过多时间做简单重复性的工作。

4.13.1　创建房间

打开 Revit 2016 自带的建筑样例项目,选择"Level 2"楼层平面,各个房间已经按颜色进行空间区域划分,如图 4-120 所示。选中任意房间,注意是选择两根十字交叉的线,不是房间标记,在"属性框"中可以设置房间的标高、偏移值、编号、名称与显示房间的面积、周长、体积等实例参数,如图4-121所示。

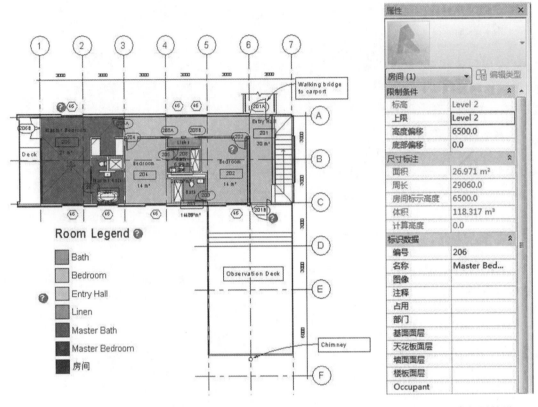

图4-120　建筑样例　　　　　　　　　　　图4-121　房间属性设置

以"Level 2"最左侧的阳台为例创建房间。切换至"建筑"选项卡→"房间和面积"面板→"房间"命令,如图4-122所示。将鼠标放置于阳台空间内,单击鼠标左键放置,即可出现一个房间名称。双击房间即可进入编辑状态,此时房间以红色线段围成封闭边界,直接输入"阳台",按"Enter"键确认。此时的房间变为蓝色,并在颜色图例中自动增加阳台选项,如图4-123所示。

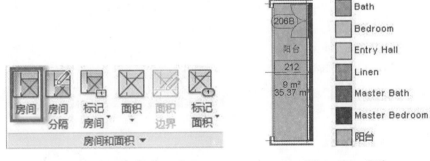

图4-122　"房间和面积"面板　　　　　　　图4-123　阳台

对于每个房间的颜色设置,可通过"建筑"选项卡,单击"房间和面积"面板的下三角按钮房间和面积 ▼,选择 颜色方案。在弹出的"编辑颜色方案"对话框中,选择房间类别,可添加不同的颜色方案,如 Name 方案,并按方案来定义各房间的颜色及填充样式,如图 4 - 124所示。对于方案定义中"标题"的属性为"Room Legend"、"颜色"的属性为"名称",表示软件将自动读取项目中的房间,并在列表中按名称显示。

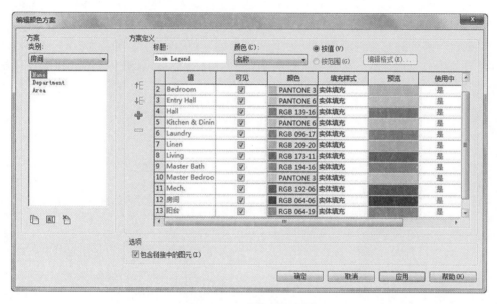

图 4 - 124　编辑颜色方案

通过放置好房间,设定完颜色方案后,如何能如上述案例一样添加颜色图例到平面视图中? 切换到"注释"选项卡→"颜色填充"面板→"颜色填充图例"按钮,如图 4 - 125 所示。

图 4 - 125　"颜色填充"面板

若已有颜色方案,则直接放置颜色填充图例。若新建项目还未布置颜色方案,则在弹出的"选择空间类型和颜色方案"对话框中,对该视图选择对应的"空间类型"与"颜色方案",如图 4 - 126 所示,单击"确定"后,单击绘图区域中的"未定义颜色"图元,在"修改 | 颜色填充图例"选项卡→"方案"面板→"编辑方案"按钮中,可新建颜色方案。

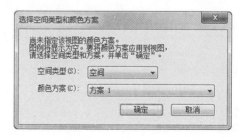

图 4 - 126　"选择空间类型和颜色方案"对话框

4.13.2 面积分析

除了对建筑区域进行房间分类,在建筑设计过程中,需要对图纸进行面积及防火面积的标注。在 Revit 软件中,默认提供"可出租"与"总建筑面积"两种,用户可根据项目实际需求新建"人防分区面积""防火分区面积"等不同类型的面积平面。

切换到"建筑"选项卡→"房间和面积"面板→"面积"下拉菜单→"面积平面"命令,如图 4-127 所示,则在弹出的"新建面积平面"对话框中,设置"类型"为"Gross Building(总平面)",为新建的面积平面选择"Level 1"视图,单击"确定"按钮,如图 4-128 所示。弹出"是否自动创建与外墙和总建筑面积关联的面积边界线"对话框,选择"是",如图 4-129 所示,软件将自动生成以"Level 1"命名的面积平面,蓝色边框为系统自动生成的面积边界线。若选择"否",则需手动绘制边界线。

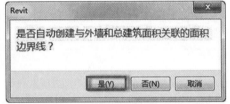

图 4-127 "面积平面"命令   图 4-128 "新建面积平面"对话框   图 4-129 "是否自动创建与外墙和总建筑面积关联的面积边界线"对话框

由于该案例项目中未载入面积标记族,则需手动从族库中载入"标记_面积.rfa"族,如图 4-130 所示。载入后,单击"房间和面积"面板→"标记面积"命令,将鼠标移至黄色亮显的面积区域,如图 4-131 所示,单击即可标注面积。

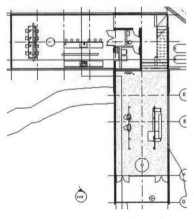

图 4-130 载入族   图 4-131 标注面积

4.14 明细表统计

快速生成明细表作为 Revit 依靠强大数据库功能的一大优势,被广泛接受使用,通过明细表视图可以统计出项目的各类图元对象,生成相应的明细表,如统计模型图元数量、图形柱明细表、材质数量、图纸列表、注释块和视图列表。在施工图设计过程中,最常用的统计表格是门窗统计表和图纸列表。

4.14.1 创建明细表

对于不同的图元可统计出其不同类别的信息,如门、窗图元的高度、宽度、数量、合计和面积等。下面结合 Revit 2016 自带建筑样例项目来创建所需的门、窗明细表视图,学习明细表统计的一般方法。

单击"视图"选项卡→"创建"面板→"明细表"下拉列表→"明细表/数量",弹出"新建明细表"对话框,如图 4 – 132 所示。在"类别"列表中选择"门"对象类型,即本明细表将统计项目中门对象类别的图元信息;默认的明细表名称为"门明细表",勾选"建筑构件明细表",其他参数为默认,单击"确定"按钮,弹出"明细表属性"对话框,如图 4 – 133 所示。

图 4 – 132 "新建明细表"对话框

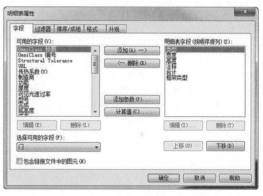

图 4 – 133 "明细表属性"对话框

在"明细表属性"对话框的"字段"选项卡中,"可用的字段"列表中包括门在明细表中统计的实例参数和类型参数,选择"门明细表"所需的字段,单击"添加"按钮到"明细表字段",如:类型、宽度、高度、注释、合计和框架类型。如需调整字段顺序,则选中所需调整的字段,单击"上移"或"下移"按钮来调整顺序。明细表字段从上至下的顺序对应于明细表从左至右各列的显示顺序。

完成"明细表字段"的添加后,单击"属性"框中的"排序/成组"按钮,切换

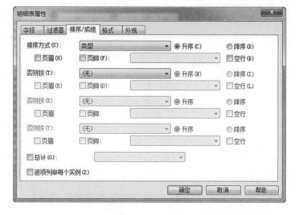

图 4 – 134 "排序/成组"选项卡

至"排序/成组"选项卡,如图 4 – 134 所示。设置"排序方式"为"类型",排序顺序为"升序";

取消勾选“逐项列举每个实例”，否则生成的明细表中的各图元会按照类型逐个列举出来。单击“确定”后，“门明细表”中将按“类型”参数值汇总所选各字段。

切换至“格式”选项卡，可设置生成明细表的标题方向和样式，单击“条件格式”按钮，在弹出的“条件格式”对话框中，可根据不同条件选择不同字段，对符合字段要求可修改其背景颜色，如图 4－135 所示。

切换至“外观”选项卡。确认勾选“网格线”选项，设置网格线为“细线”；勾选“轮廓”选项，设置“轮廓”样式为“中粗线”；取消勾选“数据前的空行”；其他选项参照图 4－136 设置，单击“确定”按钮，完成明细表属性设置。

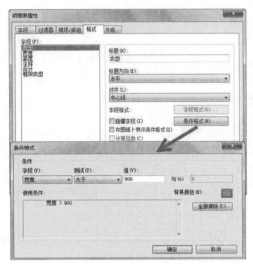

图 4－135　“格式”设置

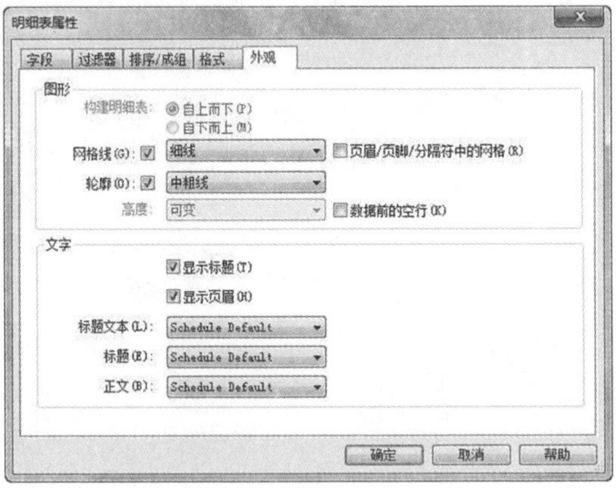

图 4－136　“外观”设置

Revit 会自动弹出“门明细表”视图，如图 4－137 所示，同时弹出“修改明细表/数量”上下文选项卡，以及自动在“项目浏览器”的“明细表/数量”中生成“门明细表”。

切换至“过滤器”选项卡，设置过滤条件，如图 4－138 所示，“宽度”等于“800”，“高度”大于“2400”，单击“确定”按钮，返回明细表视图，则没有符合要求的门。其他过滤条件读者可自行尝试。

<门明细表>

A	B	C	D	E	F
类型	宽度	高度	注释	合计	框架类型
2 027 x 0 945	945	2027		3	
800 x 2100	800	2100		7	
1730 x 2134mm	1730	2134		1	
Curtain Wall Dbl	1440	2080		3	
Entrance door	1440	2660		2	

图 4－137　“门明细表”视图

图 4－138　设置过滤条件

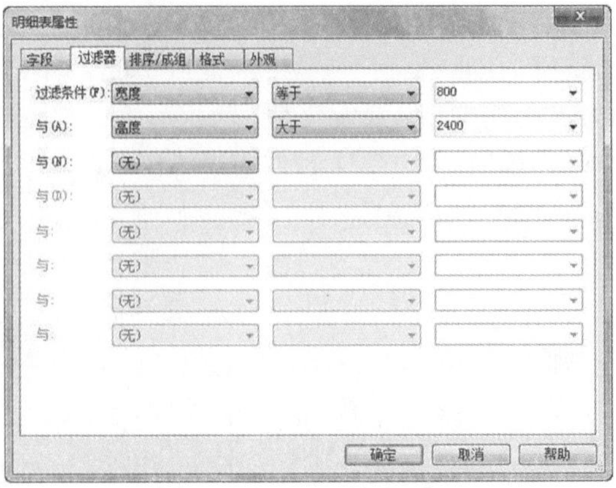

4.14.2 编辑明细表

完成明细表的生成后,如果要修改明细表各参数的顺序或表格的样式,还可继续编辑明细表。单击"项目浏览器"中的"门明细表"视图后,在"属性"框中的"其他"中,如图 4 - 139 所示,单击所需修改的明细表属性,可继续修改定义的属性。

通过"修改明细表/数量"上下文选项卡,可进一步编辑明细表外观样式。按住并拖动鼠标左键选择"宽度"和"高度"列页眉,单击"明细表"面板中的"成组"工具,如图 4 - 140 所示,合并生成新表头单元格。

图 4 - 139　门明细表属性

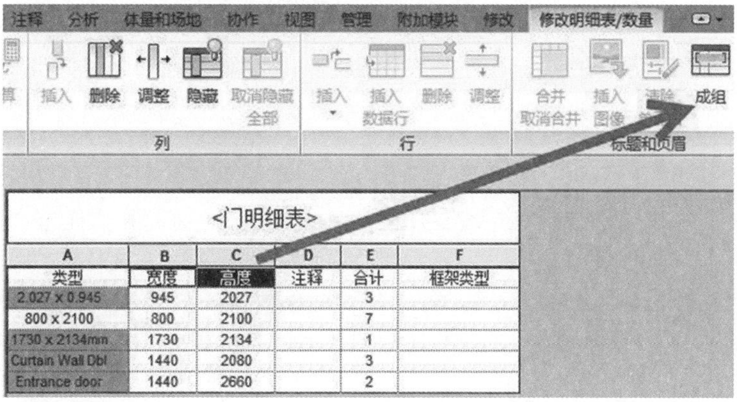

图 4 - 140　单击"成组"工具

单击"成组"生成新表头单元格,进入文字输入状态,输入"尺寸"作为新页眉行名称,如图 4 - 141 所示。

在"门明细表"视图中,单击"1730 × 2134mm",在"修改明细表/数量"上下文选项卡中,单击"图元"面板中的"在模型中高亮显示"按钮,如未打开视图,则会弹出"Revit"对话框,如图 4 - 142 所示,单击"确

图 4 - 141　生成"尺寸"新表头单元格

定"后,弹出"显示视图中的图元"对话框,如图 4 - 143 所示,单击"显示"按钮可以在包含该图元的不同视图中切换,切换到某一视图,单击"关闭"则会完成项目中对"1730×2134mm"的选择。

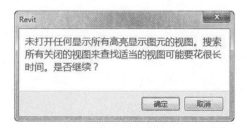

图 4 - 142　Revit 对话框

图 4 - 143　"显示视图中的图元"对话框

切换至"门明细表"视图中,将1730×2134mm的"注释"单元格内容修改为"双扇平开",如图4-144所示。修改后对应的1730×2134mm的实例参数中的"注释"也对应修改,即明细表和对象参数是关联的。

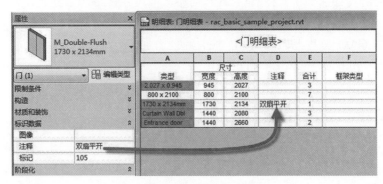

图4-144 修改"注释"单元格

新增明细表计算字段:打开"明细表属性"对话框并切换至"字段"选项卡,单击"计算值"按钮,弹出"计算值"对话框,如图4-145所示。输入名称为"洞口面积",修改"类型"为"面积",单击"公式"后的"..."按钮,打开"字段"对话框,选择"宽度"及"高度"字段,修改为"宽度*高度"公式,单击"确定"按钮,返回明细表视图。

图4-145 "计算值"对话框

如图4-146所示,根据当前明细表中的门宽度和高度值计算洞口面积,并按项目设置的面积单位显示洞口面积。

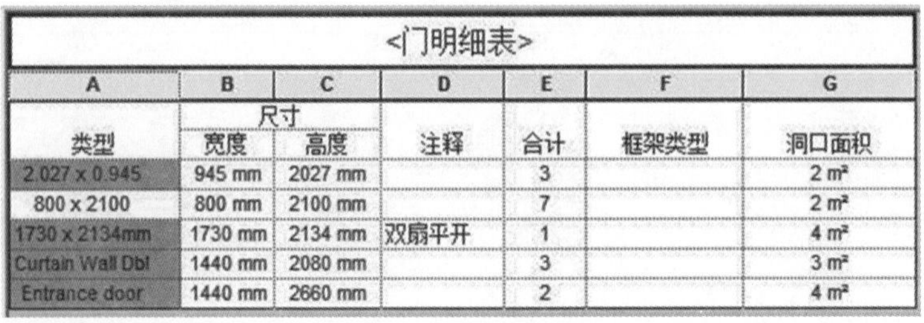

<门明细表>

A	B	C	D	E	F	G
	尺寸					
类型	宽度	高度	注释	合计	框架类型	洞口面积
2.027 x 0.945	945 mm	2027 mm		3		2 m²
800 x 2100	800 mm	2100 mm		7		2 m²
1730 x 2134mm	1730 mm	2134 mm	双扇平开	1		4 m²
Curtain Wall Dbl	1440 mm	2080 mm		3		3 m²
Entrance door	1440 mm	2660 mm		2		4 m²

图4-146 计算洞口面积

单击"应用程序按钮"→"另存为"按钮→"库"→"视图",可将任何视图保存为单独的 rvt 文件,用于与其他项目共享视图设置,如图 4-147 所示。

在弹出的"保存视图"对话框中,将视图修改为"显示所有视图和图纸",选择"楼层平面 1F"和"明细表:门明细表",单击"确定"按钮即可将所选视图另存为独立的 rvt 文件,如图 4-148 所示。

明细表功能强大,不仅可以统计项目中各类图元对象的数量、材质、视图列表等信息,还可利用"计算值"功能在明细表中进行计算。明细表与模型的数据实时关联,是 BIM 数据综合利用的体现,因此在 Revit 设计阶段,需要制定和规划各类信息的命名规则,前期工作的扎实推进才能保证后期项目不同阶段实现信息共享与统计。

图 4-147　保存视图

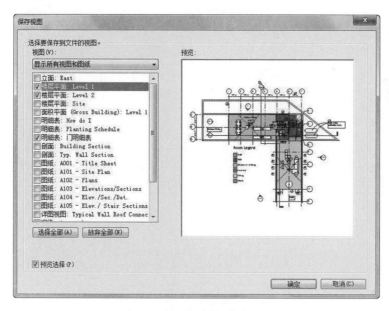

图 4-148　"保存视图"对话框

4.15　布图与打印

在 Revit 中,可以快速将不同的视图和明细表放置在同一张图纸中,从而形成施工图。除此以外,Revit 形成的施工图能够导出为 CAD 格式文件与其他软件实现信息交换。本节主要讲解在 Revit 项目内创建剖面视图、新建施工图图纸、图纸修订以及版本控制、布置视图及视图设置，以及将 Revit 视图导出为 DWG 文件、导出 CAD 时图层设置等。

4.15.1　创建剖面视图

单击"视图"选项卡→"创建"面板→"剖面"命令→绘制剖面线→处理剖面位置→重命名剖面视图。如图 4-149 所示。

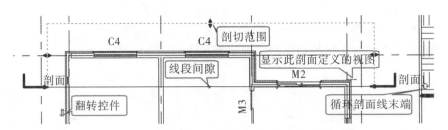

图 4-149　创建剖面视图

（1）剖切范围：通过视图宽度和视景深度控制剖切模型的视图范围。

（2）线段间隙：单击线段间隙符号，可在有隙缝的或连续的剖面线样式之间切换。

（3）翻转控件：单击查看翻转控件可翻转视图查看方向。

（4）显示此剖面定义的视图：单击可弹出该剖面视图。

（5）循环剖面线末端：控制剖面线末端的可见性与位置。

剖面线只可绘制直线，但可通过"修改 | 视图"上下文选项卡的"剖面"面板中的"拆分线段"命令，修改直线为折线，形成阶梯剖面，如图 4-150 所示。

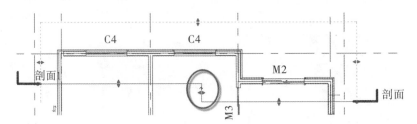

图 4-150　阶梯剖面

绘制了剖面视图后，软件自动给该剖面命名。通过在"项目浏览器"中"剖面"视图中，选择所需的剖面，右击鼠标，选择"重命名"，可重命名该剖面视图。二维中需单独绘制立面视图，但在 Revit 中直接绘制剖面线后，可直接生成剖面，如果达到设计要求，则可直接用于出剖面视图，与传统单独绘制剖面相比，Revit 剖面功能大大提高了效率。

4.15.2　新建图纸

在完成模型的创建后，如何才能将所有的模型利用，打印出所需的图纸。此时需要新建施工图图纸，指定图纸使用的标题栏族，以及将所需的视图布置在相应标题栏的图纸中，最终生成项目的施工图纸。

单击"视图"选项卡→"图纸组合"面板→"图纸"工具，弹出"新建图纸"对话框。如果此时项目中没有标题栏可供使用，单击"载入"按钮，在弹出的"载入族"对话框中，查找到系统族库,选择所需的标题栏,单击"打开"载入到项目中,如图 4 - 151 所示。

图 4 - 151   在新建图纸中载入族

单击选择"A1 公制",单击"确定"按钮,此时绘图区域打开一张新创建的 A1 图纸,如图 4 - 152 所示,完成图纸创建后,在项目浏览器"图纸"项下自动添加了图纸"A002 -未命名"。

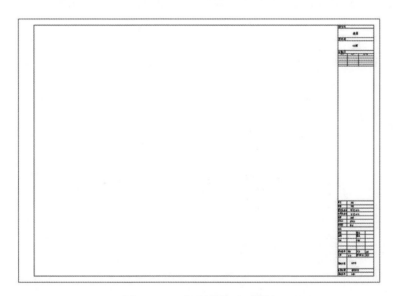

图 4 - 152   新创建的 A1 图纸

单击"视图"选项卡→"图纸组合"面板→"视图"工具,弹出"视图"对话框,在视图列表中列出当前项目中所有可用的视图,选择"立面:North"视图,单击"在图纸中添加视图"按钮,如图 4 - 153 所示。确认选项栏"在图纸上旋转"选项为"无",当显示视图范围完全位于标题范围内时,放置该视图。

在图纸中放置的视图称为"视口",Revit 自动在视图底部添加视口标题,默认将以该视图的视图名称来命名该视口,如图 4 - 154 所示。

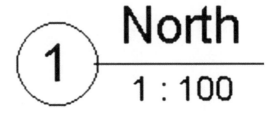

图 4 - 153　添加视图　　　　　　　　　图 4 - 154　视口标题

4.15.3　编辑图纸

新建了图纸后,图纸上很多的标签、图号、图名等信息以及图纸的样式均需要人工修改,施工图纸需要二次修订等,所以面对这些情况均需要对图纸进行编辑。但对于一家企业而言,可事先定制好本单位的图纸,方便后期快速添加使用,提高工作效率。

1. 属性设置

在添加完图纸后,如果发现图纸尺寸不合要求,可通过选择该图纸,在"属性"框的下拉列表中可以修改成其他标题栏。如 A1 可替换为 A2。

在"属性"框中修改"图纸名称"为"North",则图纸中的"图纸名称"一栏中自动添加"North"。其他的参数,如"审核者""设计者""审图员"等,修改了参数后会自动在图纸中修改,如图 4 - 155 所示。

图 4 - 155　属性设置

2. 图纸修订与版本控制

在项目设计阶段,难免会出现图纸修订的情况。通过 Revit 可记录和追踪各修订的位置、时间、修订执行者等信息,并将所修订的信息发布到图纸上。

单击"视图"选项卡→"图纸组合"面板→"修订"工具,在弹出的"图纸发布/修订"对话框中,如图 4-156 所示,单击右侧的"添加"按钮,可以添加一个新的修订信息。勾选序列 1 为已发布。

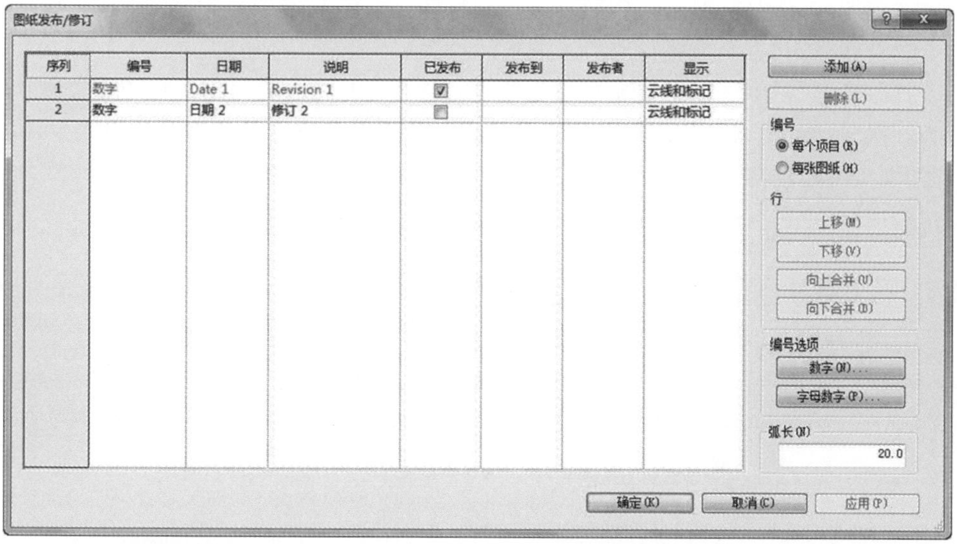

图 4-156 "图纸发布/修订"对话框

编号选择"每个项目",则在项目中添加的"修订编号"是唯一的。而按"每张图纸"则编号会根据当前图纸上的修订顺序自动编号,完成后单击"确定"按钮。

打开"North"立面视图,单击"注释"选项卡→"详图"面板→"云线"工具,切换到"修改 | 创建云线批注草图"上下文选项卡,使用"绘制线"工具按图 4-157 所示绘制云线批注框选问题范围,完成后勾选"完成编辑"完成云线批注。

选中绘制的云线批注,在图 4-158 中的"选项栏"只能选择"序列 2-修订 2",因为"序列 1-Revision 1"已勾选已发布,Revit 是不允许用户向已发布的修订中添加或删除云线标注的。在"属性"框中,可以查看到"修订编号"为 2。

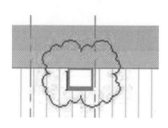

图 4-157 绘制云线批注

图 4-158 选择"序列 2-修订 2"

在"项目浏览器"中打开图纸"A002-North",则在立面视图中绘制的云线标注同样添加在"A002-North"图纸上。

打开"图纸发布/修订"对话框,通过调整"显示"属性可以指定各阶段修订是否显示云线或者标记等修订痕迹。在"显示"属性中选择"云线和标记",则绘制了云线后,会在平面图中显示。

4.15.4　图纸导出与打印

图纸布置完成后,目的是用于出图打印,可直接打印图纸视图,或将制定的视图或图纸导出成 CAD 格式,用于成果交换。

1. 打印

单击"应用程序菜单"按钮,在列表中选择"打印"选项,打开"打印"对话框,如图 4 - 159 所示。在"打印机"列表中选择打印所需的打印机名称。

在"打印范围"栏中可以设置要打印的视图或图纸,如果希望一次性打印多个视图和图纸,选择"所选视图/图纸"选项,单击下方的"选择"按钮,在弹出的"视图/图纸集"中,勾选所需打印的图纸或视图即可,如图 4 - 160 所示。单击"确定",回到"打印"对话框。

在"选项"栏中进行打印设置后,即可单击"确定"开始打印。

图 4 - 159　"打印"对话框　　　　图 4 - 160　勾选要打印的图纸或视图

2. 导出 CAD 格式

Revit 中所有的平、立、剖面、三维图和图纸视图等都可导出成 DWG、DXF/DGN 等CAD 格式图形,方便为使用 CAD 等工具的人员提供数据。虽然 Revit 不支持图层的概念,但可以设置各构件对象导出 DWG 时对应的图层,如图层、线型、颜色等均可自行设置。

单击"应用程序菜单"按钮→在列表中选择"导出"→"CAD 格式"→"DWG",弹出"DWG导出"对话框,如图 4 - 161 所示。

在"选出导出设置"栏中,单击"..."按钮,弹出"修改 DWG/DXF 导出设置"对话框,如图 4 - 162 所示。在该对话框中可对导出 CAD 时需设置的图层、线型、填充图案、颜色、字体、CAD 版本等进行设置。在"层"选项卡中,可指定各类对象类别以及其子类别的投影、截面图形在 CAD 中显示的图层、颜色 ID。可在"根据标准加载图层"下拉列表中加载图层映射标准文件。Revit 提供了 4 种国际图层映射标准。

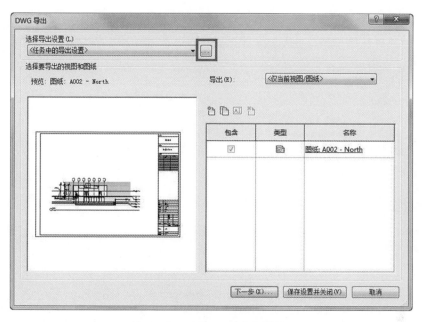

图 4-161 "DWG 导出"对话框

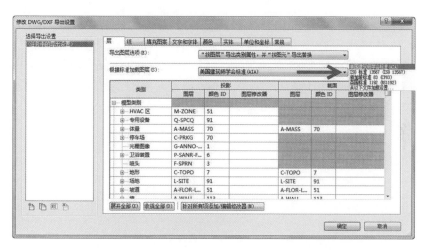

图 4-162 "修改 DWG/DXF 导出设置"对话框

设置完除"层"外的其他选项卡后,单击"确定"完成设置回到"DWG 导出"对话框。单击
"下一步"转到"导出 CAD 格式-保存到目标文件夹"中,如图 4-163 所示。指定文件保存位
置、文件格式和命名,单击"确定"按钮,即可将所选择的图纸导出成 DWG 数据格式。如果
希望导出的文件采用 AutoCAD 外部参照模式,勾选"将图纸上的视图和链接作为外部参照
导出",此处不勾选。

外部参照模式,除了将每个图纸视图导出为独立的与图纸视图同名的 DWG 文件外,还
可单独导出与图纸视图相关的视口为单独的 DWG 文件,并以外部参照文件的方式链接至
图纸视图同名的 DWG 文件中。要打开 DWG 文件,则需打开与图纸视图同名的 DWG 文件
即可。

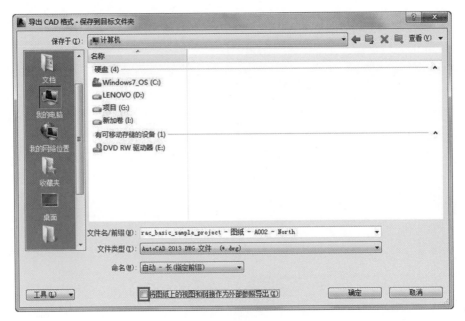

图 4 - 163　设置导出格式

　　除导出为 CAD 格式外,还可以将视图和模型分别导出为 2D 和 3D 的 DWF(Drawing Web Format)文件格式。DWF 是由 Autodesk 开发的一种开放、安全的文件格式,可以将丰富的设计数据高效地分给需要查看、评审或打印这些数据的任何人,相对较为安全、高效。其另外一个优点是:DWF 文件高度压缩,文件小,传递方便,不需安装 AutoCAD 或 Revit 软件,只需安装免费的 Design Review 即可查看 2D 或 3D 的 DWF 文件。

专业实践篇

第5章 BIM算量规则

教学导入

BIM模型算量最关键的问题在于创建一个符合算量规则的模型,从而实现BIM模式下快速算量的要求。本章从BIM算量规则入手介绍了建筑工程量计算的工作流程,对BIM算量的流程进行深入详细的介绍,包括工程设置、模型映射等关键内容。以算量为目标,以算量规则为基础,需要对过程深入研究与探讨。

学习要点

- BIM算量规则
- BIM算量流程
- 工程设置
- 模型映射

5.1 建筑工程量概述

5.1.1 建筑工程量工作流程

在实际的建筑工程经济管理中,建筑工程量的编制是工程造价管理的核心任务之一。但是,建筑工程量的编制往往工作量大、费时、繁琐,不能充分利用上游设计电子图的成果。因此,改变传统的编制工程量的方式,以提高建筑工程量编制的精确度和速度也就显得十分迫切。图5-1描述了建筑工程量工作的流程。

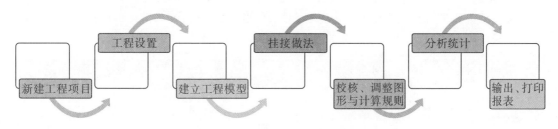

图5-1 建筑工程量工作流程图

5.1.2 工程分析

工程分析是对工程加以分析、调查,找出其中浪费、不均匀、不合理的地方,进而进行改善的方法。

1. 基本要求

工程分析应符合以下要求:

(1)工程分析应突出重点。根据各类型建设项目的工程内容及其特征,对环境可能产生较大影响的主要因素要进行深入分析。

（2）应用的数据资料要真实、准确、可信。对建设项目的规划、可行性研究和初步设计等技术文件中提供的资料、数据、图件等，应进行分析后引用；引用现有资料进行环境影响评价时，应分析其时效性；类比分析数据、资料应分析其相同性或者相似性。

（3）结合建设项目工程组成、规模、工艺路线，对建设项目环境影响因素、方式、强度等进行详细分析与说明。

随着环境影响评价的不断发展，在实际的环境影响评价工作中，对工程分析的要求越来越高，除符合以上要求外，还要求贯彻执行我国环境保护的法律、法规和方针、政策，如产业政策、能源政策、土地利用政策、环境技术政策、节约用水要求以及清洁生产、污染物排放总量控制、污染物达标排放、"以新带老"原则等。

工程分析应在对建设项目选址选线、设计建设方案、运行调度方式等进行充分调查的基础上进行。

2. 分析方法

根据建设项目的规划、可行性研究和设计等技术资料的详尽程度，其工程分析可以采用不同的方法。目前采用较多的工程分析方法有：类比分析法、实测法、实验法、物料平衡计算法和查阅参考资料分析法等。

（1）类比分析法要求时间长，需投入的工作量大，但所得结果较准确，可信度也较高。在评价工作等级较高、评价时间允许，且有可参考的相同或相似的现有工程时，应采用类比分析法。

（2）实测法，即通过选择相同或类似工艺实测一些关键的污染参数。

（3）实验法，即通过一定的实验手段来确定一些关键的污染参数。

（4）物料平衡计算法以理论计算为基础，比较简单，但具有一定的局限性，不适用于所有建设项目。在理论计算中的设备运行状况均按照理想状态考虑，计算结果大多数情况下数值偏低，不利于提出合适的环境保护措施。

（5）查阅参考资料分析法最为简便，当评价工作等级要求较低、评价时间短或是无法采取类比分析法和物料平衡计算法的情况下，可以采用此方法，但是采用此方法所获得的工程分析数据准确性较差，不适用于定量程度要求高的建设项目。

5.2 BIM算量流程

5.2.1 工程量计算思路

建筑工程量的计算，是一个非常复杂并且工作量极大的工作。用手工计算劳神费力还极有可能不准确，对于计算过程中大量的重复数据的处理也极为不方便，也不能充分利用上游设计电子图的成果。因此，在本教材中，重点讲解的是利用计算机软件对三维模型进行自动化算量。

基于BIM技术的三维图形算量软件计算方法有建模法和数据导入法。建模法通过在计算机上绘制基础、柱、墙、梁、板、楼梯等构件模型图，软件根据设置的清单和定额工程量计算规则，在充分利用几何数学原理的基础上自动计算工程量。计算时以楼层为单位元，在计算机界面上输入相关构件数据，建立整栋楼层基础、柱、墙、梁、板、楼梯、装饰的建筑模型，根据建好的模型计算工程量。数据导入法将工程图纸的 CAD 电子文档直接导入三维图形算量软件,智能识别工程设计图中的各种建筑结构构件,快速虚拟仿真出建筑。由于不需要重新对各种构件进行绘图,只需定义构件属性和进行构件的转化就能准确计算工程量,极大提高了算量工作效率,降低了造价人员工程计算量,这是工程量计算软件的主要发展方向。利用三维算量软件的可视化技术建立构件模型,在生成模型的同时提供构件的各种属性变量与变量值,并按计算规则自动计算出构件工程量,将造价人员从繁复、繁重、枯燥的工作状态中解放出来。

5.2.2 算量流程

运用三维算量软件完成一栋房屋的算量工作基本应遵循如图 5-2 所示的算量工作流程。

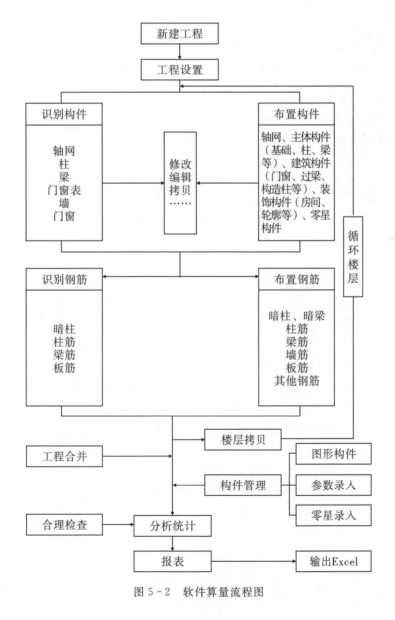

图 5-2 软件算量流程图

5.3.1　计量模式的设置

工程模式的设置以新点比目云软件为例进行讲解说明。

打开软件,进入菜单选择位置:新点比目云 5D 算量→工程设置。执行命令后,弹出工程设置对话框,共有 5 个项目页面,点击"上一步"或"下一步"按钮,或直接点击左边选项栏中的项目名,就可以在各页面之间进行切换,如图 5-3 所示。

图 5-3　工程设置

(1)工程名称:软件将自动读取 Revit 工程文件的工程名称指定本工程的名称。

(2)计算依据:包含清单模式和定额模式。定额模式是指仅按定额计算规则计算工程量,清单模式是指同时按照清单和定额两种计算规则计算工程量。模式选完后在对应下拉选项中选择对应省份的清单、定额库。

(3)输出模式:分为清单和定额两个选项卡,对清单、定额进行设置相应输出清单。清单模式下可以对构件进行清单与定额条目挂接,定额模式下只可对构件挂接定额做法。构件不需要挂清单或定额时,以实物量方式输出工程量,清单模式下其实物量有按清单规则和定额规则输出工程量的选项,定额模式下实物量按定额规则输出实物量。

(4)楼层设置:设置正负零距室外地面的高差值,此值用于计算土方工程量的开挖深度。在新点比目云 5D 算量的各对话框中,提示文字为蓝颜色字体,说明栏中的内容必须按需设置,否则会影响工程量计算。

(5)超高设置:点击按钮,弹出"超高设置"对话框,如图 5-4 所示。其用于设置定额规定的梁、柱、板、墙标准高度,水平高度超过了此处定义的标准高度时,其

图 5-4　"超高设置"对话框

超出部分就是超高高度。

(6)算量选项:用于用户自定义一些算量设置,显示工程中计算规则。包括5个内容,分别是工程量输出、扣减规则、参数规则、规则条件取值、工程量优先顺序,如图5-5所示。

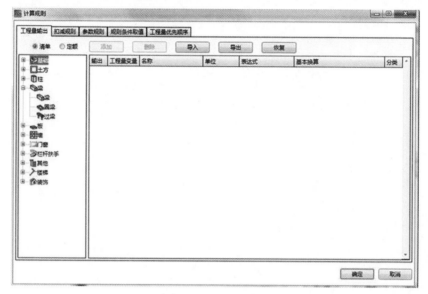

图5-5 计算规则

①工程量输出:输出工程的清单定额工程量,如图5-6所示。

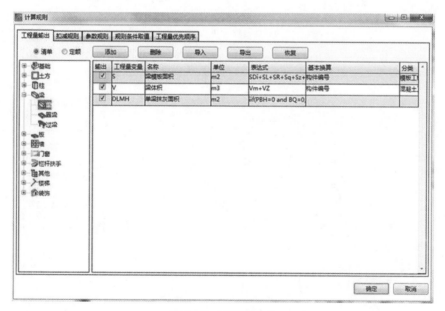

图5-6 工程量输出

清单:显示输出清单工程量;定额:显示输出定额工程量;工程量变量:显示工程量变量符号;名称:显示工程量变量名称;表达式:显示工程量的表达式;基本换算:显示工程量基本换算量;分类:显示工程量属于哪个分类。

按钮"导入"：导入新的扣减规则；"导出"：导出工程中扣减规则；"恢复"：恢复成系统甚至信息。

②扣减规则：显示工程的扣减规则，如图 5-7 所示。

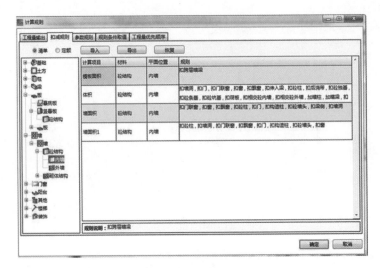

图 5-7　扣减规则

清单：显示构件在清单中显示的扣减规则；定额：显示构件在定额中显示的扣减规则；计算项目：显示计算构件的所有项目；材料：显示构件使用的材料；平面位置：显示构件所在位置，如外墙或内墙等；规则：显示构件扣减规则。

按钮"导入"：导入新的扣减规则；"导出"：导出工程中扣减规则；"恢复"：恢复成系统甚至信息。

③参数规则：显示工程量中构件中参数计算规则。如图 5-8 所示。

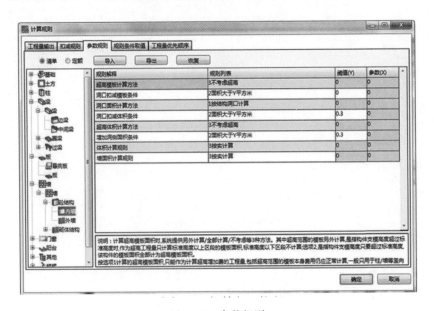

图 5-8　参数规则

清单:显示构件在清单中显示的参数规则;定额:显示构件在定额中显示的参数规则;规则解释:显示对参数规则进行解释说明;规则列表:显示参数规则列表;阈值:显示参数阈值;参数:显示参数值。

④规则条件取值:显示工程量计算规则条件的取值,如图5-9所示。

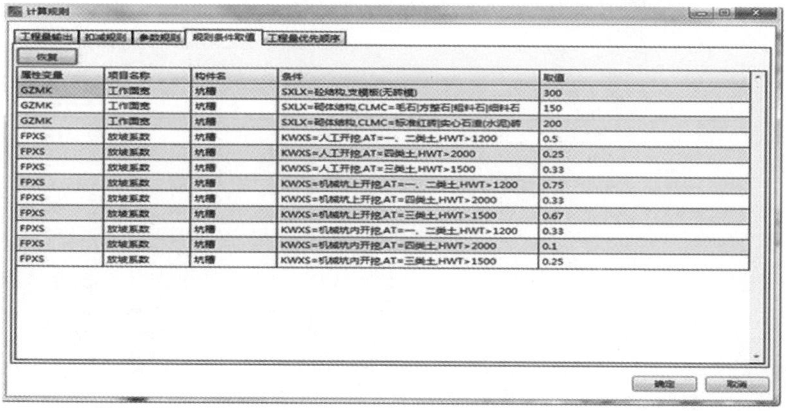

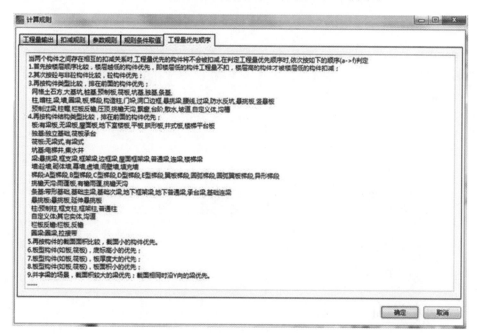

图5-9 规则条件取值

⑤工程量优先顺序:显示工程量优先计算顺序。如图5-10所示。

图5-10 工程量优先顺序

(7)分组编号:用于用户自定义一些分组编号,在颜色上我们可以选择,可以标注各个分组里面的构件,详见图5-11。

(8)计算精度:用于设置算量的计算精度,点击"计算精度"按钮,弹出对话框,如图5-12所示。其可以设置分析与统计结果的显示精度,即小数点后的保留位数。这里的缺省值按《全国统一建筑工程预算工程量计算规则》第1.0.5条默认。

图 5-11　分组编号　　　　　图 5-12　精度设置对话框

5.3.2　楼层设置

楼层设置主要针对构件的高度数据,在实际工程中,大部分垂直构件的高度都是以楼层高来确定的,设置了楼层高度也就等同于定义了墙、柱等构件的高度,同时也确定了梁板的高度位置。按照实际项目的楼层,分别定义楼层及其所在标高或层高。

在楼层设置中,读取工程设置中的数值,可将楼层分层。楼层设置中数值是根据所勾选层高,系统自动生成的,不可改动,如图 5-13 所示。

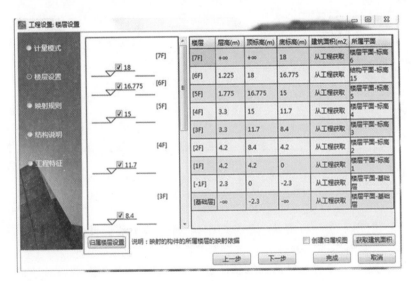

图 5-13　"楼层设置"页面

（1）归属楼层设置：点击按钮，弹出"楼层归属设置"对话框，如图 5 - 14 所示。

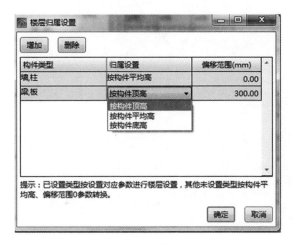

图 5 - 14　楼层归属设置

说明：已设置类型按设置对应参数进行楼层设置，其他未设置类型按构件平均标高、偏移范围参数转换。

（2）创建归属视图：在工程中创建楼层设置中不存在的归属视图。若勾选则会根据"所属平面"列中的红色字体视图名称创建视图，如图 5 - 15 所示。

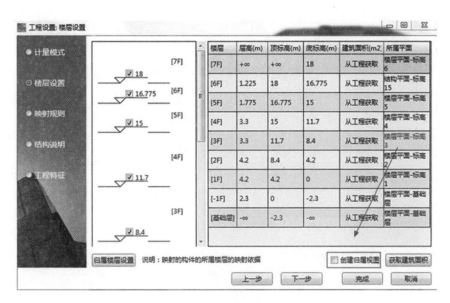

图 5 - 15　创建归属视图

5.3.3　工程特征

本页面包含了工程的一些局部特征的设置，填写栏中的内容可以从下拉选择列表中选择，也可直接填写合适的值（见图 5 - 16）。在这些属性中，用蓝颜色标识属性值为必填的内容。其他蓝色属性用于生成清单的项目特征，作为清单归并统计条件。

图 5-16 "工程特征"页面

（1）工程概况：含有工程的建筑面积、结构特征、楼层数量等内容。

（2）计算定义：含有梁的计算方式、是否计算墙面铺挂防裂钢丝网等的设置选项，如图 5-17所示。

图 5-17 计算定义

（3）土方定义：含有土方类别的设置、土方开挖的方式、运土距离等的设置，如图 5-18 所示。

在对应的设置栏内将内容设置或指定好，系统将按设置进行相应项目的工程量计算，点击"完成"。

图 5 - 18 土方定义

5.3.4 结构说明

软件开发过程中将结构说明分为广义和狭义两类。广义结构说明是指施工图上用于指导施工的全部说明,狭义结构说明是指只对工程造价有关的说明。

在"结构说明"中可修改砼材料设置、砌体材料设置,在转换、计算中应用,如图 5 - 19 所示。

(1)砼材料设置:设置页面包含楼层、构件名称、材料名称以及对应的强度等级和搅拌制作方式的选取。其中楼层、构件名称是必须要选取的项目,材料名称可以不选,如果材料名称没有可选项,则强度等级需要指定。

图 5 - 19 "结构说明"页面

①楼层选择:点击楼层单元格后下拉框,弹出"楼层选择"对话框,如图5-20所示,点击对话框底部的"全选""全清""反选"按钮,可以一次性将所有楼层进行全选、全清、反选等相应操作,选择完毕点击"确定"。

②构件选择:点击构件名称单元格后的下拉框,弹出"构件名称"对话框,如图5-21所示,操作方法同"楼层选择"。

图5-20　楼层选择　　　　　　　　图5-21　构件选择

③材料名称:点击材料名称单元格后的 ▼,弹出"材料名称"对话框,如图5-22所示。

④强度等级:点击强度等级单元格后的 ▼,弹出"强度等级"对话框,如图5-23所示。

⑤搅拌制作:点击搅拌制作单元格后的 ▼,弹出"搅拌制作"对话框,如图5-24所示。

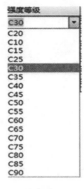

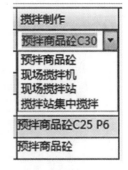

图5-22　"材料名称"对话框　　图5-23　"强度等级"对话框　　图5-24　"搅拌制作"对话框

(2)砌体材料设置的操作方法和砼材料设置基本一样。

①材料名称:点击材料名称单元格后的 ▼,弹出"材料名称"对话框,如图5-25所示。

②强度等级:点击强度等级单元格后的 ▼,弹出"强度等级"对话框,如图5-26所示。

③搅拌制作:点击搅拌制作单元格后的 ▼,弹出"搅拌制作"对话框,如图5-27所示。

(3)材质映射:勾选"使用材质映射(启用材质映射中的材质匹配)",如图5-28所示。

①数据来源-族名:从Revit族名中获取材质信息。

图 5-25 "材料名称"对话框　　图 5-26 "强度等级"对话框　　图 5-27 "搅拌制作"对话框

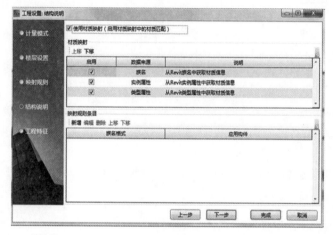

图 5-28 材质映射

新增：添加映射规则条目，如图 5-29 所示。

图 5-29 族名格式设置

"族名格式"中选择相应的内容到"类型"中,默认分隔符中选择分隔符,在"应用构件"中选择构件设置族名、设置材质,如图5-30、5-31所示。

图5-30 族名设置

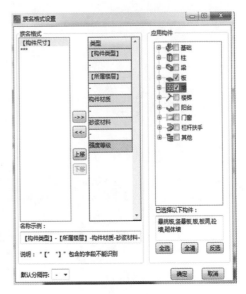

图5-31 族名材质映射

②数据来源-实例属性:从Revit实例属性中获取材质信息,新增映射规则条目,如图5-32所示。

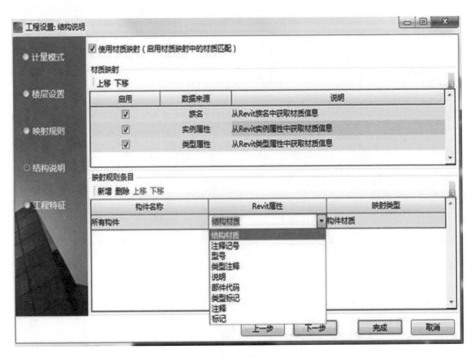

图5-32 新增实例属性

5.4 模型映射

5.4.1 什么是模型映射

模型映射是将 Revit 模型中的构件根据族类型名称进行识别,然后系统会自动给构件匹配一个算量属性,算量属性中包含材料、结构、体积的信息,这样就可以便于后面能够精准地计算工程量。如果族类型名称识别匹配不成功,可以手动匹配,也可以通过族名称修改和调整映射规则提高匹配的准确性。

功能说明:将 Revit 构件转化成软件可识别的构件,根据名称进行材料和结构类型的匹配,当根据族名未匹配成理想效果时,执行族名修改或调整转化规则设置,提高默认匹配成功率。

菜单位置:新点比目云 5D 算量→模型映射。模型转换界面,如图 5-33 所示。

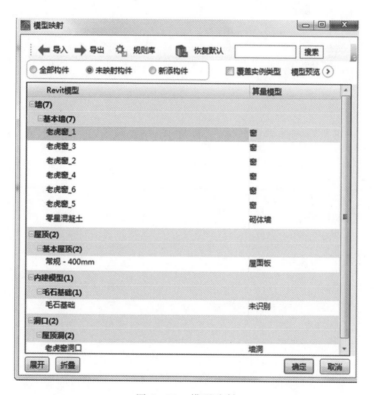

图 5-33 模型映射

选项:

①选项中全部构件:显示所示构件。

②未映射构件:工程已经执行过模型转化命令,再次打开时,软件将自动切换至未转换构件选项卡,该选项卡下仅显示工程中新增构件与未转换构件。

③新添构件:显示工程在上次转化后创建的新构件。

④搜索:在搜索框中搜索关键字。

⑤覆盖实例类型:模型映射勾选时,映射覆盖手动调整过的实例的构件类型;不勾选,不

覆盖手动调整的实例的构件类型。

⑥Revit模型:根据Revit的构件分类标准,把工程中的构件按族类别、族名称、族类型分类。

⑦算量模型:此处是软件按照国家相关规范,把Revit构件转化为软件可识别的构件分类,如图5-34所示。

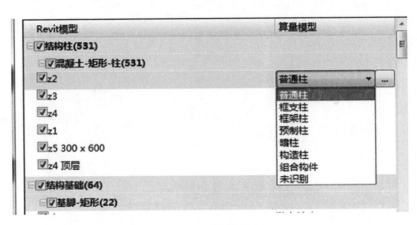

图5-34　构件分类

点击此列数据可进行转换类别的修改,使用Ctrl或Shift选择多个类型统一修改,详见图5-35。

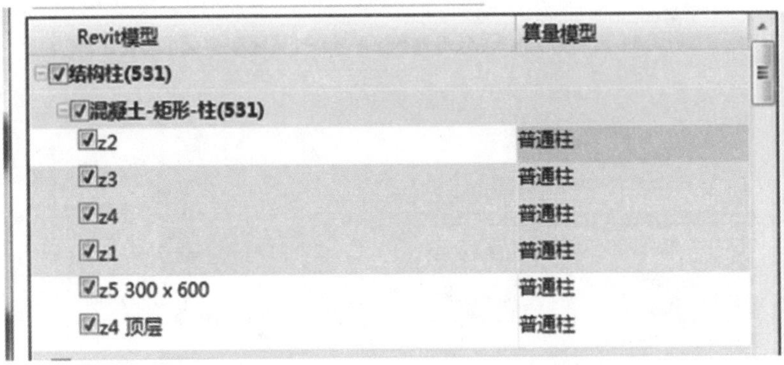

图5-35　构件修改

如果默认类别无法满足需求,可点击下拉列表进行类型设置,选择需要的类别。具体详见图5-36。

⑧展开、折叠、全选、反选、全清:表格树中节点的基本操作。

规则库中构件映射按照名称和关键字间的对应关系进行映射,如图5-37所示。具体设置请参考规则转换。

图5-36　类别设置

图 5-37 规则库

保存方案,新建方案名,具体详见图 5-38。

图 5-38 新建方案名

5.4.2 模型映射规则

模型映射规则参照国家相关规范划分转化类型,将构件、材质、族参数的类型名称与列表中的关键字进行匹配,然后将工程中的构件匹配成对应的构件分类。

✍ 本章小结

通过本章的学习,应该掌握建筑工程量计算的路径及计算约定,掌握工程设置中的楼层设置、计量模式设置、工程特征、结构说明以及了解和探索模型映射的基本事项。

第6章　创建算量模型

教学导入

　　BIM 模型算量最关键的内容就在于创建一个能够实现算量、计价功能的算量模型,与创建普通的 BIM 模型的流程基本一致,主要区别在于算量模型里包含了算量的标准和原则,各构件与算量清单或者定额的对象之间存在关联关系。把握算量规则,结合模型创建方法,实现算量模型的有效创建。

学习要点

- 算量模型标准与原则
- 模型创建与整合
- 专业协同
- 碰撞检查

6.1　算量模型

6.1.1　算量模型的含义

　　算量模型是指工程造价人员编制工程造价预结算时,通过构造建筑物的三维虚拟模型,然后以平方米、立方米、吨、米等计算单位计算工程实物量的建筑模型。

　　我国传统的工程量计算方式主要有手工识图计算、Excel 表格计算、三维算量软件计算。这三种工程量计算方式都是依据二维蓝图或电子版 CAD 图纸,手工或利用算量软件创建算量模型来计算工程量。手工计算工程量与 Excel 表格计算工程量均会浪费造价人员大量的时间与精力,且容易出现人为错误;三维算量软件虽然在工程量计算的精度与速度上有了巨大进步,但三维算量模型的创建仍需耗费造价人员大量工作时间,且软件模型创建能力有限,还无法实现全图纸工程量计算,如桩基础工程、精装修、复杂节点等,部分工程量仍需造价人员花费大量时间手工计算。但是 BIM 的出现,有效解决了传统工程量计算方式存在的缺陷,无需再次建模,减少错误,节省时间,工程量的计算更加准确与完整。

6.1.2　算量模型创建的标准和原则

　　Revit 中针对土建专业,构件类别有限,因此在实际建模时常常使用替代构件或自定义族进行定义。为了更好地承接到造价算量软件中,根据造价算量国际规范要求对 Revit 中构件作了相应的规范和要求。Revit 中没有对应构件或对应构件不明确需要使用替代构件定义时,须符合替代的规定要求,替代方案有多种方案,根据建模师习惯选用其中一种即可。由于模型映射的原因,为了便于实现各建筑构件的计量,所以,在使用软件建模的过程中,算量模型应当基于如下的标准进行创建:

（1）统一命名标准；

（2）清单编码、项目名称、项目特征匹配标准；

（3）构件分类统一标准。

除了上述建模的标准之外，在实际的建模过程中，如下的原则也是应当要遵循的：

（1）构件要尽量地按照清单、定额项目类别及项目特征来分类归并；

（2）结构建模要结合结构及建筑图纸；

（3）建模构件要区分混凝土等级及抗渗等级或其他掺和料，若是图纸上同一个构件由不同等级材料构成，需断开建模，比如说，裙房的屋面、消防水池、楼层伸缩膨胀砼；

（4）竖向结构，如柱、墙需按照楼层断开或是按施工规则断开建模；

（5）楼板绘制不可随意，应按照设计和相关规范绘制，否则在算量软件中就会造成多算、多扣的情况；

（6）仔细检查线条绘制不连续的部位，绘制错误会导致算量结果错误；

（7）阳台包含梁、板，而竖向板属于其他分类，建议不要混在一起布置，否则无法正确出量，阳台板不要和空调板及雨棚混在一起布置，无法正确转换到算量软件中；

（8）结构构件命名要按照图纸设计和相关规范命名。

6.2　模型创建基础设置

6.2.1　标高

本节以简单的 3 层综合楼实例介绍在 RevitArchitecture 2016 中的算量软件创建基本操作。

首先需要确定的是建筑高度方向的信息，即标高。打开 Revit Architecture 2016 软件，并在项目选项卡里点击打开建筑样板。

进入项目绘制界面后，然后单击南立面进入南立面绘制视图框。

单击标高 1 和标高 2 之间的距离"4000"，输入给定的任意值即可改变标高 1 与标高 2 之间的距离。绘制完成以后如图 6－1 所示。

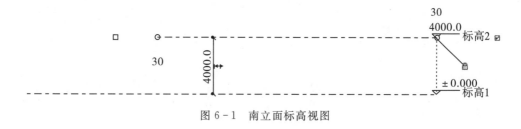

图 6－1　南立面标高视图

然后按照要求绘制第一层标高 3.3m，第二层标高 6.3m，第三层标高 9.3m，如图 6－2 所示。

6.2.2　轴网

标高绘制完成以后，单击项目浏览器中的楼层平面展开符号，双击标高 1，打开标高 1 的绘制界面。然后，单击项目选项卡中的"轴网"命令，按图 6－3 所示的间距分别依次绘制轴网。

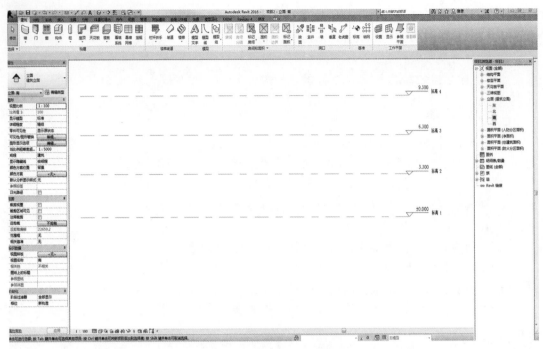

图6-2 南立面标高视图

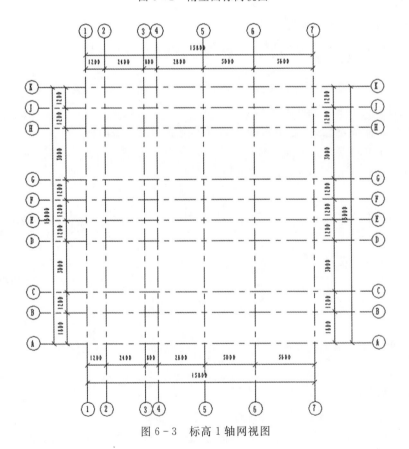

图6-3 标高1轴网视图

6.3 土建算量模型创建

6.3.1 墙体

按照之前绘制好的轴网,接下来我们绘制墙体。单击"建筑"选项卡中的建筑墙,选择"基本墙:常规-200"。

单击"复制"选项卡,墙体名称为"外墙-240mm",点击"确定"。

打开参数中结构后面的"编辑"选项,打开"编辑部件"对话框,在"结构[1]"厚度中输入240,然后打开图的材质浏览器,选择"砌体-普通砖75*225mm",然后点击"确定"。

外墙绘制完成后如图6-4所示。

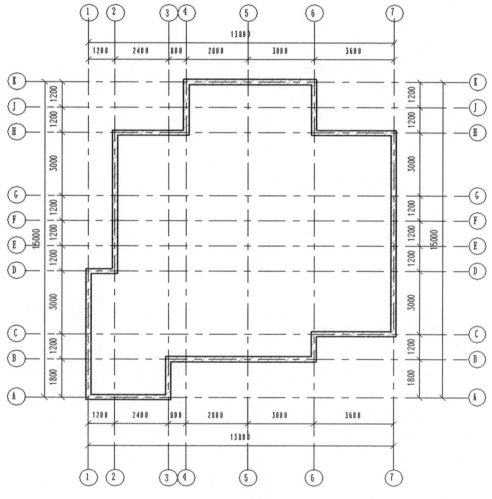

图6-4 外墙绘制完成图

然后再选择墙属性对话框,打开编辑类型的类型属性对话框。点击"复制"按钮,重新输入墙名称"内墙-120mm",然后单击"完成"。

点击"编辑"选项卡,打开"编辑部件"对话框,在"结构[1]"的厚度中输入值120,选择材质为"砌体-普通砖75 * 225mm",单击"确定",然后绘制内墙。内墙绘制如图6-5所示。

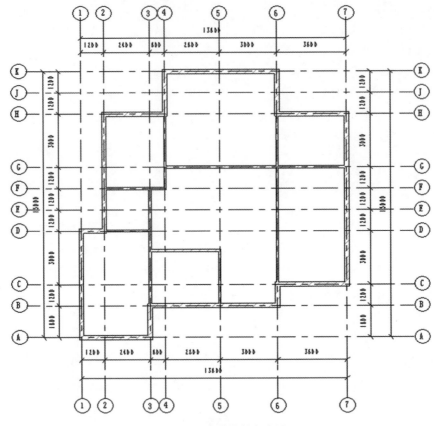

图6-5 内墙绘制完成图

选择所有墙体,然后单击属性对话框中的顶部约束,选择顶部约束为"直到标高:标高4"。至此,墙体部分已经全部绘制完成。

6.3.2 门窗

单击"建筑"选项卡中的"门",进入绘制门的工作区域。选择门"单扇-与墙齐",在类型属性中,点击"复制",输入名称为"M1"。重新设定门的高度为1900,宽度为850。然后下拉到"类型标记",将其改为"M1",这有助于后面的统一标记和数量明细表里的统计。点击"确定"按图6-6所示位置放置门。

选择"建筑"选项卡里的"窗"选项框。选择"固定窗",点击属性里的编辑类型,点击"复制"命令,重新命名窗的名称为"C1",设置窗的高度为1100,宽度为1000,类型标记为"C1"。然后点击"确定"完成。按图6-7所示放置窗。

选择所有门和窗,复制门窗至标高2和标高3。

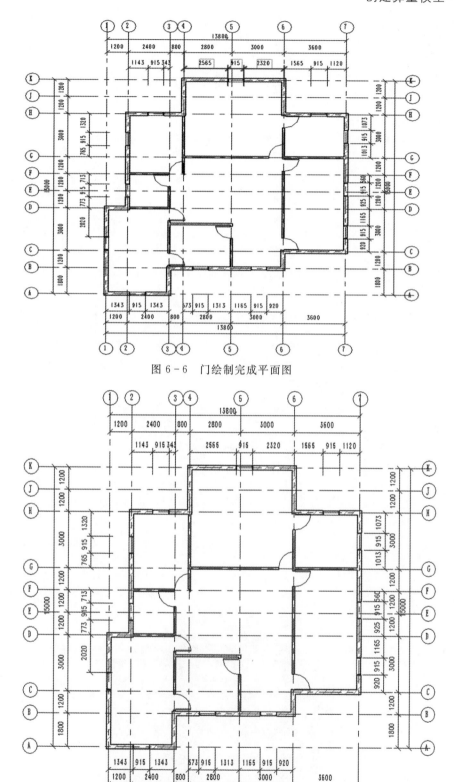

图 6-6 门绘制完成平面图

图 6-7 窗绘制完成视图

6.3.3 建筑楼板

单击选择"建筑"选项卡中的"楼板"选项框,选择"楼板:建筑"。打开类型属性对话框。点击"复制"命令,重新命名楼板的名称为"楼板-150mm",然后点击"确定"。绘制楼板,绘制样式完成后如图6-8所示,绘制完成点击"确定"。

选择楼板,复制粘贴到标高2、标高3。

完成后的三维视图如图6-9所示,观察绘制的建筑模型的三维形状。

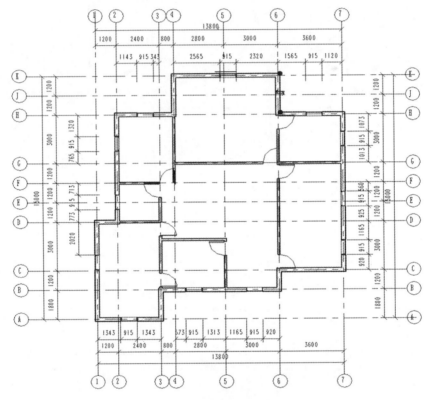

图6-8 楼板绘制完成图

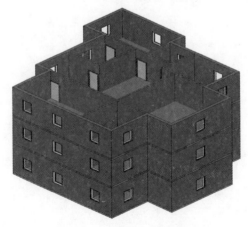

图6-9 模型三维视图

6.3.4 幕墙

将视图切换到标高1。删除图6-10中选中的加粗加黑实体墙(注意:在删除墙以后,窗也会随之删除,因为窗是依附着墙的)。

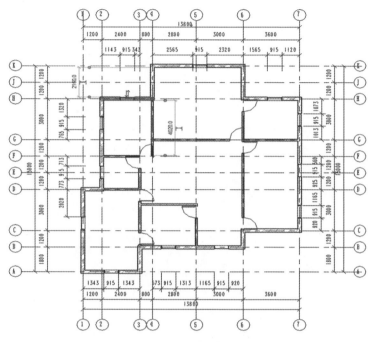

图6-10 外墙删除参照图

然后单击"建筑"选项卡中的"墙"。选择属性对话框中的倒三角下拉按钮,点击展开选择幕墙。选择"幕墙",然后在刚才删除实体墙的地方绘制上玻璃幕墙。

绘制完成之后转到三维视图。单击选择刚才绘制的幕墙,选中之后点击属性中的编辑类型,打开类型属性对话框。分别依次修改垂直网格和水平网格,输入间距为1000和800。

绘制完成之后如图6-11所示(注意,绘制的时候在属性对话框中将"顶部约束"改为"直到标高:标高4")。

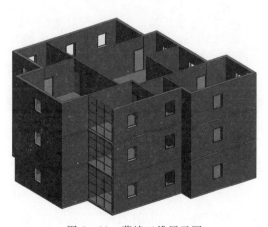

图6-11 幕墙三维展示图

BIM模型算量应用

6.3.5 屋顶

单击"建筑"选项卡中的"屋顶"选项框,选择"迹线屋顶"。然后在属性对话框中选择"常规-125mm"。选择"拾取墙"命令。依次单击选择拾取建筑中的外墙,如图 6-12 所示。点击绿色对勾完成绘制。三维效果视图如图 6-13 所示。

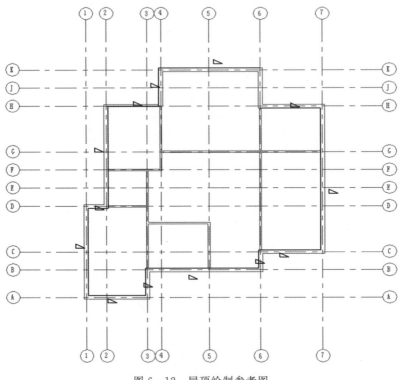

图 6-12　屋顶绘制参考图

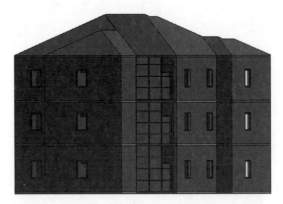

图 6-13　屋顶三维展示图

6.3.6　楼梯坡道

在项目浏览器中打开楼层平面中的标高 1,单击选择任意的内墙,系统会自动切换到"修改|墙"选项卡中,单击选择"修改"选项栏中的"打断"选项,然后在 6 轴与 G 轴的交汇点上打

156

断内墙。点击删除 6 轴上 C 到 G 轴的内墙。同
时，附着在内墙上的门也随之删除。

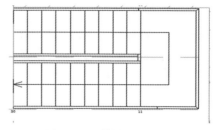

在"建筑"选项卡中单击楼梯的下拉选项卡，
选择"楼梯（按构件）"，进入楼梯的绘制视图中。
构件选项卡栏中选择直梯。在属性对话框中设
定楼梯的顶部标高至 F2。所需梯面数为 20。从
6 轴和 G 轴的交汇处向下偏移 570mm 开始绘制
楼梯。如图 6 - 14 所示。

图 6 - 14　楼梯平面图

绘制完成以后，选择修改栏中的"对齐"选项框。先单击墙表的参照墙面，然后单击休息
平台。将休息平台与墙连接。然后点击标高 2 以相同的方式、相同的位置绘制标高 2 到标
高 3 的楼梯（注意：标高 2 的楼梯顶部标高为标高 3）。然后在"建筑"选项卡中选择竖井功能
键，在标高 2 中绘制竖井，创建洞口。

6.4　机电模型创建

本节将要详细介绍的 Revit MEP 是一款非常智能的设计工具，能通过参数驱动模型即
时呈现水暖电模型的创建。

首先从操作界面、基本命令等方面介绍 Revit MEP，阐述 Revit MEP 的基本知识，然后
分别介绍给排水设备、配电设备、暖通设备等的操作步骤和方法。

Revit MEP 模型创建界面如图 6 - 15 所示。

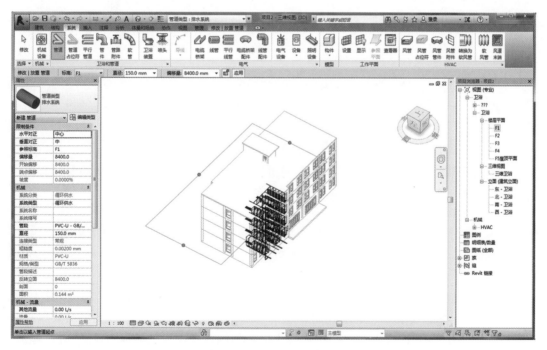

图 6 - 15　Revit 的操作界面

Revit MEP把用户常用命令都集成在功能区面板上,直观且便于使用,见图6-16。

图6-16 Revit功能面板界面

Revit MEP基本文件格式有以下几种:

(1)＊.rte格式。它是Revit MEP的项目样板文件格式,包含项目单位、标注样式、文字样式、线型、线宽、线样式、导入/导出设置等内容。为规范设计和避免重置,对Revit MEP自带的项目样板文件根据用户自身的需求、内部标准先行设置,并保存成项目样板文件,作为今后新建项目文件的项目样板。

Revit MEP自带的项目样板文件有:①Systems - DefaultCHSCHS.rte:主要针对暖通、给排水和电气设计;②Mechanical - DefaultCHSCHS:主要针对暖通和给排水设计;③Electrical - DefaultCHSCHS:主要针对电气设计。

(2)＊.rvt格式。它是Revit MEP的项目文件格式,包含项目的模型、注释、视图、图纸等项目内容。通常基于＊.rte格式文件创建,编辑完成后保存为＊.rvt格式文件,作为设计所用的项目文件。

(3)＊.rfa格式。它是Revit MEP外部族的文件格式。Revit MEP所有的电气设备、机械设备、给排水设备、管道配件、管道附件等族库文件都以该文件格式存在。设计师可以根据项目需要创建自己的常用族文件,以便随时在项目中调用。

(4)＊.rft格式。它是创建Revit MEP外部族的样板文件格式。创建不同的构件族、注释符号族、标题栏要选择不同的族样板文件。

(5)其他格式。在项目设计、管理时,用户经常会使用到多种设计、管理工具来实现自己的意图,为了实现多软件环境的协同工作,Revit MEP提供了"导入""链接""导出"工具,可以导入、链接、导出各种文件格式,如CAD格式、SKP格式、ACIS对象、ADSK格式等。

6.4.1 给排水设备及管线模型创建

本节将在某办公楼建筑模型的基础上创建卫浴装置,介绍给排水管道的绘制过程。建筑模型如图6-17所示。

1. 管道类型设置

单击"系统"选项卡"卫浴和管道"功能区中"管道",进入管道绘制模式,激活"修改|放置管道"选项卡。单击"属性"面板中"编辑类型"按钮,打开"类型属性"对话框,如图6-18所示。

在"类型属性"对话框中创建所需的管道类型:点击"复制",打开"名称"对话框,输入"给水系统",单击"确定"返回"类型属性"对话框。点击"类型属性"对话框中"类型参数"中"布管系统配置"后的"编辑"按钮,打开"布管系统配置"对话框,在该对话框中设置管段、弯头、首选连接类型等参数,如图6-19、图6-20所示。

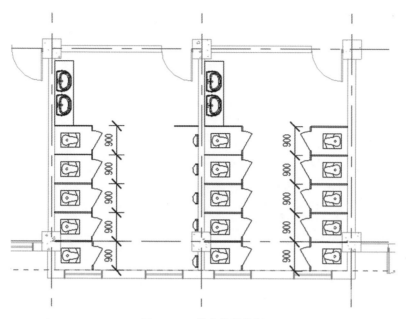

图 6-17 排水管道绘制

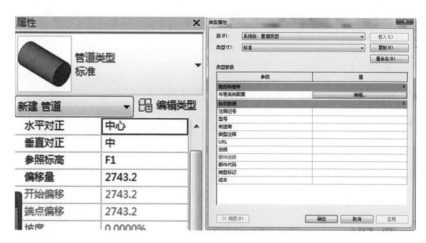

图 6-18 管道类型属性

图 6-19 给水管道重命名

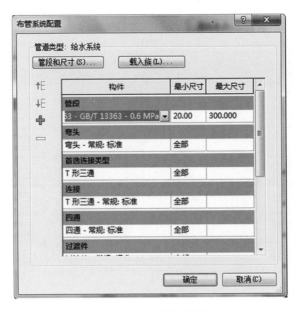

图 6-20　布管系统配置

依次单击"确定",完成"给水系统"管道类型的创建,再用类似方式创建"排水系统"管道,如图 6-21 所示。

图 6-21　排水系统创建

2. 绘制水平干管

如图 6-22 所示,在"属性"面板单击"视图范围"后"编辑"按钮,弹出"视图范围"对话框;修改主要范围中的"底"及"视图深度"的偏移量均为"-1500",完成后单击"确定"按钮退出"视图范围"对话框。

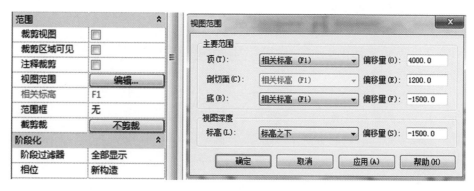

图 6-22 水平干管绘制

单击"属性"面板"可见性/图形替换"后的"编辑"按钮,打开"可见性/图形替换"对话框,如图 6-23 所示,切换至"过滤器"选项卡,勾选"循环"过滤器"可见性"复选框,完成后单击"确定"按钮退出"可见性/图形替换"对话框。

单击"系统"选项卡"卫浴和管道"功能区中"管道"按钮,进入管道绘制模式。在"属性"选项栏的"类型选择器"中选择"给水系统",如图 6-24 所示。激活"修改|放置管道"选项板,选中该选项板中"放置工具"功能区中的"自动连接"选项;同时激活"带坡度管道"功能区中"禁用坡度"选项,即绘制不带坡度管道图元,其他参数参照图 6-25 设置。

图 6-23 可见性

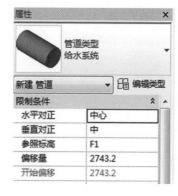

图 6-24 管道属性

图 6-25 管道参数设置

在"修改|放置管道"选项栏中设置管道直径和偏移量,其中管道直径为50mm,偏移量为-1400mm,如图6-26所示。

图6-26 管道修改

适当放大卫生间所在位置,选取适当的位置作为管道绘制的起点,沿垂直方向直到外墙室外位置单击作为第二点绘制水平给水干管,完成后按"Esc"键两次退出管道绘制模式。单击"视图"控制栏中"视图详细程度"按钮,修改视图详细程度为"精细",则Revit将显示真实管线,如图6-27所示。

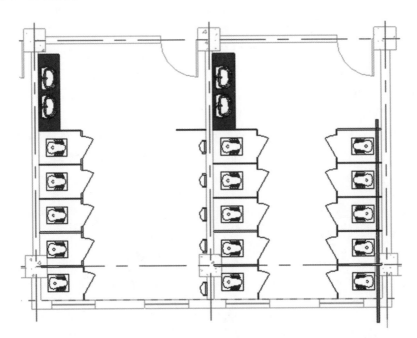

图6-27 真实管道显示

选择上一步绘制的管道,Revit给出了该管道中心线与墙面距离的临时尺寸标注,修改该距离为100,如图6-28所示。

注:在"属性"选项板中,该管道的"系统类型"默认设置为"循环供水",其他默认属性如图6-29所示,不修改任何参数,按"Esc"键退出当前选择集。

3. 绘制垂直干管

绘制完成给水水平主干管后,可以继续绘制垂直干管。通常Revit可以在水平干管的基础上通过更改干管的标高来自动生成垂直干管。

切换至卫浴楼层平面视图。单击"视图"选项卡"窗口"功能区中"关闭隐藏对象"工具,关闭除当前视图外所有已打开视图窗。单击快速访问栏中"默认三维视图"按钮,将视图切换至默认三维视图。

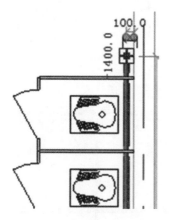

图 6 - 28　管道临时尺寸修改

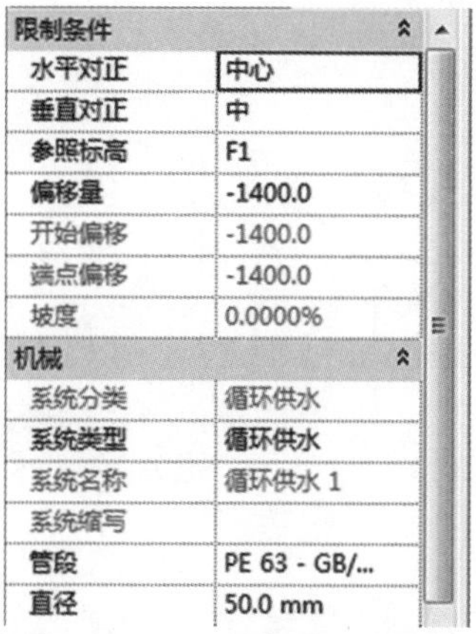

限制条件	
水平对正	中心
垂直对正	中
参照标高	F1
偏移量	-1400.0
开始偏移	-1400.0
端点偏移	-1400.0
坡度	0.0000%
机械	
系统分类	循环供水
系统类型	循环供水
系统名称	循环供水 1
系统缩写	
管段	PE 63 - GB/...
直径	50.0 mm

图 6 - 29　循环供水设置

在默认三维视图中选择除 1F 卫浴装置以外其他楼层中的卫浴装置,单击"视图"控制栏"临时隐藏隔离"按钮,选择其中的"隐藏图元"选项,临时隐藏三维视图中其他楼层的卫浴装置,以便于操作,如图 6 - 30 所示。

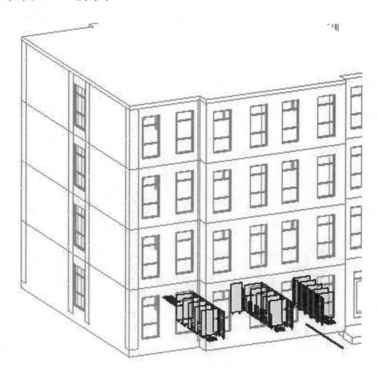

图 6 - 30　隐藏图元视图

单击"视图"选项卡中"窗口"功能区中的"平铺"按钮,将"1F 楼层平面"和"三维视图"平铺显示,如图 6 - 31 所示。

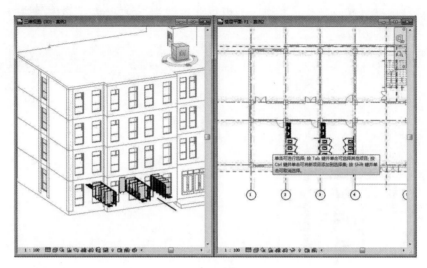

图 6-31 三维和平面的对比展示

在平铺视图中单击 1F 楼层平面视图,激活 1F 楼层平面视图。使用"管道"工具,确认当前管道类型为"给水系统"。在"修改|放置管道"选项栏中设置管道直径 50mm 和偏移量 3000mm。光标移至已绘制完成的给水水平干管端点位置,Revit 会自动捕捉至该端点,单击将该点作为绘制管线的起点,水平向左移动光标,直到左侧卫生间洗手盆位置再次单击,Revit 将在 1F 标高之上 3m 的位置生成 $DN50$ 水平管道,同时在捕捉的水平管线与当前管线间生成垂直方向立管,如图 6-32 所示。完成后按"Esc"键两次退出当前管线绘制状态。注意在管线与管线之间已经生成了 90 度的弯头。

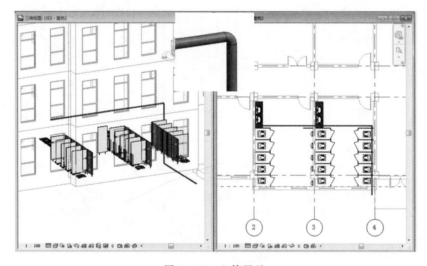

图 6-32 立管展示

继续使用"管道"工具,确认当前管道类型为"给水系统",在"修改|放置管道"选项栏中设置管道直径 40mm 和偏移量 3000mm,分别绘制 1F 其他水平管线。利用修剪、延伸工具使各管线间保持连接,如图 6-33 所示。

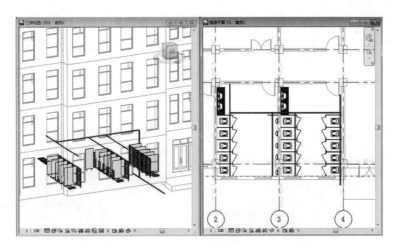

图 6 - 33　管道修改

注：由于上一步中绘制的管道直径为 $DN40$，小于主管道的 $DN50$。因此，Revit 在生成三通图元的同时，还会自动生成过滤件图元，以匹配不同的管道直径。

选择本节操作中所有生成的水平管道、垂直管道以及管件，配合使用"复制到剪贴板"与"选定的标高对齐"粘贴的方式，将其对齐粘贴至其他标高，如图 6 - 34 所示。

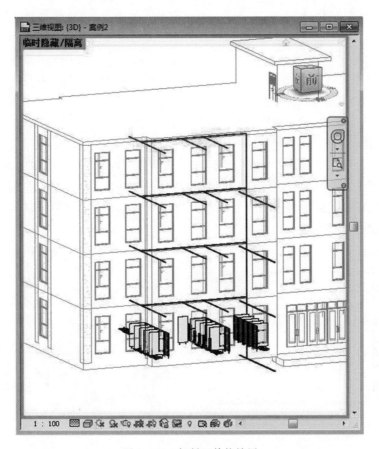

图 6 - 34　复制至其他楼层

切换至默认三维视图,适当放大 1F 与 2F 垂直管道位置,可以观察到垂直管道并未连接。选择三通管件图元,单击三通图元顶部"＋"符号,将该三通连接管件修改为四通连接管件,如图 6-35 所示。

图 6-35　管件连接图

使用相同的方式,修改连接其他垂直管道,并注意将管线修改至正确的长度位置。完成给水主干管的绘制。

注:在 Revit 中当管线相交时,会自动使用当前管道类型属性"布管系统配置"对话框中定义的连接件族进行连接。当管道管径不同时,将自动根据管径为管线添加过滤件图元。管道"类型属性"对话框中的"首选连接类型"用于指定当管线连接时,优先采用 T 形三通还是接头连接管道。如果设置为"T 形三通",则在管道 T 形连接时将生成"连接"中设置的 T 形三通连接件;如果设置为"接头",则不再生成三通连接件,用于表示"焊接"相连的管道;如果在"布管系统配置"对话框中指定了"法兰",则在绘制管道时,会在所有的连接件与管道之间生成法兰。

在平铺视图中单击 1F 楼层平面视图,激活 1F 楼层平面视图。使用"管道"工具,确认当前管道类型为"给水系统"。在"修改|放置管道"选项栏中设置管道直径 20mm。同时在"放置工具"功能区选项卡中激活"自动连接"和"继承高程"选项。捕捉右侧干管绘制横支管,确认仍处于管道绘制状态,修改选项栏偏移量值为 1200mm,单击"应用"按钮,在该管末端绘制垂直立管,如图 6-36 所示。

注:继承高程是指连续绘制管道时,绘制管道的起点与已绘制管道的高程相同。

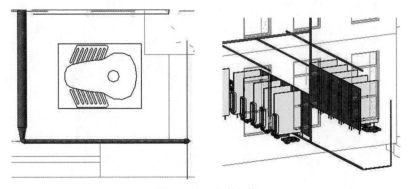

图 6-36　垂直立管

蹲便器给水管位接口位于图元的中部,使用测量工具测量该位置中心与横支管中心的距离。单击"修改"选项卡"测量"功能区中"对齐尺寸标注"工具,依次捕捉单蹲式便器图元中心位置及横支管道中心,再在任意空白位置单击放置该尺寸标注,测量显示横支管与蹲便器中心的距离。按"Esc 键"两次退出测量模式。本案例该值为 450mm,如图 6-37 所示。

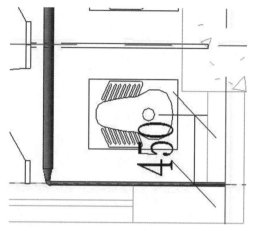

图 6-37　蹲便器支管放置

使用管道工具,在"修改|放置管道"选项栏中设置管道直径 20mm 和偏移量 1200mm,并在"放置工具"功能区选项卡中激活"自动连接"选项和取消"继承高程"选项。将光标移至上一步绘制立管处,Revit 将自动捕捉垂直立管端点。当出现端点捕捉标记时单击作为管道起点。沿垂直向上方向移动光标,Revit 给出临时测量角度为 900;利用临时尺寸标注输入水平管道长 450mm,按回车键确认输入,完成这一横支管绘制。确认仍处于管线连续绘制状态。继续沿水平方向向右移动光标,输入水平管道长 140mm,按回车键确认。在"修改|放置管道"选项栏中修改偏移量为−30mm,单击"应用"按钮创建立管,如图 6-38 所示。

继续使用管道工具,管道直径和偏移量分别为:20mm、−30mm。移动光标至上一步中绘制立管处,Revit 自动捕捉至该立管中心线,当出现夹点捕捉标志后单击作为管道起点,沿水平方向向右移动光标至蹲便器进水口位置,单击完成给水支管的绘制,如图 6-39 所示。

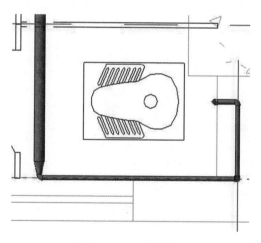

图 6-38　立管创建

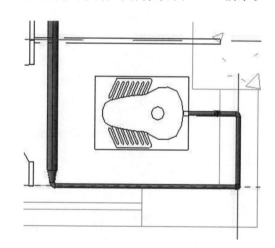

图 6-39　给水支管绘制

完成一根给水支管的绘制后,可以使用相同的方式继续完成其他的给水支管。也可以可采用"复制""镜像"等编辑工具,将已有支管绘制到其他蹲式便器位置,如图 6-40 所示。

使用相同的方式绘制洗手盆和小便器的给水支管,如图 6-41 所示。

注:由于小便器与蹲便器共用一面隔墙且两两相对,导致两个卫生器具的立管会发生冲突,因此在绘制安装支管时,确定其距墙 50mm。

可以使用相似的方法绘制排水管道,但与给水管道不同的是:一般排水管道采用重力排水,因此绘制的排水管道必须带有一定的坡度。为了绘制方便,通过"视图"控制栏中的"临时隐藏隔离"中的"隐藏图元"把给水管进行临时隐藏。

切换至 1F 卫浴楼层平面视图。使用管道工具,单击"修改|放置管道"选项卡"带坡度管道"功能区中"向上坡度"或"向下坡度",在"坡度值"列表中可根据需要进行选择,本案例中需设置管道坡度为3%,但列表中并未出现。

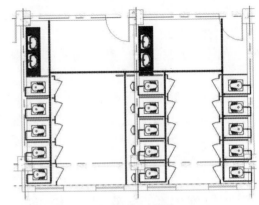

图 6-40 蹲式便器绘制位置图

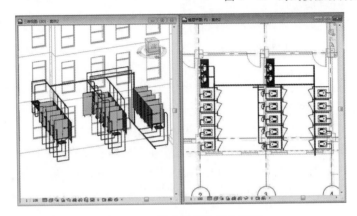

图 6-41 蹲式便器绘制位置图

单击"系统"选项卡"机械"功能区旁边的右下箭头,打开"机械设置"对话框,切换至"坡度"选项,单击"新建坡度",在弹出的"新建坡度"对话框中输入3,单击"确定"即可添加新的坡度值,完成后再次单击"确定"按钮退出"机械设置"对话框,如图 6-42 所示。

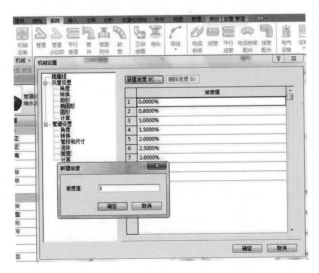

图 6-42 坡度设置

在"属性"选项栏的类型选择器中选择管道类型为"排水系统",设置管道直径为150mm、偏移量为－1400mm,设置"带坡度管道"功能区中坡度生成方式为"向下坡度",设置"坡度值"为3％,如图6-43所示。

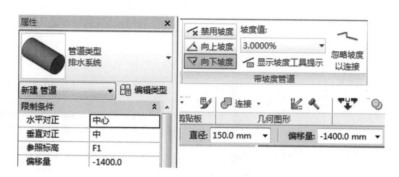

图6-43　排水管道参数设置

采用相同的方法绘制其他排水干管,如图6-44所示。

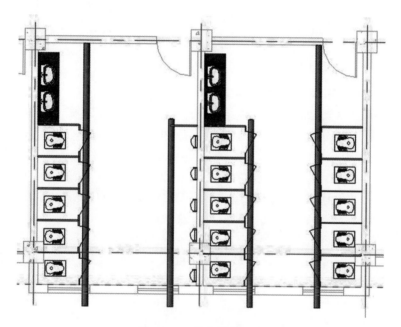

图6-44　排水管道绘制

用同样的方法绘制2、3、4标高中的排水干管,将管道直径和偏移量分别修改为100mm和－500mm。

切换至1F卫浴楼层平面视图。使用管道工具,在"属性"选项栏的类型选择器中选择管道类型为"排水系统",设置管道直径为100mm,绘制如图6-45所示的垂直排水干管,并确保管道保持连接绘制状态,修改偏移量为9000mm,单击"应用"完成立管绘制。

完成排水干管后用同样的方法绘制排水支管,使用管道工具,激活"继承标高"选项,设置坡度选项为"禁用坡度";设置管道直径为100mm,捕捉至蹲便器中心延长线与干管中心线交点位置单击作为管道的起点,捕捉至蹲便器排水接头中心位置单击结束管道绘制。Revit 将自动生成水平、垂直管线,以及不同管径间的过渡管件,如图 6-46 所示。

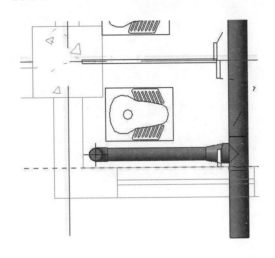

图 6-45 立管绘制　　　　　　　　图 6-46 过渡管件

使用同样方法完成其余连接管道的绘制。

6.4.2 暖通设备及管线模型创建

Revit MEP 可以为暖通设计提供快速准确的计算分析功能,内置的冷热负荷计算工具可以帮助用户进行能耗分析并生成负荷报告;风管和管道尺寸计算工具可根据不同算法确定干管、支管乃至整个系统的管道尺寸。

Revit MEP 具有强大的三维建模功能,直现地反映设计布局,实现所见即所得。用户可以直接在屏幕上拖放设计元素进行设计,任一视图的修改均可自动更新到其他视图,始终保持准确唯一的设计及文档,有效提高用户的设计效率和质量。

依次单击"系统""HVAC"功能区中的"风管",软件会自动激活"修改|放置风管"和绘图区左侧的风管"属性"选项卡。项目样板中默认配置了三种类型的风管:矩形风管、圆形风管、椭圆形风管。可以单击"属性"选项板中的"编辑属性"打开"类型属性"对话框,如图 6-47 所示。

与管道"类型属性"对话框不同的是:风管"类型属性"对话框中多了"构造"中的"粗糙度",用于计算风管的沿程阻力。

风管尺寸采取与管道尺寸设置相同的方式打开"机械设置"对话框,在该对话框中设置风管尺寸的相关信息。

风管尺寸应用与管道尺寸应用相似。

绘制风管与绘制管道一样有两种方法:一种是管道占位符绘制,一种是管道绘制,可以参照管道绘制的相关内容进行风管绘制。

创建空调风/空调水/采暖系统的具体步骤如下:

①项目创建。根据建筑专业提供的建筑模型创建项目文件。创建空调风/空调水/采暖各视图,并对视图进行可见性设置、视图范围设置等。创建方式详见 6.5 节。

②系统选择。打开项目文件,根据建筑的分隔、朝向、形状和进深合理地划分空间,将空间进行分区指定,指定完后根据前面内容进行相应的设置,设置完后进行负荷计算。

图 6-47　风管类型属性

③载入族。Revit MEP 中带有大量的与暖通设计相关的构件族。根据项目的需求,将项目中所需要的族载入到项目文件中,如风机盘管、风口、风管配件等。

④管道配置。根据载入的管件族,对风管类型以及不同的风管系统分类进行配置,具体设置方法详见前面相关章节。

⑤设备布置。根据建筑布局布置相关设备。

注:空调水系统通常包含冷冻水系统和冷却水系统,不同空调水系统在 Revit MEP 中对应不同的管道系统。

可以在某办公楼建筑模型的基础上创建空调风/空调水/采暖系统,创建方式与给排水管道创建方法类似。

在上节管道设计参数设定的基础上,接下来便可以绘制管道了。

单击系统中"风管"功能命令,或者输入快捷键命令"DT",即可进入风管绘制的界面,如图 6-48 所示。

设置风管形状如图 6-49 所示。

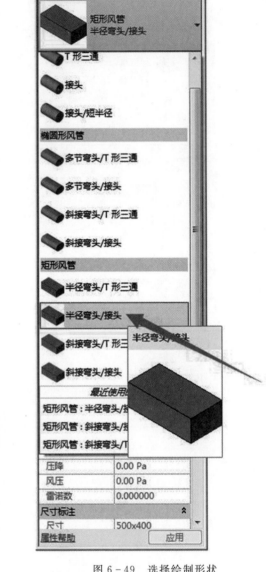

图 6-48 选择绘制风管　　　　　　　　　图 6-49 选择绘制形状

　　单击编辑类型,打开"类型属性"对话框,如图 6-50 所示。

　　复制出一个名称为"送风风管"的风管,点击"确定"。返回类型属性后再点击"确定"按钮返回绘图区,如图 6-51 所示。

　　设定风管系统类型为"送风",如图 6-52 所示。

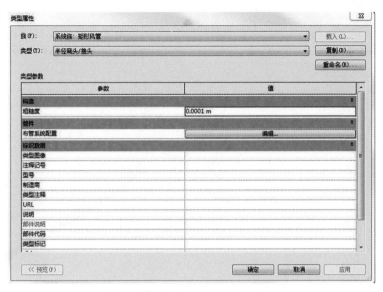

图 6-50　类型属性

图 6-51　风管名称命名　　　　图 6-52　风管系统类型设置

设定送风管的尺寸、偏移量如图 6-53 所示。

图 6-53　送风管尺寸图

如图 6-54 所示，便是绘制的送风管道。

转到三维视图中观察，如图 6-55 所示。

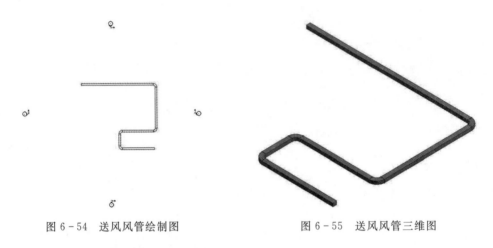

图 6-54　送风风管绘制图　　　　图 6-55　送风风管三维图

6.4.3　机电设备模型创建

绘制电缆桥架管路，例如梯式或槽式电缆桥架，如图 6-56 所示。通过类型选择器，可以选择电缆桥架类型（带配件或者不带配件）。绘制电缆桥架时，可以在选项栏上指定宽度、高度、高程偏移量和弯曲半径。

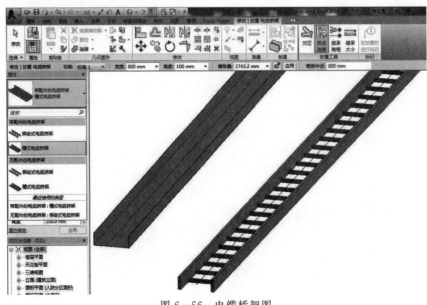

图 6-56　电缆桥架图

软件系统提供了两种不同的电缆桥架形式："带配件的电缆桥架"和"无配件的电缆桥架"。"无配件的电缆桥架"适用于设计中不明显区分配件的情况。两种电缆桥架形式在软件功能上的具体区别将在电缆桥架的绘制分析中具体介绍。"带配件的电缆桥架"和"无配件的电缆桥架"是作为两种不同的系统族来实现的，并在这两个系统族下面添加不同的类型。

建筑工程设计中，电气设计需要根据建筑规模、功能定位及使用要求确定电气系统，其包含配电系统、防雷、接地、照明和弱电系统等。

用 Revit MEP 实现配电系统设计，主要包括电气平面的布置、线路和导线的创建和设计相关的分析计算以及线路标准。具体步骤如下：

基于"Systems-DefaultCHSCHS. rte"项目样板创建电气项目文件，并链接建筑模型到项目文件中来。

电气设置：依次单击"管理""设置"功能区中的"MEP 设置"，在其下拉菜单中选择"电气设置"，打开"电气设置"对话框，如图 6-57 所示。

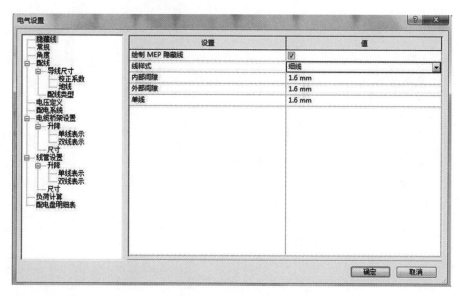

图 6-57 电气设置

在进行配电设计之前，在项目文件中需要载入所需的电气族，如电气装置族、电气设备族、各种构件族、配电附件等。对于我国的设计项目，一些族需要根据本地设计规范行业标准略作修改（如电压）。同时，有些族需要用户根据需要自己创建。

注：电气族的一个关键要素是电气连接件，只有具备电气连接件，载入的族才可以创建电气系统，并且通过电气连接件使族自带的信息参与到系统设计和计算中。

设备布置：如果布置一般电气设备，如插座、配电箱等，可以直接将设备添加到视图中。如果为暖通专业或给排水专业提供一些动力设备，如空调、水泵等配电时，建议使用链接暖通专业或给排水专业项目文件的方法来收集这些动力条件。布置电气设备，调用电气族软件提供了两种方式调用电气族：

①在绘图区右侧的项目浏览器中，单击"族"展开，选择相应类别的族，如电气装置、电气

设备等,然后选择其中所需的类型拖到绘图区中。

②依次单击"系统""电气"功能区的"电气设备"或"设备"或"照明设备",在绘图区左侧打开相应的"属性"选项栏,在选项栏的"类型选择器"中选择所需要的族及类型。

根据项目需求将配电盘和插座放在电气平面的相应位置。

放置族、设备和配电盘的方法:根据族的类别、类型和项目所需的要求,选择合适的放置方式。

选择放置好的设备,通过"属性"选项板中"限制条件"中的"立面"和"偏移量"来确定设备的放置位置,如图6-58所示。

为方便配电系统创建,修改设备名称。通过"属性"选项板中"常规"中的"××名称"修改设备名称,如图6-59所示。

图6-58 插座属性设置

图6-59 照明配电箱设置

创建配电系统:选择绘图区中的配电盘,在"修改|电气设备"选项栏中"配电系统"下拉菜单中为配电盘选择配电系统,如图6-60所示。

图6-60 配电系统图

注:如果单击配电盘时,选项卡中"配电系统"中没有出现可选择的配电系统,则表明电气设置中的"配电系统"没有与该配电盘的电压和级数相匹配的项。这时需要检查配电盘的连接件设置中的电压和级数,或在电气设置中添加与配电盘相匹配的"配电系统",参考前面内容添加配电系统。

创建回路:根据项目需要,对插座设备进行规划划区,依次为这些区域的插座设备创建回路。首先选择绘图区中的某个区域的全部插座,激活"修改|电气装置"选项卡,单击"创建系统"功能区中的"电力"创建线路。

注:当图面比较复杂时,可以通过"过滤器"工具选择所需的操作图元。

创建完线路后,软件自动激活"修改|电路"选项卡,单击"系统工具"功能区中的"选择配电盘"。配电盘选择成功后,线路中设备所在区域会通过绿色虚线框框起该区域,如图6-61所示。同时,图中会出现导线图案,通过点击该图案可以自动生成配线控制,为线

路创建永久配线。

用相同的方法创建其他区域的系统连接。

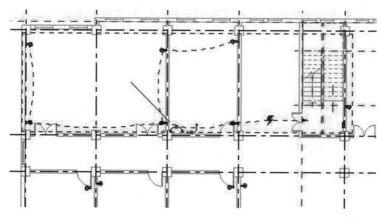

图 6－61　配电系统图

注：电路中所选的配电盘必须事先指定配电系统，否则在系统创建时无法指定该配电盘。

动力配电：将动力设备从链接文件复制到电气项目文件中，可以通过上述相同的方式创建线路。

6.5　模型整合

BIM 可以运用到项目的整个生命周期（从设计、施工到运营）。在设计中，建筑、结构、机电三专业的模型图纸是由各自相应的部门来完成的，这些模型都包含了三维的几何信息，且三者需要时时沟通设计成果，共享设计信息，以避免重复的工作，提高工作效率。

6.5.1　整合规则

通常采用的整合规则如下：

1. 各专业间需及时沟通设计成果，共享设计信息

在机电项目设计过程中，需要与建筑、结构及机电内部各专业间及时沟通设计成果，共享设计信息。如在进行机电设计时，必须参考建筑专业提供的标高和轴网等信息，给排水和暖通专业要提供设备的位置和设计参数给电气专业进行配线设计等，而机电专业则需要提供管线等信息给建筑或结构专业进行管线与梁柱等构件的碰撞。

2. 便于协同设计

通过 Revit 的"链接模型"功能，主体文件可以时时读取链接文件信息以获得链接文件的有关修改通知，实现整个设计团队高效的协同工作。

3. 通过标高和轴网确定建筑及各构件的空间定位关系

标高和轴网是设备（水暖电）设计中重要的定位信息，Revit 通过标高和轴网为建筑模型中各构件的空间定位。在 Revit 中进行机电项目设计时，必须先确定项目的标高和轴网定位信息，再根据标高和轴网信息建立设备中风管、机械设备、管道、电气设备、照明设备等模型构件。在 Revit 中，可以利用标高和轴网工具手动为项目创建标高和轴网，也可以通过使

用链接的方式,链接已有的建筑、结构专业项目文件。

4. 错漏碰缺检查

主要检查项目内图元之间以及项目图元与项目链接模型之间无效的交点,即发生碰撞的图元以及触碰位置,通过使用该命令可以快速准确的找到各专业、系统之间布置不合理之处,从而降低设计变更和成本超限的风险。

6.5.2 整合方法

1. "链接模型"共享信息实现协同设计

Revit MEP 中的"链接模型"是指工作组成员在不同专业项目文件中以链接模型共享设计信息的协同设计方法。这种设计方法的特点是:各专业独立,文件较小,运行速度较快,主体文件可以时时读取链接文件信息以获得链接文件的有关修改通知,但无法在主体文件中直接编辑链接模型。

采用"链接模型"方法进行项目设计的核心是:链接其他专业的项目模型,并应用"复制/监视"功能监视链接模型中的修改。例如,设备工程师将建筑模型链接到 MEP 项目文件中,作为 MEP 设计的起点,建筑模型的更改在 MEP 项目文件中会同步更新,对于链接模型中某些影响协同工作的关键图元,如标高、轴网、墙、卫生器具等,可应用"复制/监视"进行监视,建筑师一旦移动、修改或删除了受监视的图元,设备工程师就会收到通知,以便调整和协同设计。建筑、结构项目文件也可链接 MEP 项目文件,实现三个专业文件互相链接,这种专业项目文件的互相链接也同样适用于各设备专业(给排水、暖通和电气)之间。

Revit 项目中可以链接的文件格式有 Revit 文件(RVT)、CAD 文件(DWG、DXF、DGN、SAT 和 SKP)和 DWF 标记文件。下面将重点介绍如何链接、管理和绑定 Revit 模型,以及如何应用"复制/监视"功能。

2. 链接模型的设置

(1)插入链接模型。下面以 MEP 项目样板文件链接建筑模型生成 MEP 设计的主体文件为例,说明链接 Revit 模型的操作方法。

选择一个 MEP 项目样板文件新建一个项目或打开现有项目。

单击"插入"→"链接 Revit",打开"导入/链接 RVT"对话框。在该对话框中,选择需要链接的 Revit 模型。指定"定位"方式,在"定位"一栏中有 6 个选项,见图 6 - 62。大多数情况下选择"自动-原点到原点"。

"定位"栏各选项的意义分别是:

①自动-中心到中心:将导入的链接文件的模型中心放置在主体文件的模型中心。Revit MEP 模型的中心是通过查找模型周围的边界框中心来计算的。

②自动-原点到原点:将导入的链接文件的原点放置在主体文件的原点上,如图 6 - 63 所示。用户进行文件导入时,一般都应该使用这种定位方式。

③自动-通过共享坐标:根据导入的模型相对于两个文件之间共享坐标的位置,放置此导入的链接文件的模型。如果文件之间当前没有共享的坐标系,这个选项不起作用,系统会自动选择"中心到中心"的方式。该选项仅适用于 Revit 文件。

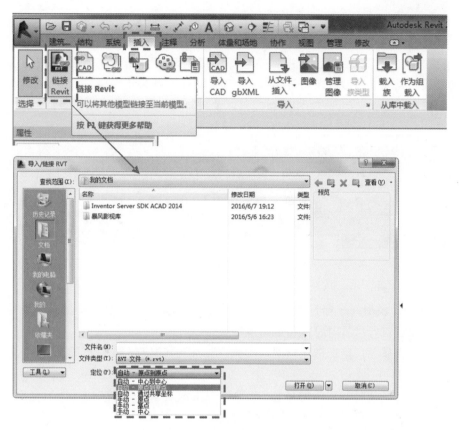

图 6-62 模型链接设置

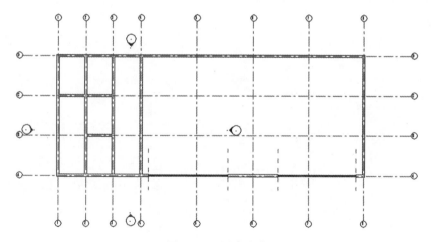

图 6-63 原点定位

④手动-原点:手动把链接文件的原点放置在主体文件的自定义位置。

⑤手动-基点:手动把链接文件的基点放置在主体文件的自定义位置。该选项只用于带有已定义基点的 AutoCAD 文件。

⑥手动-中心:手动把链接文件的模型中心放置到主体文件的自定义位置。

单击右下角的"打开"按钮,该建筑模型就链接到了项目文件中。注意单击"打开"前可通过单击旁边的下拉按钮,选择需要打开的工作集。

模型链接到项目文件中后,在视图中选择链接模型,可对链接模型执行拖拽、复制、粘贴、移动和旋转操作。通常习惯将链接模型锁定,以避免被意外移动。选中链接模型,单击功能区中"修改|RVT 链接"→"锁定" 按钮,链接模型即被锁定,如图 6-64 所示。

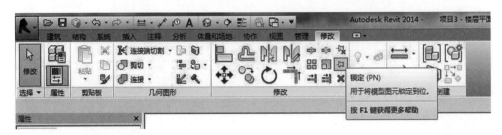

图 6-64　图元锁定

链接的 Revit 模型列在项目浏览器的"Revit 链接"分支中。如果项目中链接的源文件发生了变化,则在打开项目时将自动更新该链接。

(2)设置实例属性。单击链接模型,在"属性"对话框(图 6-65 左边的对话框)中可查看其实例属性。

①名称:指定链接模型实例的名称,在项目中生成链接模型的副本(即复制链接模型)时,会自动生成名称。可以修改名称,但名称必须唯一。

②共享场地:指定链接模型的共享位置。

(3)设置类型属性。单击"属性"对话框中的"编辑类型",可查看链接模型"类型属性"(图 6-65 右边的对话框)。

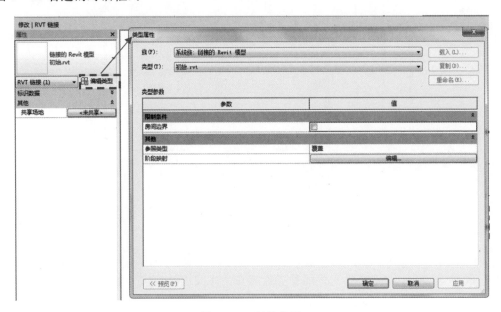

图 6-65　链接设置

①房间边界:勾选该选项,可使主体模型识别链接模型中图元的"房间边界"参数。如果将建筑模型链接到 MEP 模型中,通常勾选该选项,读取建筑模型中房间边界信息放置空间。

②参照类型:确定在将主体模型链接到其他模型中时,将显示("附着")还是隐藏("覆盖")此链接模型。

③阶段映射:指定链接模型中与主体项目中的每个阶段对应的阶段。

3. 链接模型可见性

(1)视图属性设置。在建筑、结构模型中,视图样板的"规程"大多设置为"建筑"或"结构",而在 MEP 项目样板文件中视图样板的"规程"通常默认设置为"机械"或"电气"。当建筑结构模型链接到 MEP 项目样板文件中后,可能无法在主体模型的绘图区域中看到链接模型,此时,可以在主体文件当前视图的"属性"对话框中选择"协调"作为"规程"(见图 6-66)。该设置将确保视图显示所有规程(建筑、结构、机械和电气)的图元。

可以通过使用"视图样板"批量修改视图。其操作方法是:

单击功能区中"视图"→"视图样板"→"管理视图样板",打开"视图样板"对话框(见图 6-67)。

在"视图样板"对话框中,在"显示类型"下拉列表中选择"(全部)",显示所有的默认视图样板,选择要设置的默认视图样板,并在右侧的"视图属性"列表中,选择"协调"作为"规程"(见图 6-68)。

图 6-66 图元属性设置

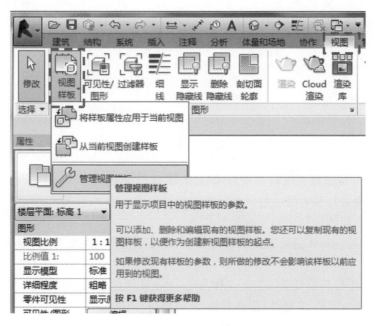

图 6-67 视图样板

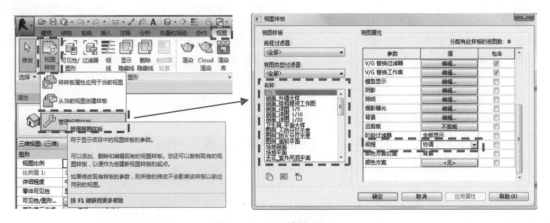

图 6-68　视图样板设置

切换到要修改的视图,在其"属性"对话框中选择一种视图样板作为"默认视图样板",然后单击功能区中"视图"→"视图样板"→"将样板应用于当前视图",完成修改。

(2)参照类型设置。当导入包含链接模型的模型时,子链接模型就会成为嵌套链接。嵌套链接在主体模型的显示将根据父链接模型中的"参照类型"设置。

打开嵌套链接的父链接模型,单击功能区中"管理"→"管理链接",打开"管理链接"对话框(见图 6-69)。"参照类型"下拉列表中有两个选项:"覆盖"和"附着"。选择"覆盖",当父链接模型链接到其他模型中时,不载入嵌套链接模型(因此项目中不显示这些模型),选择"附着"则显示嵌套链接模型,在插入链接模型时,默认设置为"覆盖"。

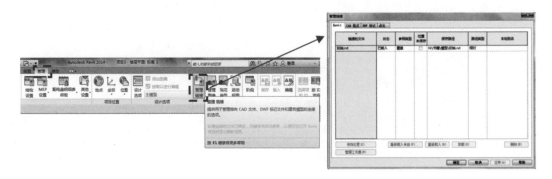

图 6-69　管理链接

例如,项目 A 被链接到项目 B 中(B 即是项目 A 的父链接模型),如果在项目 B 中的参照类型设置为"覆盖",那么当项目 B 被链接到另一项目 C 中,在项目 C 中,隐藏嵌套链接 A;如果选择"附着",在项目 C 中显示嵌套链接 A。需注意的是,在项目中,可见的嵌套链接显示在项目浏览器的"Revit 链接",分支中的相应父链接模型下,嵌套链接不会显示在"管理链接"对话框中。

(3)可见性/图形替换设置。打开主体文件,单击功能区中"视图"→"可见性/图形"或直接键入 VV 或 VG,打开"可见性/图形替换"对话框(见图 6-70)。

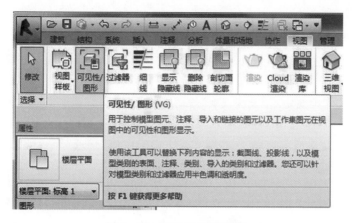

图 6-70 可见性/图形替换

在"Revit 链接"选项卡中,主体模型中的链接模型按树状结构排列,父节点表示单独文件(主链接模型),子节点表示项目中模型的实例(副本)。修改父节点会影响所有的实例,而修改子节点仅影响该实例。图 6-71 中,"111.rvt"和"初始.rvt"为主链接模型,它们下面的"2"和"1"是它的两个实例名称。

"可见性/图形"对话框中的"Revit 链接"选项卡包括下列内容:

①可见性:勾选该选项显示视图中的链接模型,取消勾选则隐藏链接模型。

②半色调:勾选该选项,按半色调显示链接模型,这样有助于区分模型中的图元和当前项目中的图元。

③显示设置:单击该按钮,打开"RVT 链接显示设置"对话框,进一步设置链接模型在主体模型中的显示。在"基本"选项卡中,选择下列三个显示设置之一:

a. 按主体视图:链接模型及嵌套链接模型的显示按主体项目的视图设置。选择该选项,"RVT 链接显示设置"对话框各选项卡中的所有选项都不可编辑。

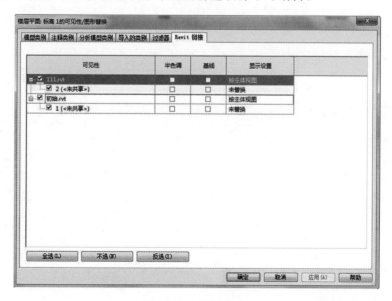

图 6-71 节点修改

b. 按链接视图:链接模型及嵌套链接模型的显示按其链接模型本身的视图设置。选择该选项,仅可在"基本"选项卡的"链接视图"一栏中选择依据的视图。

c. 自定义:允许对链接模型及嵌套链接模型的显示进行控制。选择该选项,"模型类别""注释类别""分析模型类别""导入类别""工作集"选项卡都被激活,可以分别对它们进行设置。如果在链接文件中使用了"设计选项"的话,则"设计选项"选项卡也可用。

需注意以下几点:

a. 如果选择了链接模型实例(例如图 6-71 中的实例"1"或"2"),则在"基本"选项卡中先勾选"替换此实例的显示设置",然后再进行设置。

b. 在"基本"选项卡中,还可以控制嵌套链接的显示依据,在"嵌套链接"一栏有两个选项:

第一,按父链接:父链接的设置控制嵌套链接,将会应用为父链接模型指定的可见性和图形替换设置。

第二,按链接视图:将会应用在顶层嵌套链接模型中指定的可见性和图形替换设置。顶层嵌套链接模型是第一个嵌套链接模型。例如,有主体模型、链接模型(父链接)以及链接到父链接的模型(嵌套链接)。嵌套链接视为顶层嵌套链接模型。

4. 图元操作

(1)查看图元属性。在绘图区域中,将光标移动到要查看的图元上,按"Tab"键直到链接模型(包括其中的嵌套模型)中的图元高亮显示,然后单击该图元将其选中,可查看图元的属性。链接模型中的图元的全部属性都为只读。

(2)对齐图元。可以将链接模型中的图元用作尺寸标注和对齐的参照,也可以创建主体模型中的图元和链接模型中的图元之间的限制条件。例如,将链接楼层约束到主体模型中的标高。当链接模型所约束到的图元移动时,链接模型会作为整个实体移动。对于链接模型(或链接模型中的某个图元)的约束仅会移动链接模型,而不会移动主体模型中的图元。不允许对使用共享位置的链接进行约束。

(3)标记图元。在主体模型的某个视图中标记图元时,也可以标记链接模型和嵌套链接模型中的图元。可以通过"按类别标记"或"全部标记"工具,在标记主体模型中图元的同时标记链接图元。例如,单击功能区中"注释"→"全部标记",打开"标记所有未标记的对象"对话框(见图 6-72),勾选"包括链接文件中的图元",然后进行标记。

图 6-72 标记图元

在链接模型和嵌套链接模型中,可以标记大多数类别的图元,但不能放置云线批注标记。

在主体视图中,当标记链接模型的图元时,这些标记仅存在于主体模型中,而并不存在链接模型中。

在标记主体图元时,可以编辑标记中所显示的值,从而修改图元的属性。但在标记链接图元时,不能通过编辑标记来修改链接图元的属性。

当标记链接模型中的房间时,如果当前模型中的房间与要放置标记的链接模型中的房间重叠,则将标记当前模型中的房间。同理,当标记面积和空间时,也遵循当前模型优先的原则。当标记链接文件中的其他图元时,如果这些图元与当前文件中的图元重叠,按"Tab"键将高亮显示链接文件中的图元,可对其进行标记。

如果在标记了链接模型中的图元后,卸载或丢失了链接模型,则标记不再显示在主体模型中,链接模型恢复后,标记重新显示在原来的位置。如果删除了链接模型,则标记从主体模型中删除,再次链接模型,则必须重新添加标记。

如果在主体模型中标记了链接图元,而这些图元在链接模型中发生了移动,其标记会随着图元在主体视图中移动,相对于图元的位置保持不变。如果标记所对应的链接图元被删除,标记仍会孤立存在。只要载入链接模型,孤立的标记就会出现在主体视图中,这样的标记不显示引线,如果该标记原来显示的是一个参数值,此时就会显示问号(?)。打印或导出视图时会包括孤立的标记,可以将孤立的标记进行移动、删除或变更主体。

(4)复制图元。可以将链接模型中的图元复制到剪贴板,然后将其粘贴到主体模型中。其操作方法是:

在绘图区域中,将光标移动到要复制的链接模型中的图元上,按"Tab"键直到要复制的图元高亮显示,然后单击该图元将其选中。

单击功能区中的模型跳转到"修改 | RVT 链接"界面→"复制"按钮,见图 6-73。

图 6-73 复制

单击功能区中的模型跳转到"修改 | RVT 链接"界面→"粘帖"按钮,见图 6-74。

图 6-74 粘贴

在绘图区域中单击以放置图元。放置图元后激活"修改｜模型组"选项卡(见图6-75)，单击√按钮，完成粘贴。粘贴后的图元将直接从属于主体模型，可以对其进行编辑。在完成前，同样也可以在选项卡中单击"编辑粘贴的图元"，对图元先进行编辑。

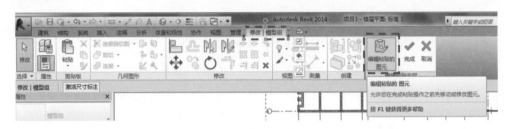

图6-75　图元编辑

(5)协调主体。图元在以下两种情况下可能会被孤立：

在主体项目中添加了一个以链接模型中某图元为主体的图元，而该链接图元后来被移动或删除。如链接模型中的某面墙被删除，则之前在主体项目中基于该墙所添加的脸盆将被孤立。

在主体项目中为链接模型中某个图元添加了标记，而后来从链接模型中删除了该链接图元，则标记被孤立。

如果出现孤立图元，在打开主体项目时，会显示"协调监视警报"，提示需要协调主体。用户可以在主体项目中查看这些孤立图元，并为其选择新的主体或者将其从主体项目中删除。

①查看孤立图元。

"协调监视警报"出现后，单击"确定"，打开项目文件。单击功能区中"协作"→"协调主体"，打开"协调主体"浏览器。该浏览器默认停靠在Revit窗口的右侧，可以通过拖拽其标题栏将其移动到所需位置。

可单击浏览器标题栏下方的"排序"按钮指定列表排序规则，"按链接、类别顺序"或"按类别、链接顺序"对列表排序。

要显示某个孤立图元，在"协调主体"浏览器中选择该孤立图元，单击标题栏下方的"显示"按钮，在绘图区域中将放大并高亮显示该图元。如果要设置图元的显示效果，可单击标题栏下方的"图形"按钮，打开"图形"对话框，指定"线宽"、"颜色"和"填充图案"，并勾选"将设置应用到列表中的图元"。

②变更孤立图元的主体。

在"协调主体"浏览器中右击孤立图元，选择"拾取主体"，然后在绘图区域中选择新主体以变更孤立图元的主体，也可选择"删除"，删除孤立图元。

另一种方法是在绘图区域中直接选择孤立图元后，单击功能区中"拾取新主体"或"拾取新的工作平面"，然后在绘图区域中选择新主体。

5. 项目标准传递

可使用"传递项目标准"工具将项目标准从链接模型传递到主体模型。项目标准包括族类型(只包括系统族，而不是载入的族)、线宽、材质、视图样板、机械设置、电气设置和对象样式。传递项目操作方法是：

打开主体模型,单击功能区中"管理"→"传递项目标准",打开"选择要复制的项目"对话框(见图6-76)。

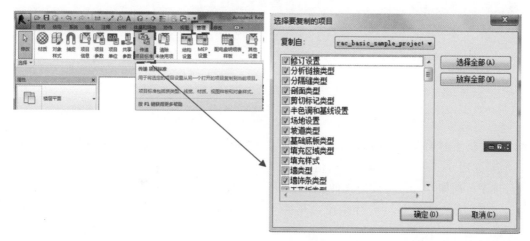

图6-76　项目复制

在"选择要复制的项目"对话框中,选择要从中复制的源文件(即主体模型中的链接模型),选择所需的项目标准,单击"确定"。

该方法同样适用于将某个项目的项目标准复制到另一个项目的情况,复制项目标准时,这两个项目文件必须同时打开。

6.打开"管理链接"

打开"管理链接"对话框的方法有三种:

方法一,单击功能区中"插入"→"管理链接"(见图6-77)。

图6-77　方法一

方法二,单击功能区中"管理"→"管理链接"(见图6-78)。

图6-78　方法二

方法三,单击绘图区域中某链接模型,激活"修改|RVT链接"选项卡,单击"管理链接"(见图6-79)。

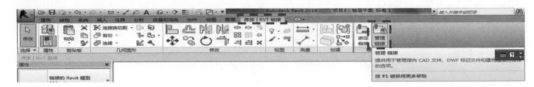

图6-79 方法三

"管理链接"对话框中有"Revit""CAD格式""DWF标记""点云"等选项卡。选项卡下面的各列提供了有关链接文件的信息,且可以在"管理链接"对话框中对信息进行排序。单击列项眉(见图6-80),可按该列中的值对行进行排序。再次单击该列项眉,可按相反的顺序进行排序。例如,单击"链接的文件"列项眉可按文件名的字母顺序对行进行排序。默认情况下,按链接文件名对行进行排序。并且下次打开该对话框时,信息按上次指定的方式排序。

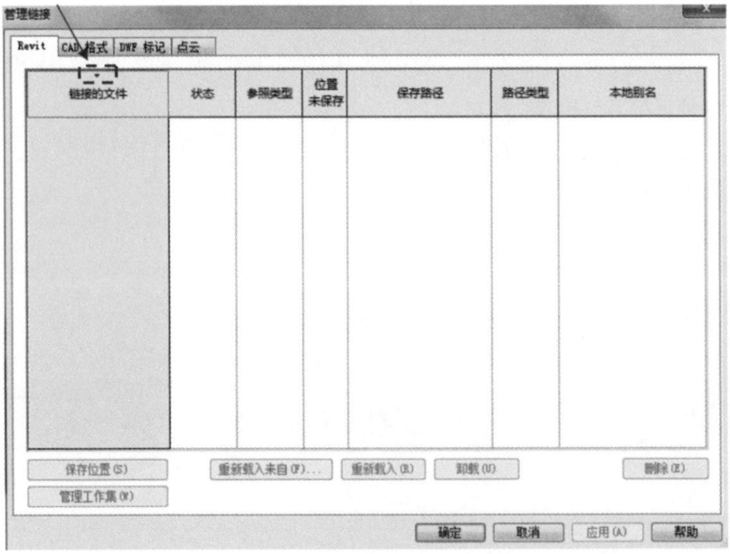

图6-80 链接文件

单击"Revit"选项卡,在"Revit"选项卡中显示了链接文件的"状态""参照类型""位置未保存""保存路径""路径类型""本地别名"信息。

"状态""位置未保存""保存路径""本地别名",这些参数都是只读状态,显示的链接文件的相关信息。

"状态":指示在主文件中是否载入链接文件。该字段将显示为"已载入""未载入""未找到"。

"位置未保存":指示链接模型的位置是否保存在共享坐标系中。

"保存路径":指示的是链接文件在计算机上的位置。在"工作共享"中,如果链接模型为中心文件的本地副本,则"保存路径"下显示的是它的中心文件的路径。

"本地别名"：指示的是链接文件的本地位置，如果链接文件已经是中心文件了，则"本地别名"为空。

"参照类型"：具体内容见前述的"链接模型可见性"。

"路径类型"：在"路径类型"的下拉列表中有两个选项："相对"和"绝对"，使用时通常选择"相对"，这样当项目文件跟链接文件一起移动到新目录中时，链接可以继续正常工作，如果选择"绝对"，链接将被破坏，需要重新载入，如果链接到工作共享的项目（如其他用户需要访问的中心文件）文件可能不会移动，最好使用绝对路径。

链接管理选项：在"链接的文件"列下单击或选择多个链接文件，可通过以下选项对链接文件进行相关操作。

"保存位置"：保存链接实例的新位置。

"重新载入来自"：如果链接文件已被移除，更改链接的路径。

"重新载入"：载入最新版本的链接模型。也可以先关闭项目再重新打开项目，链接的模型将自动重新载入。如果启用了工作共享，则链接包含在工作集中。如果更新链接文件并想重新载入该链接，则该链接所处的工作集必须处于可编辑状态。如果工作集不可编辑，则会显示一条错误信息，指示由于工作集未处于可编辑状态，因为不能更新链接。

"卸载"：删除项目中链接模型的显示，但继续保留链接。

"删除"：从项目中删除链接。

"管理工作集"：如果链接模型中已创建了工作集，则该选项可编辑。单击该选项，打开"管理链接的工作集"对话框，通过单击"打开"和"关闭"按钮控制链接模型中工作集的可见性，然后单击"重新载入"，载入更新。

7. 将链接的 Revit 模型转换为组

"绑定链接"可使链接模型转换为组并载入到主体项目中，成组后可以编辑组中的图元，完成编辑后，也可以将组转换为链接的 Revit 模型。

在绘图区域中选择链接 Revit 模型，单击功能区中"修改 | RVT 链接"→"绑定链接"，打开"绑定链接选项"对话框，选择要在组内包含的图元和基准，然后单击"确认"（见图 6 - 81）。

图 6 - 81　绑定链接确认

如果项目中有一个组的名称与链接的 Revit 模型的名称相同，则将显示一条消息指明此情况。可以执行下列操作之一：

单击"是"替换现有组。

单击"否"使用新名称保存组。选择"否"会将显示另一条消息，说明链接模型的所有实例都将从项目中删除，但链接模型文件仍会载入到项目中。可以单击消息对话框中的"删除链接"将链接文件从项目中删除,也可以在"管理链接"对话框删除该文件。

单击"取消"可以取消转换。

单击转换后的组,在功能区"修改|模型组"选项卡的"成组"面板中可以进一步对组进行操作,以修改其中的图元。

8. 将组转换为链接的 Revit 模型

首先,创建"组",选择创建组的对象,跳转到图示界面,单击"创建组"(见图 6-82)。在绘图区域中选择链接 Revit 模型,单击功能区中"修改|模型组"→"链接",打开"转换为链接"对话框(见图 6-83)。

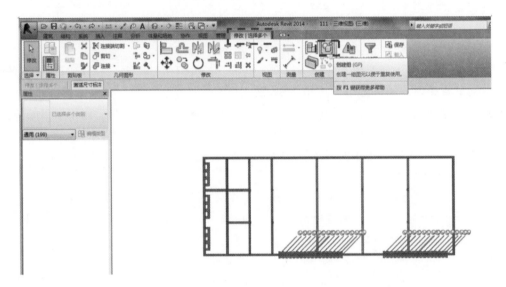

图 6-82　创建组

图 6-83　转换链接

在"转换为链接"对话框中,选择下列选项之一:

(1)替换为新的项目文件:创建新的 Revit 模型。选择该选项时,将打开"保存组"对话框。定位到要保存文件的位置,如果需要新链接具有与组相同的名称,则采用默认名称,否则输入链接的名称,然后单击"保存"。

(2)替换为现有项目文件:将组替换为现有的 Revit 模型。选择此选项时,将打开"打开"对话框,定位到要使用的 Revit 文件的位置,然后单击"打开"。

如果项目中有一个链接 Revit 模型的名称与组相同,则将显示一条消息指明此情况。

可以执行下列操作之一：

单击"是"以替换文件。

单击"否"使用新名称保存文件。将打开"另存为"对话框，用以输入链接 Revit 模型的新名称。

单击"取消"以取消转换。

9."复制/监视"功能

Revit MEP 的"复制/监视"功能指的是监视主体项目和链接模型之间的图元或某一项目中的图元。如果某一设计人员移动、修改或删除了受监视的图元，其他设计人员会收到通知，方便设计人员可以及时调整设计或与其他团队成员一起解决问题，这一功能可以帮助提高设计准确性。需注意的是，只有建筑、结构和设备都使用 Revit 软件进行项目设计，才能使用"复制/监视"功能进行设计协调。

在 Revit MEP 中，"复制/监视"功能是两种工具的合称，即"复制"工具和"监视"工具。这两种工具都可以在相同类别的两个图元之间建立关系并进行监视。它们的区别在于：使用"复制"工具需要将链接模型中的图元复制到当前项目，而使用"监视"工具，无需将链接模型中的图元复制到当前项目。下面以复制和监视建筑链接模型中的图元为例说明如何在MEP 设计中应用"复制/监视"功能。

（1）复制标高等图元。链接模型可使用"复制"工具复制的图元类别有：标高、轴网、墙、柱（非斜柱）、楼板、洞口和 MEP 设备（卫浴装置、喷头、安全设备、护理呼叫设备、数据设备、机械设备、火警设备、灯具、照明设备、电气装置、电气设备、电话设备、通讯设备和风道末端）。在复制设置和方法上，复制标高、轴网、墙、柱（非斜柱）、楼板、洞口基本相同，而复制MEP 设备与它们略有差别。

链接建筑模型后，在 MEP 项目文件中，单击功能区中"协作"→"复制/监视"→"选择链接"（见图 6-84）。如果选择"使用当前目录"，则复制和监视当前项目中的选定图元。

图 6-84　复制和监视

在绘图区域中拾取链接模型后，激活"复制/监视"选项卡（见图 6-85）。

指定"选项"：选择要复制的图元之前，先指定图元类型的选项。单击"复制/监视"选项卡中的"选项"，打开"复制/监视"选项对话框（见图 6-86）。在该对话框中，"标高""轴网""柱""墙""楼板"选项卡包含针对各自图元类型的设置，可以设置复制图元与原始图元的关系。

图 6-85　激活"复制/监视"选项卡

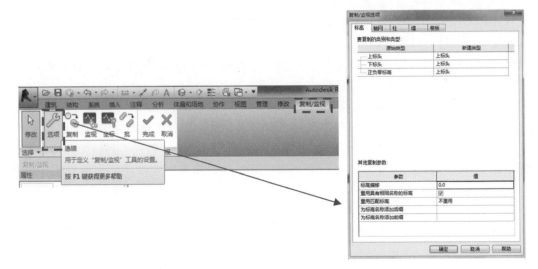

图 6-86　"复制/监视选项"对话框

在"要复制的类别和类型"列表中,如果要将另一类型应用于选定图元的副本,则先在"原始类型"列中找到该图元类型,然后在同一行的"新建类型"列中选择"不复制此类型"。

在"其他复制参数"列表中,可指定某类别的特定参数所需复制的值,下面分别说明各选项卡中的复制参数。

标高的复制/监视参数有以下几个:

①标高偏移:以原始标高为基准,根据指定的值垂直偏移复制的标高。

②重用具有相同名称的标高:选择该选项时,如果当前项目中包含的某一标高与链接模型中的某一标高同名,则将当前项目中的现有标高移动到与链接模型中相应标高相匹配的位置,并在这些标高之间建立监视。

③重用匹配标高包括三个选项:

a. 不重用:创建标高的副本(即使当前项目已在相同高程包含标高)。

b. 如果图元完全匹配,则重用:如果当前项目中包含某一标高与链接模型中的某一标高位于相同高程,则不会复制链接模型中的标高。而是将在当前项目和链接模型中的这些标高之间建立监视。

c. 如果处于偏移内,则重用:如果当前项目中包含某一标高与链接模型中的某一标高所位于的高程近似(在"相对标高"参数的值内),则不会复制相应的标高,而是将在当前项目和链接模型中的这些标高之间建立监视。

④为标高名称添加后缀/前缀:输入为复制的标高名称添加的后缀和前缀。

轴网的复制参数有以下几个:

①重用具有相同名称的轴网:选择该选项时,如果当前项目中包含的某一条轴网线与链接模型中的某一条轴网线同名,则不会创建新的轴网线,而是使用当前项目中的现有轴网线,将其移动到与链接模型中相应轴网线相匹配的位置,并在这些轴网线之间建立监视。

②重用匹配轴网包括两个选项:

a. 不重用:创建轴网线的副本(即使当前项目已在相同位置包含轴网线)。

b. 如果图元完全匹配,则重用:如果当前项目中包含某一轴网线与链接模型中的某一轴网线位于相同位置,则不会复制链接模型中的轴网线,而是将在当前项目和链接模型中的这些轴网线之间建立监视。

③为轴网线名称添加后缀/前缀:输入为复制的轴网名称添加的后缀和前缀。

柱的复制参数:按标高拆分柱。如果勾选该参数,在链接模型内的多个标高延伸的柱在复制到当前项目中时将在标高线被拆分为更短的柱。如建筑师设计模型时经常使用一个实心几何图形作为在建筑的多个标高中延伸的柱。但是,结构工程师希望柱仅从一个标高延伸至下一个标高,使用此功能可以帮助结构工程师避免分析模型中的问题。

墙的复制参数:复制窗/门/洞口。如果勾选该参数,则复制的墙将包含基于主体的洞口(包括例如门和窗等插入对象的洞口)。

楼板的复制参数:复制洞口/附属件。如果勾选该参数,则复制的楼板将包含基于主体的洞口和附属件(例如,竖井洞口)。

指定图元类型的选项后,使用"复制"工具(该工具不同于其他用于复制和粘贴的复制工具)创建选定的副本,并在复制的图元和原始图元之间建立监视关系。如果原始图元发生修改,则打开主体项目或重新载入链接模型时会显示一条警告。例如,可以将链接建筑模型中的标高复制到 MEP 模型中,在建筑模型中移动标高时,将显示一条警告提示设备工程师,按以下步骤选择并复制图元:

在"复制/监视"选项卡中单击"复制"后激活"复制/监视"选项栏。

在绘图区域中选择一个图元,如果要选择多个图元,则勾选"复制/监视"选项栏中的"多个",然后在绘图区域中框选图元,单击选项栏中的"过滤器"按钮,使用"过滤器"选择图元类别,单击"确定"后,在选项栏中单击"完成"(见图 6-87)。

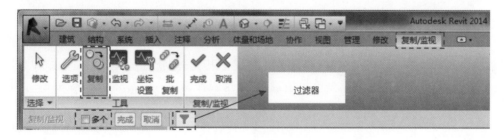

图 6-87 复制/监视创建

如果在当前项目中选择某一复制的图元,则在该图元旁边将显示一个监视符号⊠,以指示该图元与链接模型中的原始图元有关,标高旁边出现了监视符号⊠(见图 6-88)。在功能区选项卡中同时出现"停止监视"按钮,如果单击该按钮,将停止出现对该图元的监视,从主体项目中删除链接模型，将停止对所有图元的监视。

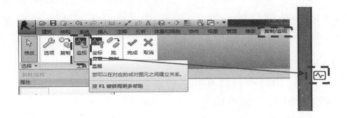

图 6-88　监视创建

（2）复制 MEP 设备。建筑师通常先在建筑模型中布置一些卫生器具（装置）和照明设备等，设备工程师随后在此基础上布置管线。在链接模型后，通常需要复制和监视这部分图元，以确保建筑师修改 MEP 设备后设备工程师能及时收到通知。

在 Revit MEP 中，要注意的是，只能复制和监视链接模型（不包括其中的嵌套模型）中的设备，不能复制和监视当前项目中的设备。

与上面"复制标高等图元"操作不同的是，需要先在"坐标设置"中为各类别的 MEP 设备指定"复制行为"和"映射行为"。通过事先指定默认设置，可以简化复制过程。

"复制 MEP 设备"的具体操作方法如下：

①指定"坐标设置"。选择要复制的 MEP 设备之前，先指定 MEP 设备的"复制行为"和"映射行为"。单击功能区"协作"→"坐标设置"，打开"协调设置"对话框（见图 6-89）。

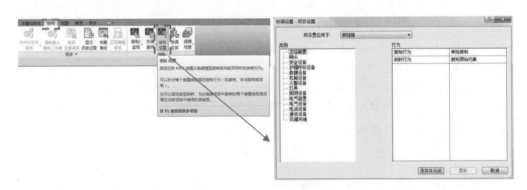

图 6-89　坐标设置

在"协调设置"对话框中，在"将设置应用于"一栏中选择"新链接"（针对之后添加到主体项目中的链接）或主体项目中某链接模型，然后为这四种类别的图元分别制定"复制行为"和"映射行为"。

其中，"复制行为"有三个选项：a. 允许批复制：选择该项后，在启动"复制/监视"工具时，可通过单击"复制/监视"选项卡中的"批复制"工具在批处理模式下复制所选类别中的设备。b. 单独复制：所选类别中的设备将不会以批处理模式进行复制，只能使用"复制/监视"选项卡中的"复制"工具来选择要复制的个别设备。c. 忽略类别：不将该类别的任何设备从链接模型复制到当前项目。

"映射行为"有两个选项：a. 复制原始对象：选择该项后，所复制的设备与链接模型中的原始设备将具有相同的族类型。如果主体项目中已包含同名的族类型,则所复制设备的类型名称之后会附加一个数字以示区别。b. 复制标高等图元:很多设备是基于主体(实体)的族,所以需要先复制建筑模型中的标高等图元。

②复制 MEP 设备。指定"坐标设置"并复制标高等图元后,使用"复制"或"批复制"工具创建选定 MEP 设备的副本,并在复制 MEP 设备和原始 MEP 设备之间建立监视关系。

如果原始 MEP 设备发生修改,则打开主体项目或重新载入链接模型时会显示一条警告。

使用"复制"工具复制 MEP 设备的步骤与复制标高等图元的步骤相同。

使用"批复制"工具的前提是在"坐标设置"中指定"允许批复制"为"复制行为"。单击"复制/监视"选项卡中"批复制",在"设备已找到"对话框中,单击"复制设备"(见图 6 - 90)。如果仍重新指定类型映射行为,则选择"指定类型映射行为,并复制设备",打开"协调设置"对话框进行设置后,再单击对话框中的"复制"。

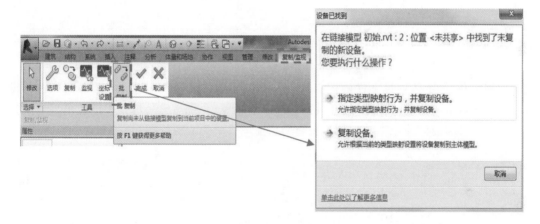

图 6 - 90 设备复制

如果在链接的建筑模型中移动、修改或删除所复制的任何设备,或者如果添加了新设备,则机械工程师在打开主体项目或重新载入建筑模型时,就会获得关于这些修改的通知,这些警告也在协调查阅中显示。

(3)监视工具。使用"监视"工具的操作方法如下:

①在"复制/监视"选项卡中单击"监视"。

②选择当前项目中的某一图元。

③选择链接模型中相同类型的某一图元,则在步骤②中选择的当前项目的图元旁边将显示一个监视符号,以指示该图元与链接模型中的原始图元有关。

④根据需要,继续选择任意多个图元对。

⑤单击选项卡中的√按钮。

如果在主体项目中移动、修改或删除监视图元,将出现相应的警告,如果受监视图元对应的链接模型中的原始图元被移动、修改或删除,则打开主体项目或重新载入链接模型时会显示一条警告。

在执行"复制/监视"之后,使用"协调查阅"工具查阅有关被移动、修改或删除的受监视图元的警告列表。各专业设计人员可以定期查阅该列表,并与其他设计人员进行沟通,解决有关对建筑模型进行更改的问题。

使用"复制/监视"工具在图元之间建立关系后,如果受监视图元对应的链接模型中的原始图元被移动、修改或删除,则打开主体项目或重新载入链接模型时会显示一条警告(见图6-91),可以通过单击"展开"查看需要协调的链接模型的名称,然后单击"确认",关闭消息。

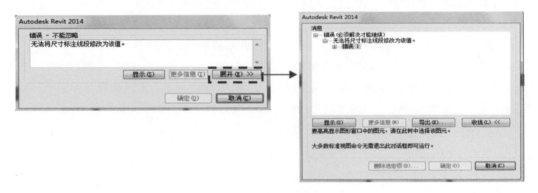

图6-91　警告对话框

关闭消息后,主体项目文件随即打开,单击功能区中"协作"→"复制/监视"→"选择链接",在绘图区域单击链接模型,打开"协调查阅"对话框(见图6-92),查阅链接模型中受监视的图元(如果选择"使用当前项目",则查阅当前项目中受监视的图元)。

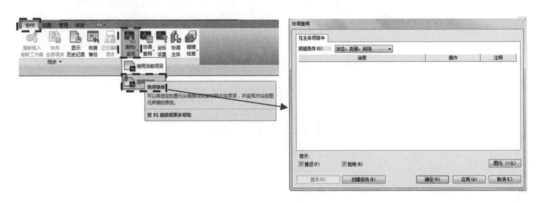

图6-92　协调查阅

"协调查阅"对话框中可执行的操作如下:

①成组条件。可按"状态""类别""规则"组织消息,通过选择"成组条件"修改列表的排序方式,并通过勾选对话框下方"推迟"和"拒绝"复选框可以进一步按"状态"对消息进行过滤。

要指定针对某一修改的操作,单击"操作"列并从下拉列表中选择某一操作,这种"操作"仅影响当前项目,不会对链接模型进行修改。"操作"下拉列表中的可用操作值随修改类型的不同而发生变化,主要有以下几种:

不进行任何操作:不采取任何操作,可以以后再解决修改。

推迟：暂时不做操作，可以以后再解决修改。

拒绝：选择该操作表明拒绝项目中的图元，必须协调链接模型中关联的受监视图元的修改。

接受差值：选择该操作表明接受对受监视的图元进行的修改，并可更新相应的关系，而无需修改相应的图元。例如，假定两条受监视的轴网线相距 20mm，并将一条移到 30mm 远。选择了"接受差值"后，受监视的轴网线将不再移动，并且相应的关系更新为 300mm。

修改：当轴网线或墙中心线已更改或移动时，选择"修改"可将该更改应用于当前项目中的相应图元。

重命名：受监视的图元的名称已更改，选择"重命名"可将该更改应用于当前项目中的相应图元。

移动：受监视的图元已移动，选择"移动"可将该更改应用于当前项目中的相应图元。

移动 MEP 设备：受监视的 MEP 设备已移动，选择该操作可将主体模型中的设备移动到该设备在链接模型中的位置。此操作仅适用常规设备，对基于主体的设备无效。

忽略新图元：已将基于主体的新图元添加到受监视的墙或楼板。选择该操作可忽略主体中的新图元，将不监视对该图元进行的更改。

复制新图元：已将基于主体的新图元添加到受监视的墙或楼板。选择该操作可将该新图元添加到主体中，并监视对该图元进行的更改。

删除图元：已删除受监视的图元，选择该操作可删除当前项目中的相应图元。

复制草图：当受监视洞口的草图或边界已更改时，选择该操作可更改当前项目中的相应洞口。

更新范围：当受监视图元的范围已更改时，选择该操作可更改当前项目中的相应图元。

可以为每一个更改的图元添加注释，以帮助设计人员协调查阅。在"注释"列中，单击"添加注释"，在"编辑注释"对话框中输入注释，单击"确认"。

要查找已修改的图元，可在"消息"列中选择图元，然后单击对话框左下方的"显示"按钮，在绘图区域该图元将高亮显示。

②创建报告。要保存修改、操作和注释的记录，或者与其他相关设计人员进行沟通交流，可单击"创建报告"，在"导出 Revit 协调报告"对话框中指定文件名称和保存位置，单击"保存"，生成 HTML 格式报告。

6.5.3 工作共享

1. 中心文件

Revit MEP 中的工作共享是指允许多名工作组成员同时对同一个项目文件进行处理的协同设计方法。

工作共享的特点是：协同性更强，工作组成员通过"与中心文件同步"操作时时更新整个项目的设计信息，保证共享信息的及时性和准确性；同时通过"借用图元"等操作可以向其他工作组成员发送变更请求，便捷地进行沟通和配合。

采用工作共享方法进行项目设计的核心是，先创建一个中心文件，中心文件存储项目中所有工作集和图元的当前所有权信息。工作组成员通过保存各自的中心文件的本地副本（即本地文件），编辑本地文件，然后与中心文件同步，将其更改发布到中心文件，以便其他成员随时从中心文件获取更新信息。

中心文件的选取应依据项目的规模而定,可以创建包含多个专业设计内容的中心文件,也可以创建包含某个或某几个特定专业设计内容的中心文件。使用工作共享通常有以下模式:

项目规模小,建立一个中心文件,各专业建立自己的本地文件,本地文件的数量根据各专业设计人员的数量而定。

项目规模大,各专业建立自己的本地文件,各专业间再使用链接模型进行协调,设计人员在本专业中心文件的本地文件上工作,如两个给排水设计人员在一个给排水中心文件上创建各自的给排水本地文件。

第二个模式中,各专业模型是独立的,各专业中心文件同步的速度相对较快,如果需要做管线综合,可以将各个专业的中心文件互相链接。

2. 中心文件创建实例

下面将以第一个模式为例,介绍创建 MEP 中心文件、从 MEP 中心文件创建各专业本地文件、编辑和保存本地文件的方法。第二个模式可参考第一个模式进行操作,不再赘述。

(1)创建中心文件(启用中心共享)。

先链接其他专业的 Revit 模型,将建筑、结构中心文件链接到 MEP 项目样板文件中,完成基本的设置。

在该文件中,单机功能区中"协作"→"工作集"(见图 6-93),或单机状态栏中"工作集"按钮,打开"工作共享"对话框,显示默认的用户创建的工作集("共享标高和轴网"和"工作集1")(见图 6-94)。如果需要,可以重命名工作集。单击"确定"后,将显示"工作集"对话框。

图 6-93 工作协作

图 6-94 工作集

在"工作集"对话框中,单击"确定"。先不创建任何新工作集。

单击"应用程序菜单"按钮→"另存为"→"项目",打开"另存为"对话框(见图 6-95)。在"另存为"对话框中,指定中心文件的文件名和目录位置,把该文件保存在各专业设计人员都能读写的服务器上。单击"应用程序菜单"按钮,打开"文件保存选项"对话框,勾选"保存后将此作为中心模型"(见图 6-96)。注意,如果是启用工作共享后首次进行保存,则此选项在默认情况下是勾选的,并且无法进行修改。

图 6-95 设置图   图 6-96 文件备份

在"文件保存选项"对话框中,设置在本地打开中心文件是对应的文件集默认设置。在"打开默认工作集"列表中,选择下列内容之一:

①全部打开中心文件中的所有工作集。

②可编辑打开所有可编辑的工作集。

③上次查看的根据上一个 Revit MEP 任务中的状态打开工作集。仅打开上次任务中打开的工作集。如果是首次打开该文件,则将打开所有工作集。

④指定打开指定的工作集。

单击"确定"。在"另存为"对话框中,单击"保存"。现在该文件就是项目的中心文件了。

Revit MEP 在指定的目录中创建文件,同时也为该文件创立一个备份文件夹。

(2)编辑中心文件。启用工作共享并保存中心文件后,要再次编辑中心文件,可直接在中心文件所在文件夹中双击该文件,打开中心文件。如果使用"应用程序菜单"按钮→"另存为"→"项目"打开服务器上的中心文件,则应取消勾选"创建新本地文件"选项。

另外,保存中心文件的方法和保存一般文件的方法不同。"保存"命令不可用。有两种方法保存中心文件:一是关闭当前文件,在弹出的"保存文件"对话框中选择"是"以保存中心文件(见图 6-97);二是使用"另存为",在"文件保存选项"中,选择"保存后将此作为中心模型"选项(见图 6-98)。

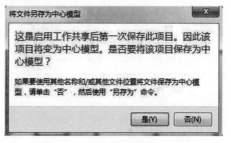

图 6-97 模型另存为

图6-98 模型保存

设置工作集。工作集是指图元的集合(例如灯、风口、地漏、设备等)。在给定时间内,当一个用户成为某工作集的所有者时,其他工作组成员仅可查看该工作集和向工作集中添加新图元,如果要修改该工作集中的图元,需向该工作集所有者借用图元。这一限制避免了项目中可能产生的设计冲突。在启用工作共享时,可将一个项目分成多个工作集,不同的工作组成员负责各自所有的工作集。

启用项目工作共享后,将创建几个默认的工作集,可通过勾选"工作集"对话框下方的"显示"选项控制工作集在名称列表中的显示。有四个"显示"选项:

用户创建:启动工作共享时,默认创建两个"用户创建"的工作集。一是"共享标高和轴网",它包含所有现有标高、轴网和参照平面,可以重命名该工作集。二是"工作集1",它包含项目中所有的现有模型图元。创建工作集时,可将"工作集1"中的重新指定给相应的工作集。可以对该工作集进行重命名,但不可将其删除。

项目标准:包含为项目定义的所有项目范围内的设置(例如管道类型和风管尺寸等)。不能重命名或删除该工作集。

族项目中载入的每个族都被指定给各个工作集:不可重命名或删除该工作集。

视图包含所有项目视图工作集:视图工作集包含视图属性和任何视图专有的图元,例如注释、尺寸标注或文字注释。如果向某个视图添加视图专有图元,这些图元将自动添加到相应的视图工作集中。不能使某个视图工作集成为活动工作集,但是可以修改它的可编辑状态,这样就可修改视图专有图元(例如,平面视图中的剖面)。

创建工作集。除了以上默认的工作集,在项目开始时和项目设计过程中都可以新建一些工作集。对工作集的设置要考虑项目大小,通常一起编辑的图元应处于一个工作集中。工作集还应根据工作组成员的任务来区分,如暖通专业的风口跟电气专业的灯在天花布置上会有协调工作,那么用户可以新建"通风口"和"电气灯"两个工作集,同时设置这两个工作集的所有权和可见性。

单击功能区中"协作"→"工作集",或单击状态栏中"工作集"按钮,打开"工作集"对话框(见图 6 - 99)。单击右侧"新建"按钮输入工作集的名称,单击"确定"。然后对该工作集进行设置,对话框中部分选项的意义如下:

图 6 - 99　工作集

活动工作集:表示要向其中添加新图元的工作集。用户在当前活动工作集中添加的图元即成为该工作集所属图元。活动工作集是一个可由当前用户编辑的工作集或者是其他小组成员所拥有的工作集。用户可向不属于自己的工作集添加图元。该活动工作集名称还显示在"协作"选项卡的"工作集"面板上以及状态栏上。

以灰色显示非活动工作集图形:将绘图区域中不属于活动工作集的所有图元以灰色显示。这对打印没有任何影响。

名称:指示工作集的名称。可以重命名所有用户创建的工作集。

可编辑:当可编辑状态为"是"的时候,用户占有这个工作集,具有对它作任意修改的权限。当"可编辑"状态改成"否"以后,用户就不能修改当前项目文件上的这个工作集。要注意的是,与中心文件同步前,不能修改可编辑状态。

所有者:当"可编辑"栏为"是"时,在所有者栏内就显示占有此工作集的用户名。当"可编辑"栏改成"否"时,"所有者"这栏空白显示,表明工作集未被任何用户占用。"所有者"的值是"选项"对话框的"常规"选项卡中所列的用户名。

借用者:显示从当前工作集借用图元的用户名。

已打开:指示工作集是处于打开状态(是)还是处于关闭状态(否)。打开的工作集中的图元在项目中可见,关闭的工作集中的图元不可见。该操作仅影响本地文件。

在所有视图中可见:指示工作集是否显示在模型的所有视图中。勾选该选项,则打开的工作集在所有视图中可见,取消勾选则不可见。该操作将同步到中心文件。

完成创建工作集后,单击"确定"关闭"工作集"对话框。

(3)创建本地文件。创建中心文件后,设备各专业的设计人员可在服务器上打开中心文件并另存到自己本地硬盘上,然后在创建的本地文件上工作。有以下两种方法创建本地文件:

从"打开"对话框中创建本地文件。单击"应用数据菜单"按钮→"打开"→"项目",定位到服务器上的中心文件,勾选"创建新本地文件",单击"打开"(见图 6 - 100)。注意单击"打开"前可通过单击旁边的下拉按钮,选择需要打开的工作集。

图 6－100　文件打开

　　软件会自动把本地文件保存到"C：\Users\用户名\Documents"里。用户也可以单击"应用程序菜单"按钮→"选项",在"文件位置"选项卡中修改"用户文件默认路径",自定义文件的保存位置(见图 6－101)。

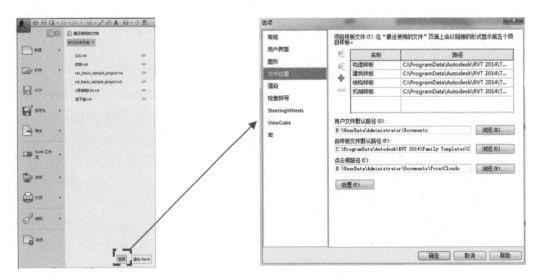

图 6－101　文件保存

　　使用"打开中心文件"创建本地文件。打开服务器上的中心文件后,单击"应用程序菜单"按钮→"另存为",在"另存为"对话框中定位到本地网络或硬盘驱动器上所需的位置。输入文件的名称,然后点击"保存"。

　　(4)编辑本地文件。在本地文件中,可以编辑单个图元,也可以编辑工作集。要编辑某个图元或工作集,需确保它们与中心文件同步更新到最新。如果试图编辑不是最新的图元或工作集,则将提示重新载入最新工作集。

　　在对图元所属的工作集不具备所有权的情况下,要编辑该图元,需向所有者借用图元。

借用过程是自动的,除非其他用户正在编辑该图元或正在编辑该图元所属的工作集。如果发生这种情况,可提交借用图元的请求。请求被批准后,就可编辑该图元。

①打开工作集:打开本地文件时,可以选择要打开的工作集。

首次打开本地文件时,从"打开"对话框中打开工作集。单击"应用程序菜单"按钮→"打开"→"项目",定位到本地文件,单击"打开"旁边的下拉按钮,选择需要打开的工作集,再单击"打开"。

打开本地文件后,单击功能区中"协作"→"工作集",或单击状态栏中"工作集"按钮,打开"工作集"对话框,选择工作集,在"已打开"下单击"是",或者单击右侧的"打开"按钮。单击"确定"关闭对话框。

关闭的工作集在项目中不可见,这样可以提高性能和操作速度。

②使工作集可编辑。工作组成员在本地文件中可以先根据设计任务占用一些工作集,使其他工作组成员不能对自己所属工作集中的图元进行直接修改。占用工作集即"使工作集在本地文件中可编辑",其操作方法有以下几种:

a. 在"工作集"对话框中,选择工作集,在"可编辑"下单击"是",或者单击右侧的"可编辑"按钮,单击"确定"关闭对话框(见图6-102)。

图6-102 工作集编辑

b. 单击绘图区域中的某图元,右击鼠标,单击快捷菜单中"使工作集可编辑",使该图元所在工作集可编辑。

c. 在项目浏览器中,单击某个视图,右击鼠标,单击快捷菜单中"使工作集可编辑",使该视图工作集可编辑。该方法同样适用于项目浏览器中的族和图纸。

③工作集显示设置:可见性/图形替换设置。在"工作集"对话框中已经可以通过"已打开"和"在所有视图中可见"设置工作集的可见性。如果仅想在特定的视图中显示和隐藏工作集,可以在"可见性/图形替换"对话框中设置。其操作方法如下:

在某一视图中,单击功能区中"视图"→"可见性/图形",或直接键入 VG 或 VV 打开该视图的"可见性/图形替换"对话框(见图6-103)。

单击"工作集"选项卡,在"可见性设置"列表中设置工作集的可见性。"使用全局设置"即应用在"工作集"对话框中定义的工作集的"在所有视图中可见"设置。选择"显示"或"隐藏"可以显示或隐藏工作集,而与"在所有视图中可见"的全局设置无关。

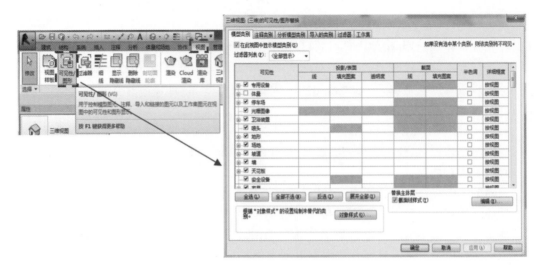

图 6-103　可见性视图

对视图样板进行工作集可见性设置的操作方法是:单击功能区中"视图"→"视图样板"→"管理视图样板",打开"视图样板"对话框,在"V/G 替换工作集"中单击"编辑",查看和修改工作集的可见性选项(见图 6-104)。

图 6-104　可见性修改

以灰色显示非活动工作集:如果要以灰色显示不在活动工作集中的所有图元,单击"工作集"对话框中的"以灰色显示非活动工作集"。该选项不会影响打印,但可以防止将图元添加到不需要的工作集。

过滤不可编辑图元:在绘图区域中选择图元时,可以过滤任何不可编辑的图元。在状态栏上勾选"仅可编辑项"(见图 6-105)。这样在绘图区域只有可编辑的项可以被选中。注意默认情况下并没有勾选此选项。

图 6-105　图元编辑

④链接模型的工作集显示设置。项目中链接模型的工作集的可见性也可通过以下方法控制:在打开的"可见性/图形替换"对话框中,选择"Revit 链接"选项卡,单击"显示设置"下的"按主体视图",打开"RVT 链接显示设置"对话框。

先在"基本"选项卡中选择"自定义",然后单击"工作集"选项卡,选择下列值之一作为"工作集"设置:

按主体视图:如果链接模型中的某个工作集与主体模型中的工作集同名,则根据对应主体集的设置来显示该链接工作集。如果主体模型中没有对应的工作集,则链接工作集会显示在主体视图中。

按链接视图:在链接视图中可见的工作集(在"基本"选项卡上指定)也将显示在主体模型的视图中。

自定义:在该列表中,选择链接模型的工作集,以使其在主体模型的视图中可见。

⑤载入最新工作集。为了及时将其他工作组成员的修改更改到本地,在本地文件中,可以通过单击功能区中"协作"→"重新载入最新工作集",载入最新工作集,此操作不会将本地修改发布至中心文件(见图6-106)。

向工作集中添加图元:选择一个活动工作集后,向绘图区域添加图元,添加的图元即可成为该工作集的图元。注意也可以选择一个不可编辑的工作集添加图元。

单击绘图区域中的图元,在"属性"对话框中可以查看其所属工作集的名称和编辑者(见图6-107),如果要将图元重新指定给其他工作集,单击"属性"对话框中的"工作集"参数,在其值列表中选择一个新工作集,然后单击"应用"。

图6-106 载入工作集

图6-107 属性编辑

⑥借用图元,放置请求。对图元进行修改时,如果该图元所属的工作集不属于其他用户,则用户本人将自动成为该图元的借用者,并可进行修改。如果该图元所属工作集属于其他用户,则需要借用图元。借用图元的过程如下:

在绘图区域单击一个"墙体",在该图元"属性"对话框中显示其"工作集"为"墙体"(见图6-108),编辑者为"Administrator"(系统默认,未设置)。

单击图元附近的"使图元可编辑"符号,或在该图元上单击鼠标右键,然后单击"使图元可编辑"。如果设置了编

图6-108 属性编辑

辑者,将显示需要编辑者放弃该图元后才能编辑它。

在"错误"对话框中,单击"放置请求",请求该图元所有者批准。此时,将显示"编辑请求已放置"对话框。

可以使"编辑请求已放置"对话框保持打开状态,这样就可以检查是否已批准请求;也可以单击"关闭"关闭该对话框,继续工作。关闭"编辑请求已放置"对话框不会取消请求。

当请求被批准或拒绝时,将收到一条通知消息。通知消息大约会显示 30 秒。

如果所有者批准了该请求,在 Revit 界面右下角将出现一条"已授权编辑请求"消息,该消息显示项目名称、请求的图元信息、对该请求进行操作的团队成员名等,同时在"编辑请求已放置"对话框中提示"您的请求已获得批准",关闭该对话框,用户就可以修改该图元。

如果所有者拒绝了该请求,则出现一条"已拒绝编辑请求"消息,同时在"编辑请求已放置"对话框中提示"您的请求已被下面列出的某个用户拒绝",用户不能修改该图元。

关闭"编辑请求已放置"对话框后,要检查请求的状态,可以单击"协作"→"正在编辑请求",打开"编辑请求"对话框(见图 6-109),展开并查看"我的未决请求",单击"拒绝/撤销"可以收回自己提出的图元借用请求。

图 6-109　"编辑请求"对话框

也可以通过状态栏上"编辑请求"按钮,显示未决请求的数量(见图 6-110),单击该按钮,同样可以打开"编辑请求"对话框。

图 6-110　未决请求

⑦批准请求。借用者放置请求后,编辑请求自动通知会出现所有者的界面上,在收到通知后,单击功能区中"协作"→"正在编辑请求",或在状态栏上新单击"编辑请求"按钮,打开"编辑请求"对话框,展开并查看"他人的未决请求",进行授权或拒绝操作等。

此时,所有者可以选中某一条"时间—请求者",单击对话框下方的"显示"按钮,在绘图区域高亮显示该图元,然后单击"授权"或"拒绝/撤销"按钮回应请求。

所有者批准后,借用者就可以编辑图元,打开"工作集"对话框,可以查看借用者的用户名。

⑧工作共享显示模式。使用工作共享显示模式可以直观地区分工作共享项目图元。需注意的是,此按钮只在启用工作共享后出现。

单击"工作共享显示设置",打开"工作共享显示设置"对话框,对颜色进行设置(见图6-111)。

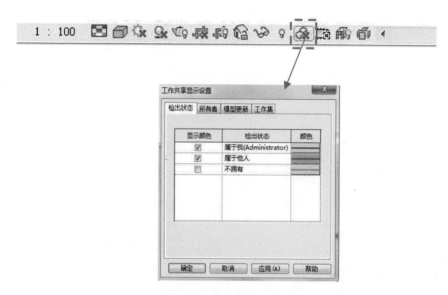

图6-111 颜色设置

在启用工作共享显示模式时,显示样式具有以下特性:线框保留为线框;隐藏线保留为隐藏线;所有其他显示样式切换为隐藏线;阴影关闭;当关闭工作共享显示模式时,原始显示样式设置将自动重设;在工作共享显示模式中,可以更改显示样式或重新启用阴影,如果执行此操作,工作共享显示颜色可能无法以预期的方式显示。在编辑模式下,图元(如绘制线)可能会根据在工作中共享显示模式下启用的颜色显示。可以根据需要启用或禁用工作共享显示模式,以避免与编辑模式混淆。要取消工作共享显示模式,则单击"关闭工作共享显示";工作共享显示模式可与"临时隐藏/隔离"一起使用,如果处于两种模式下,工作共享显示模式控制图元的颜色,"临时隐藏/隔离"控制图元的可见性;可以在启用或禁用工作共享显示模式的情况下打印图纸,当打印图纸并且工作共享显示模式处于启用状态时,"以工作共享显示模式打印"对话框会列出在其中启用这些模式的视图。指定是否打印显示模式的颜色。

工作共享信息提示:一旦使用了工作共享显示模式,将鼠标放置在图元上就会显示一个信息提示框,显示该图元的工作集、当前所有者、创建者等信息。

控制工作共享显示更新的频率:可以控制工作共享显示模式和编辑请求在模型视图中更新的频率,单击"应用程序菜单"按钮→"选项",在"常规"选项卡中,指定"工作共享更新频率"时间间隔(见图6-112)。

当设置为手动时,显示模式信息仅在借用图元时更新。注意,设置为手动可避免潜在的性能问题。当设置为手动时,工作共享显示不会产生网络流量。

(5)保存本地文件。用户在退出修改过的本地共享文件时,一般都会弹出"修改未保存"对话框,询问用户执行何种操作,三种操作说明如下:

图 6-112　工作共享更新频率

①与中心文件同步。"与中心文件同步"功能可以将本地文件所作的修改将保存到中心文件中。同时,自上次与中心文件同步或重新载入最新工作集中以来,由其他工作组成成员对中心文件所作的修改也将被复制到用户的本地文件。

单击"与中心文件同步"后,将显示"与中心文件同步"对话框,该对话框中的各选项意义如下:

中心模型位置:确认中心模型位置,如有需要,可以重新指定路径。

压缩中心模型:勾选该选项,可减少文件大小,但会增加保存所需的时间。

同步后放弃下列工作集和图元:选中相应的复选框,表示所作的修改与中心文件同步,但要保持工作集和图元所有权。默认情况下将放弃任何借用的图元。

注释:输入的注释内容会作为历史记录保存下来,不仅有助于跟踪工作进度,而且当用户发现有问题时,可以在服务器上根据历史记录找到备份文件。

以上选项设置完毕后,单击"确定"。

注意在编辑本地文件过程中,也应经常主动"与中心文件同步"。其操作方法是:单击功能区中"协作"→"与中心文件同步"(见图 6-113)或单击快速访问工具栏上的  按钮(见图6-114),该命令下有两个选项"同步并修改设置"和"立即同步",如果单击"同步并修改设置",将打开"与中心文件同步"对话框(见图 6-115)。如果单击"立即同步",不会显示该对话框,直接进行同步,并默认放弃借用的图元。

图 6-113　中心文件同步

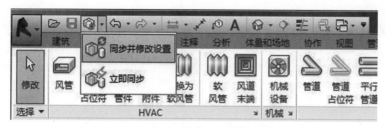

图 6 - 114　快速访问 按钮

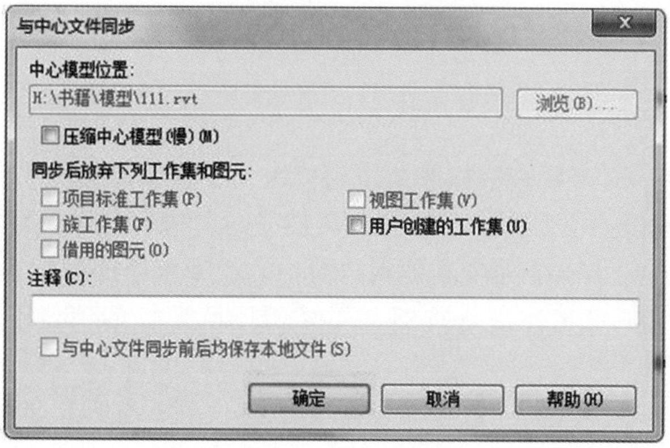

图 6 - 115　与中心文件同步

②本地保存。"本地保存"可将所作的修改保存到本地文件中,而不使修改与中心文件同步。

单击"本地保存",将显示"将修改保存到本地文件中"对话框,有两个操作选项:

放弃没有修改过的图元和工作集:保存本地文件,并放弃未修改的可编辑的图元和工作集,使其他用户获得对这些图元和工作集的访问权限,当前用户仍然是可编辑工作集中任何已修改的图元的借用者。

保留对所有图元和工作集的所有权:保存本地文件,但保留对借用的图元和拥有的工作集的所有权。

③不保存项目。"不保存项目"可以放弃对本地文件所作的任何修改,将本地文件回复到上次保存时的状态。

单击"不保存项目",将显示"关闭项目,但不保存"对话框,有两个操作选项:

放弃所有图元和工作集:放弃对借用的图元和拥有的工作集执行的所有修改,让其他用户获得对已修改和没有修改过的图元和工作集的访问权限。

保留对所有图元和工作集的所有权:丢失已执行的修改,但保留对借用的图元和拥有的工作集的所有权。

放弃全部请求。要放弃对借用图元和所拥有的工作集的所有权,而不与中心文件同步,可单击功能区中"协作"→"放弃全部请求"(见图 6 - 116)。

Revit MEP 将检查任何需要与中心文件同步的修改,如果不存在对图元所作的修改,则将放弃对借用的图元和拥有的工作集的所有权,如果有需要保存的修改,则所有权状态不会改变。此时将显示一个对话框,通知已进行修改并建议与中心文件同步。

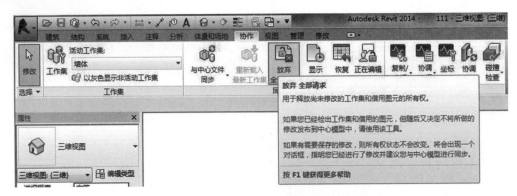

图 6-116　放弃全部请求

从中心分离文件。对于要查看修改或进行修改而不保存的用户来说,应使用"从中心分离文件"独立打开某个文件,用户可以查看此文件并对其进行修改,而不用担心借用图元或拥有图元工作集,拆离后也不能同步其他用户对中心模型所作的编辑,这对于不在项目文件中工作,但可能要打开项目文件进行查阅又不妨碍团队工作的项目经理来说,也是非常有用的。

单击"应用程序菜单"按钮→"打开"→"项目",定位到服务器上的中心文件,勾选"从中心分离"(见图 6-117),单击"打开"后,将显示一个"从中心文件分离模型"对话框。对话框有两个选项:

图 6-117　从中心文件分离模型

分离并保留工作集:选择此选项,将保留工作集和所有相关图元的分配和可见性设置,可以在以后将分离的模型另存为新中心文件。

分离并放弃工作集:选择此选项,将放弃工作集和所有相关图元的分配和可见性设置,并且不能恢复。

打开文件之后,该文件将不再有任何路径或权限信息,可以修改此文件中的所有图元,但无法将修改保存回中心文件。如果保存此文件,则会将此文件另存为一个新的中心文件。

(6)维护和返回工作共享文件。

维护中心文件。如果怀疑中心文件受损或在新版本中升级中心文件时,可以单击"应用程序菜单"按钮→"打开"→"项目",在"打开"对话框中勾选"核查"以扫描、检查并修复项目中损坏的图元,此操作可能比较耗时,但是会预防潜在的风险,保存中心文件后,建议工作组成员以此新的中心文件创建本地文件。Revit MEP 仍在其原始位置查找中心文件,将中心文件标识为启用了工作共享,并标识为驻留在中心文件位置(项目中所标识的位置)。

移动中心文件。如果要移动或重命名中心文件,应先指示所有工作组成员与中心文件同步,放弃所有借用的图元和所拥有的工作集的所有权,并关闭各自的中心文件的本地副本(本地文件)。然后使用 Windows 资源管理器将中心文件及其备份文件夹移动或复制到新位置。注意:此时仅仅是创建了中心文件的备份副本,Revit MEP 仍在其原始位置查找中心文件,要查看(或修改)该位置,可单击功能区"协作"→"与中心文件同步"→"同步并修改设置"。要使移动或复制后的文件成为新的中心文件,还需要执行以下操作:

从新位置打开中心文件,将显示一个对话框,通知中心文件已经移动,必须将其重新保存为中心文件,单击"确定"以继续。

单击"应用程序菜单"按钮→"另存为",在"另存为"对话框中单击"选项",在"文件保存选项"对话框中,选择"保存后将此作为中心文件",然后单击"确定",在"另存为"对话框中,单击"保存"。

每个团队成员都创建一个新的本地文件。如果中心文件的旧版本仍保留在旧位置上,可以通过删除它或使其只读,来防止其他小组成员保存到此旧中心文件。

保存工作共享文件时,Revit MEP 将创建备份文件的目录,在该目录中,每次用户保存到中心,或保存中心文件的本地副本(本地文件)时,都创建备份文件。

通过备份文件可以返回中心文件和本地文件。另外,还将丢失有关工作集所有权,借用的图元和工作集可编辑性的所有信息。工作组成员必须重新指定工作集图元所有权。

查看历史记录:单击功能区"协作"→"显示历史记录",定位到工作共享 RVT 文件(中心文件或本地文件),单击"打开",打开"历史记录"对话框(见图 6-118),查看保存时间、修改和注释,并可以单击"导出"将历史记录导出。

图 6-118　历史记录

单击功能区"协作"→"恢复备份"。如果要返回某一版本的备份文件,单击"返回到",注意一旦返回备份文件后无法撤销,所有晚于所选备份版本的备份文件(包括当前版本)将会消失。

如果要将某个版本的备份文件另存为新文件,单击"另存为"指定保存路径,此文件将被视为中心文件的本地版本。如果希望此文件变为新的中心文件,必须将其保存为中心文件。

3. Revit 服务器

在基于文件的工作共享中,工作共享项目的中心模型存储在单个 RVT 文件中。当团队在局域网(LAN)中工作时,基于文件的工作共享可以满足协同工作需求,实现较快的同步速度。而对于在广域网(WAN)内,如在两个地区的办公地点的团队成员进行协作,可利用"Revit 服务器"工具将工作共享项目的中心模型存储在服务器上,以提高同步速度。

(1)安装和配置 Revit 服务器。在打开软件安装程序后,在安装界面中单击"安装工具和使用程序",选择安装"Revit Server",需注意的是,Revit 服务器必须安装在 Windows Server 2008 或者更高版本系统上,具体安装和配置步骤请访问"Autodesk WikiHelp"中的"Revit Server 安装手册"。

系统管理员首先在广域网(WAN)中安装并配置一台中心服务器,然后在局域网(LAN)中安装并配置多台本地服务器,通常,位于统一站点的多名团队成员连接到一台本地服务器,而多台本地服务器又连接到一台中心服务器。

系统管理员必须首先指定本地服务器要连接的中心服务器,然后才能连接本地 Revit 服务器,一台本地服务器只能连接一台中心服务器。

(2)连接到本地 Revit 服务器。局域网(LAN)用户必须连接到本地 Revit 服务器,才能开始协同工作。连接到本地 Revit 服务器的方法是:

单击功能区"协作"→"同步"旁的按钮→"连接到 Revit 服务器",打开"连接到 Revit 服务器"对话框,在该对话框中输入服务器的名称或 IP 地址,单击"连接",建立有效的连接后,将会显示成功连接状态的图标,且服务器名称将会更新,单击"关闭",关闭对话框。

(3)在 Revit 服务器上读取和保存模型。连接到 Revit 服务器后,用户就可以按照正常的操作流程在 Revit 服务器上存取模型,并通过它进行项目协同,唯一的区别是访问模型的路径。

单击"应用程序菜单"按钮→"打开"→"项目",在"打开"对话框中,单击"查找范围"下拉列表并选择(Revit 服务器),双击"Revit 服务器模型"文件夹,选择模型。

6.5.4 模型合并与碰撞检查

1. 模型合并

为便于在各个专业模型之间进行碰撞检测以及后期四维虚拟建造的实现,在各专业模型完成之后,我们需要将模型合并成一个单一综合的模型,从而在综合的模型之中来寻找碰撞点(即模型之间无效的交点),通过碰撞检测可以快速准确地找到各专业、系统之间布置不合理之处,从而降低设计变更和成本超限的风险。BIM 中的 Revit 和 Navisworks 两个软件都可以进行碰撞检测工作。其中,Navisworks 软件提供了三种专业模型很好的融合方式,能将几个专业模型融合起来,且 Navisworks 几乎可以支持市面上所有格式的三维设计文件,例如 .nwf、.nwc、.skp、.dwg 等,我们可以把不同格式的文件合并到一起形成一个综合的模型文件,故本书以 Navisworks 软件中的碰撞检测操作为例进行讲解。

　　首先，根据各专业模型的绝对坐标做一个合并或者附加。我们可以利用各模型的绝对坐标来进行对齐合并，合并过程中可能会出现一些问题。我们引进一个包括结构、水暖电等专业的案例来进行讲解。首先，将.dwg格式的结构模型文件导入到Navisworks中，再将建筑模型文件导入进来进行数据合并，此时，由于这个结构模型存在地下工程，各专业建模过程中没有协调好，致使它们的绝对坐标不是很一致（见图6-119）。这种情况下，我们可以借助Navisworks中的测量工具中"点与点变换选定对象"这一操作命令来调整两模型之间的坐标。为了方便捕捉点，我们首先要选取结构模型，单击"隐藏未选定项目"，将建筑模型先隐藏起来（见图6-120）。

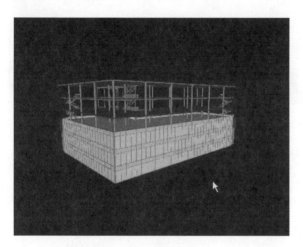

图6-119　坐标未对齐

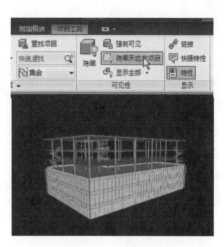

图6-120　隐藏建筑模型

　　然后选用测量工具的"点到点"这一命令，首先选择点O（见图6-121），确定其为基准点，接着把建筑模型显示出来，并在建筑模型上选中一个基准点，把已选定的结构模型中的基准点移到建筑模型中的基准点上。具体操作：把结构模型做一个平移，放大界面，方便捕捉到第2点，继续用"点到点"的工具，可以看到它们测量到的距离有10.6米（见图6-122），现在可以用"变换选定项目"的工具，这样可以将模型进行精确的平移（见图6-123）。至此，两专业的模型坐标已调整好，模型合并操作完成。

图6-121　选定基准点

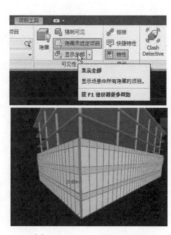

图6-122　显示建筑模型

图6-123　精确平移

除了利用对齐绝对坐标来进行模型合并以外,我们还可以通过项目工具里面的移动、旋转、缩放等工具来进行模型调整合并。我们可以旋转、缩放选定的项目,比如刚才这个结构模型,也可以通过"移动"工具来作一些调整,可以很随意地上下、左右移动。除此之外,如果掌握了结构模型的具体信息,比如做过测量,那可以直接输入测量到的数值来进行平移(见图6-124)。这种方法非常有利于我们对模型进行整合。

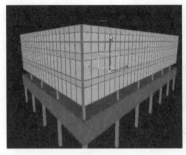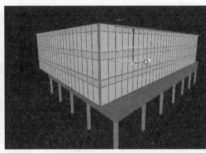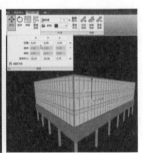

图6-124　通过"移动"工具移动模型

　　接着,按同样的方法将设备的模型文件导入到Navisworks中,选择nwc的文件模式。已导入的三个模型文件会显示在左侧栏的"选择树"类目里(见图6-125),我们可以隐藏部分我们不想看到的,即如果想看模型内部的话,我们可以隐藏其部分对象。比如隐藏建筑模型(见图6-126),我们可以就看到内部的详细信息。

　　最后,导入总图模型文件。这个项目的所有模型全部导入进来后,我们可以配合右侧的浏览工具浏览模型,并对其稍微作一些调整。比如利用旋转工具调整模型角度等。

图6-125　"选择树"内的文件目录

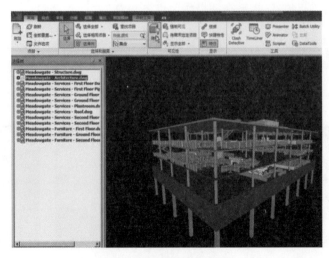

图6-126　隐藏建筑模型

模型合并完成之后,保存为.nwf的文件格式,这种格式文件的优点是,当对原文件进行修改时,我们不需要把模型再合并一次,只需要把.nwf文件做一次刷新,就可以通过Navisworks把.nwf文件中理论设计文件的部分内容刷新过来,不需要再调整。

2. 碰撞检测

在传统的二维图纸里进行碰撞检测时,我们需要多个图纸,并且需要多个工作人员坐在一起来检查这些碰撞错漏等问题,同时检查出来的结果也不便于记录存档。而今,通过Navisworks这一软件,我们可以很直观地作一些碰撞检测,并且输出相关测试结果。

(1)碰撞检测目标:①避免碰撞;②解决吊顶冲突;③明确管线位置标高;④辅助确定施工工艺。

(2)碰撞检测报告分类:①重大问题,需业主协调各方共同解决;②由设计方解决的问题;③由施工方解决的问题;④因不定因素而遗留的问题;⑤由于需求等变化而带来的新问题。

(3)碰撞检测报告内容。①建筑与结构专业:标高、墙柱等位置不一致现象;②结构与机电专业:设备管线与梁、柱冲突现象;③机电内部各专业:各设备与管线冲突现象;④机电与室内专业:管线末端与室内吊顶冲突现象。

(4)Navisworks碰撞检测的优点。

①自定义测试对象(见图6-127)。在这个选择面板里有左右两部分,我们可以任意选择它们中的一个对象来进行检测。

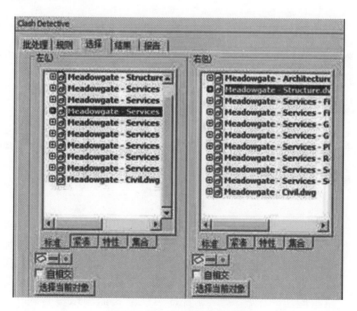

图6-127 自定义测试界面

②多种测试类型(见图6-128)。在Navisworks中,测试类型分很多种类,我们可以根据自己的需要来选择其中一种进行检测,比如"硬碰撞""间隙碰撞""副本碰撞"等。

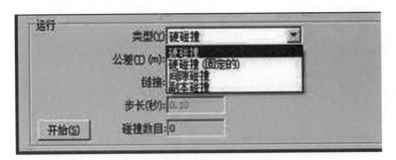

图6-128　多种测试类型

　　③批处理(见图6-129)。对于一个复杂模型而言,我们可以一次性建立多个测试条件。同时,我们可以保存自定义的这些测试条件,当模型进行更改的时候,我们不需要重新设置建立新的测试条件,可以继续使用原有的这些测试条件。

　　④多种规则(见图6-130)。在碰撞检测过程中,实际上有些碰撞是可以忽略的,也就是说有些碰撞是可以接受的。在 Navisworks 中也提供了这种规则。测试之前,选择这些规则把它忽略掉。此外,用户还可以根据自己的需要来定义自己的规则。

图6-129　批处理

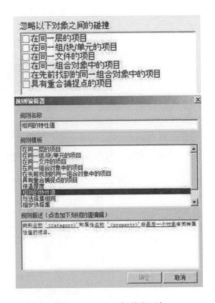

图6-130　多种规则

　　⑤多格式测试报告输出。Navisworks 支持多种格式的测试报告输出,有"作为视点"、XML、HTML、"正文"等格式。碰撞检测报告范例,见图6-131。

碰撞检测报告			
项目名称	世博文化中心	地点	上海
业主		设计单位	
施工单位		监理单位	
碰撞检测时间	2009.6.6	碰撞报告编号	DS-002
碰撞类型	结构与机电管线冲突		
碰撞位置	11轴、G2至F轴	碰撞等级	二级
相关专业	暖通\结构		
原专业图纸1		原专业图纸2	

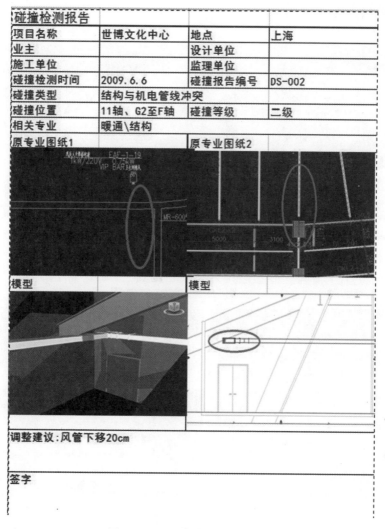

模型	模型

调整建议：风管下移20cm

签字

图 6-131　碰撞检测报告样例图

(5)碰撞问题的几种常见类型。

①压力管道让无压(自流)管道(见图 6-132)。

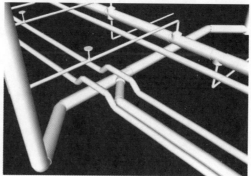

图 6-132　空调水管避让排水管

②可弯管道让不可弯管道(见图6-133)。

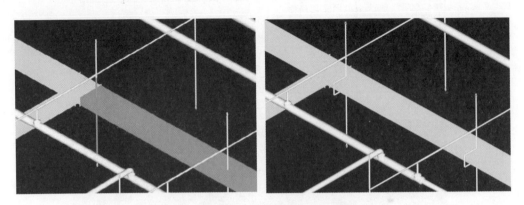

图6-133 消防喷淋管避让电缆桥架

③小管径管道让大管径管道(见图6-134)。

图6-134 消防水管避让风管

④冷水管道让热水管道(见图6-135)。

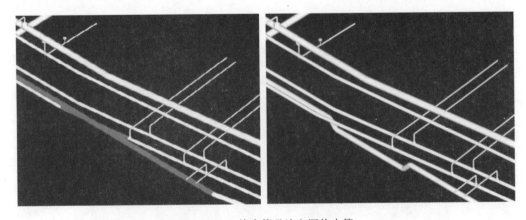

图6-135 给水管避让空调热水管

⑤电气管线在上,水管线在下(见图6-136)。

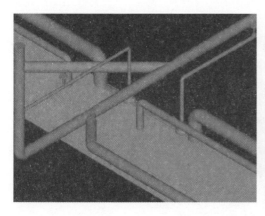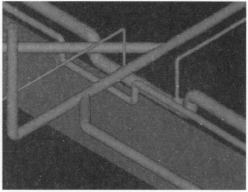

图6-136　桥架上调,水管下调

⑥给水管线在上,排水管线在下(见图6-137)。

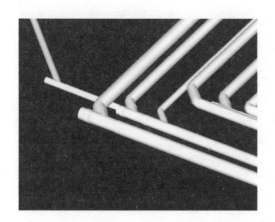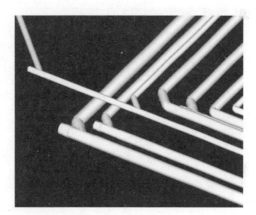

图6-137　给水管上调,排水管下调

⑦风管尽可能贴梁底安装(交叉时在中下)(见图6-138)。

图6-138　风管上调

⑧室内明敷管道与墙、梁、柱的间距应满足施工、检修的要求(见图6-139)。

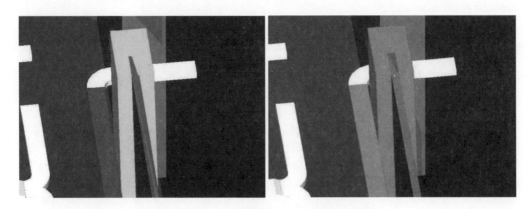

图6-139　风管与墙贴着从5cm移动到15cm

⑨空调水管保温无法安装(见图6-140)。

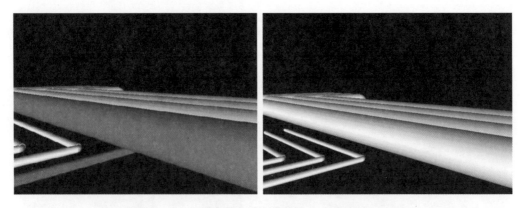

图6-140　空调水管与消防水管从5cm移动到15cm

⑩管线综合不合理,室内吊顶过低(见图6-141)。

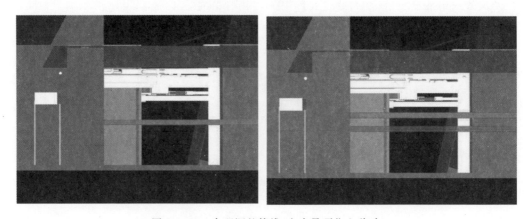

图6-141　合理调整管线,室内吊顶往上移动

⑪管道与结构梁、柱等冲突(见图6-142)。

图6-142 合理调整管线避让结构

3. 碰撞检测案例

以"模型合并"中引用的案例为例,检查测试该模型所有的水管与风管之间的碰撞情况。

(1)查找项目。以水管和风管两个项目的碰撞检测为例。由于这个模型在建造的时候没有细分出水管和风管,所以需要通过"查找项目"工具进行查找,在查找时可设置一些制约条件(见图6-143)。首先查找所有的风管,设置条件后,单击"查找所有",查找出14个项目(见图6-144)。然后建立搜索,"集合→单击右键→添加当前的搜索集合→命名"(见图6-145)。接着以同样的方式查找出32个水管项目,同样保存为搜索集。此外,这些查找条件也可以导入导出。这里面设置有多个条件的时候,当选取其中一个条件无法满足查找要求的时候,可以将多个条件联合,在多个条件的制约下进行查询(见图6-146)。

保存为搜索集的优点:当模型改变添加新的项目后,它可以自动刷新。

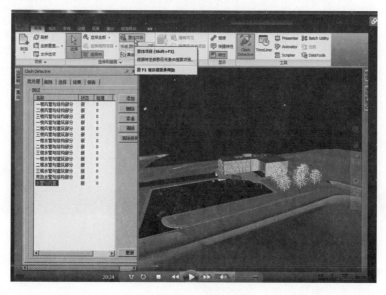

图6-143 查找项目

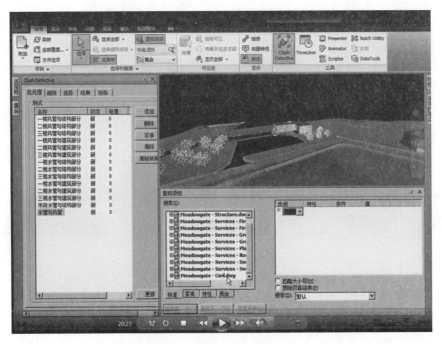

图 6-144 风管查找

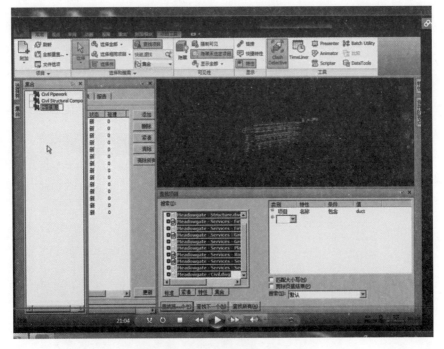

图 6-145 搜索集合-命名

（2）碰撞检测。首先，在选择面板里选择上文创建的两个搜索集（见图 6-147），然后回到批处理，单击"更新"，测试过程界面如图 6-148 所示。

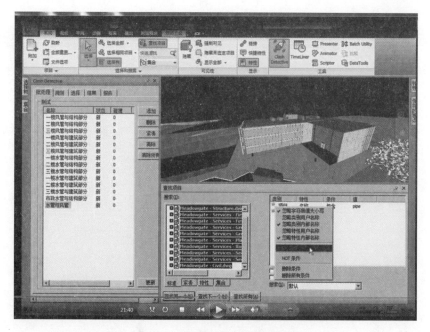

图 6-146 多个条件联合查询

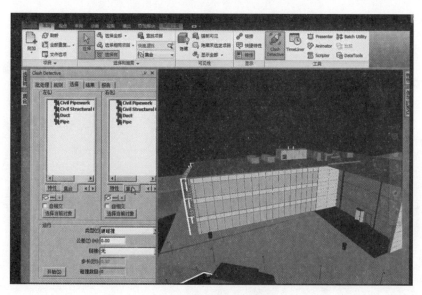

图 6-147 选择搜索集

（3）查阅检测结果。选择"一楼水管与建筑部分"，检查出来的结果都已列出，在实际工程应用中，可能需要对结果进行一一过滤。在下面的对话框中可以看到检测出的碰撞的实际项目的图层名称。从检测结果可以看到，模型里的天花板中有很多管道发生了碰撞（见图6-149）。以勾选过滤器的方式将其进行过滤（见图 6-150），因为这 5 个碰撞属于天花板碰撞中的内容，可归为一类，可以通过一个命令将其编为一个组（见图6-151），状态选择"已核准"。这种操作在实际项目中会经常用到，因为它的测试结果非常多，将碰撞结果分组审核可提高工作效率。

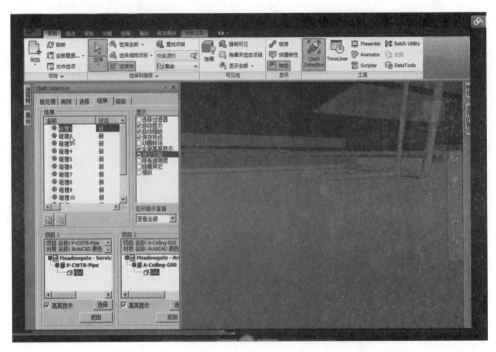

图 6-148　碰撞检查

图 6-149　碰撞

图 6-150　碰撞检查选择

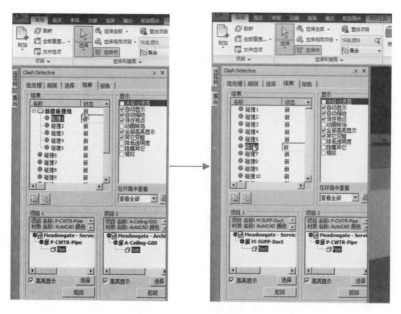

图 6-151　碰撞检查图分析

　　水管与风管的碰撞是必须要进行处理的,可以通过审阅工具来作一些标注。如图 6-152 所示,选中一个对象,添加标记,同时输入注释。注释命名要遵循一定的规则,比如"水管需要调整,避免与风管碰撞",还可以在前面加上某个人的名字或者某个团队的名称,如"水暖:水管需要调整,避免与风管碰撞",状态选择"活动的",单击"确定"。按规则命名有利于后期项目的其他人员,比如水暖部分的工作人员,通过查找注释的方式来筛选出他所需要查阅的注释结果(见图 6-153)。需要注意的是,碰撞结果里也需要把状态改为"活动的",因为下次再利用之前的批处理的调整来检测时,碰撞结果面板里的状态全部会更改,但是它里面添加的注释不会变动,所以两处都需要更改状态。

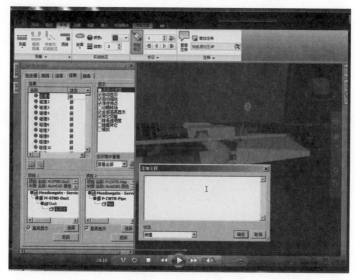

图 6-152　标注

（4）输出检测报告。除了在结果里面作一些标注，还可以输出其他报告（见图6-154）。

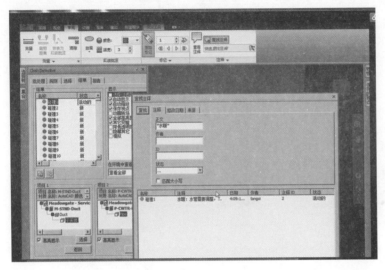

图6-153　查找注释

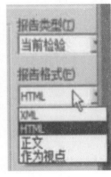

图6-154　检测报告

6.6　明细表

　　Revit可以自动提取各种建筑构件、房间和面积构件、注释、修订、视图、图纸等图元的属性参数，并以表格的形式显示图元信息，从而自动创建门窗等构件统计表、材质明细表等各种表格。

　　创建明细表、数量和材质提取，以确定并分析在项目中使用的构件和材质。明细表是模型的另一种视图。

　　明细表显示项目中任意类型图元的列表。明细表以表格形式显示信息，这些信息是从项目中的图元属性中提取的，可以将明细表导出到其他软件程序中，如电子表格程序。修改项目时，所有明细表都会自动更新。例如，如果移动一面墙，则房间明细表中的面积也会相应更新。修改项目中建筑构件的属性时，相关的明细表会自动更新。例如，可以在项目中选择一扇门并修改其制造商属性。门明细表将反映制造商属性的变化。

　　Revit提供如下几种类型明细表：①明细表（或数量）；②关键字明细表；③材质提取；④注释明细表（或注释块）；⑤修订明细表；⑥视图列表；⑦图纸列表；⑧配电盘明细表；⑨图形柱明细表，如图6-155所示。

6.6.1　明细表生成方法

1. 建筑构件明细表

将建筑图元构件列表添加到项目。

（1）单击"视图"选项卡→"创建"面板→"明细表"下拉列表→"明细表/数量"，如图6-156所示。

图6-155　明细表

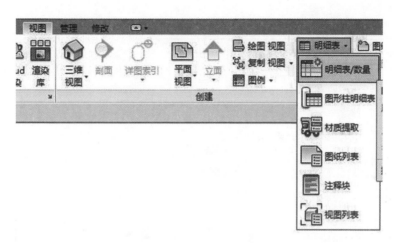

图 6-156　明细表/数量

（2）在"新建明细表"对话框的"类别"列表中选择一个构件。"名称"文本框中会显示默认名称，可以根据需要修改该名称，如图 6-157 所示。

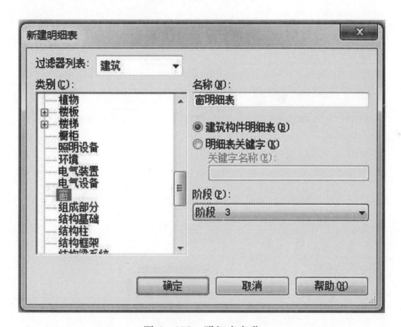

图 6-157　明细表名称

（3）选择"建筑构件明细表"。指定阶段，单击"确定"。

（4）在"明细表属性"对话框中，指定明细表属性。

（5）单击"确定"。

2. 明细表属性

（1）明细表字段。提取建筑构件相关信息，如图 6-158 所示。

图 6-158　明细表字段

（2）明细表过滤器。过滤提取建筑构件相关信息，如图 6-159 所示。

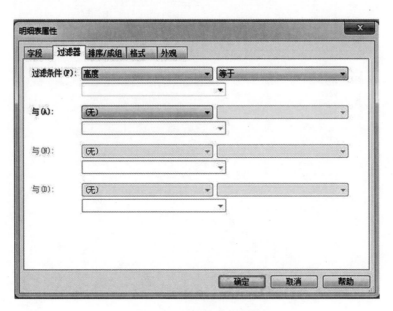

图 6-159　明细表过滤器

（3）明细表排序/成组。在"明细表属性"对话框（或"材质提取属性"对话框）的"排序/成组"选项卡上，可以指定明细表中行的排序选项，如图 6-160 所示。也可选择显示某个图元类型的每个实例，或将多个实例层叠在单行上。在明细表中可以按任意字段进行排序，但"合计"除外。

图 6 - 160　明细表排序/成组

（4）明细表外观。将页眉、页脚以及空行添加到排序后的行中，如图 6 - 161 所示。

图 6 - 161　明细表外观

（5）明细表格式。条件格式的使用，如图 6 - 162 所示。

3. 材质提取明细表

添加提供详细信息（例如项目构件会使用何种材质）的明细表。

（1）单击"视图"选项卡→"创建"面板→"明细表"下拉列表→"材质提取"。

（2）在"新建材质提取"对话框中，单击材质提取明细表的类别，然后单击"确定"。

图 6-162　明细表格式

（3）在"材质提取属性"对话框中，为"可用字段"选择材质特性。

（4）可以选择对明细表进行排序、成组或格式操作。

（5）单击"确定"以创建"材质提取明细表"。

此时显示"材质提取明细表"，并且该视图将在项目浏览器的"明细表/数量"类别下列出。

6.6.2　与计价规范的对接

可以将 Revit 创建的 BIM 模型文件直接导入到广联达计量计价软件中实现与计价规范的对接，如图 6-163 所示。也可以在鲁班、斯维尔、新点比目云、晨曦等软件中导入 Revit 模型快速实现与计价规范的对接。

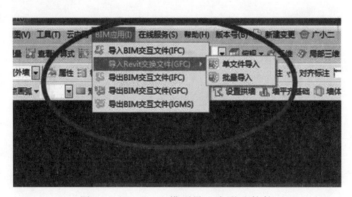

图 6-163　Revit 模型导入广联达软件

本章小结

本章具体介绍了模型创建基础、土建算量模型和机电模型创建及模型整合，最后简要介绍了明细表的内容。

第7章 补充构件

教学导入

在算量模型创建完毕,要将主体模型中不存在的构件补充导入到算量软件后方可进行算量,不同的软件对布置的要求也不同,包括手动布置和智能布置两种主要的方法。手动布置过程中要对构件的属性、类别、尺寸、计算设置等要素进行定义。智能布置时根据软件内部嵌入的功能对建模时不易实现的构件进行智能化的补充布置,快速实现算量。

学习要点

- 手动布置
- 智能布置

7.1 手动布置构件

7.1.1 构件属性定义

1. 构件属性定义界面

点击菜单"属性"→"进入属性定义"命令,进入构件属性定义界面,如图7-1所示。

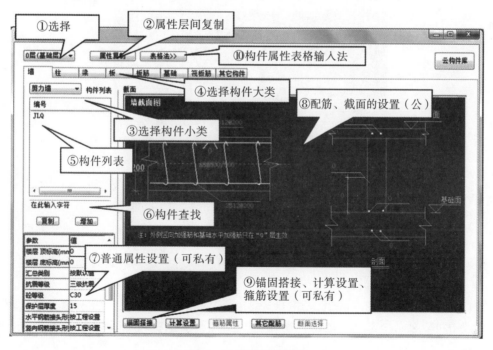

图7-1 构件属性界面

(1)选择楼层:选择构件所在的楼层。

(2)属性层间复制:属性层间复制,详见第7.2节。

(3)选择构件小类:对应所在大类的小类。

(4)选择构件大类:切换大类。

(5)构件列表:所有构件属性在此列出。

(6)构件查找:输入构件名称,即时查找。

(7)普通属性设置(可私有):包括标高、抗震等级、砼等级、保护层、接头形式、定尺长度、取整规则、其他(普通属性设置均可进行多次修改设置)。这些属性与工程总体设置的图元属性相关,可以设置为私有,设置工具为 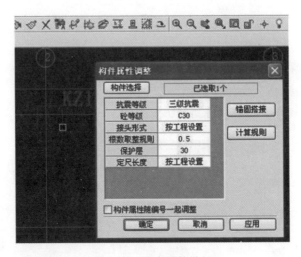。

(8)配筋、截面对话框的设置(公):配筋和截面对话框无总体设置,在此给出初始默认值,并且属于一个构件属性的图元的配筋、截面对话框信息必定相同。

(9)锚固搭接、计算设置、箍筋设置(可私有):这三项为弹出对话框的属性项,也有对应的总体属性设置与图元属性,可以设置为私有。

以上的第(7)、(9)项为可以设置为私有属性的项。私有属性的定义为:这些项目在工程总体设置中有对应的默认设置,在"构件属性定义"中也可以将这些默认设置修改,修改项变红表示这一项不再随总体设置的修改而批量修改;其他未变红的项仍然对应总体设置,随总体设置的修改批量修改。

恢复私有属性为公有属性的方式:选择项——选择"按工程设置";填写项——选中对应的项,回退删除,确定即可。如图7-2所示设置构件的公有属性。

图7-2 公有属性设置

(10)构件属性列表输入法。点击 表格法>> ,可以对构件属性进行列表式的输入,如图7-3所示。

构件属性表操作方法:列表可以用 Tab 键换行,同时也可以用上下左右箭头换行;在构件属性表中可以显示全部楼层的构件属性,点击命令 楼层选择 ,打开楼层选择界面,如图7-4所示。

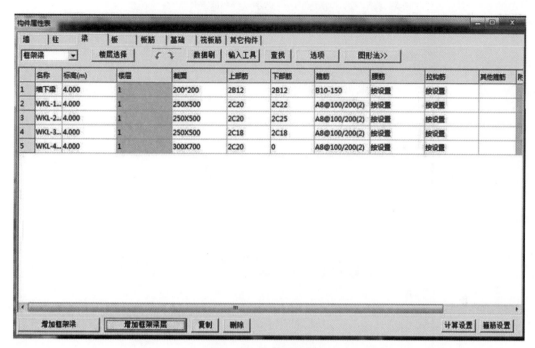

图 7-3 构件属性输入

点击 输入工具 ，打开输入工具界面，如图 7-5 所示。常用的配筋截面对话框尺寸信息，可以在表格输入信息的时候直接调用已经保存在输入工具里面的参数。

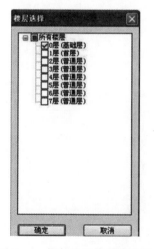

图 7-4 构件属性楼层选择图

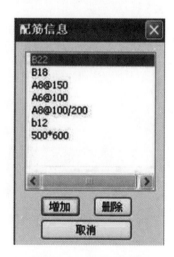

图 7-5 输入工具图

点击 查找 ，打开查找界面，如图 7-6 所示。在里面输入查找的信息，可以显示出查找的结果。选择"替换"，如图 7-7 所示。可以将查找的信息进行替换，并在属性中应用。

选项 中可以选择构件中各个参数是否显示，如图 7-8 所示。

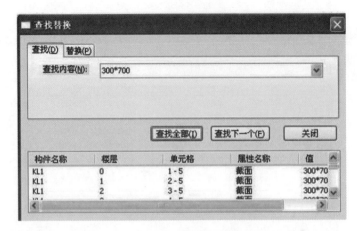

图 7 - 6   查找视图

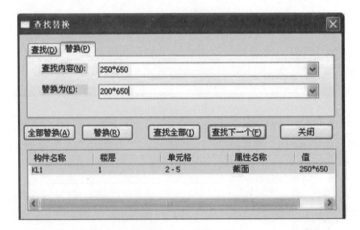

图 7 - 7   替换视图

图 7 - 8   参数显示图

点击 构件属性图形法 可以返回原图形法界面。

点击 增加框架梁   增加框架梁层 增加构件时,软件自动在参数栏中新增加一个相对应的构件,构件属性为原图形法属性定义中的默认属性,点击增加构件层的时候,可以在楼层都显示的状态下看到当前构件在不同层的构件属性。

"复制"可以复制构件属性以及同名构件不同楼层,"删除"相对"复制"而言。

"计算设置":选择表格中的构件,点击"计算设置"可以到此构件的计算设置界面。

"箍筋设置":选择表格中的构件,点击"箍筋设置"可以到此构件的箍筋设置界面。

2. 构件属性层间复制

点击"属性复制"进入构件属性复制界面,如图 7-9 所示。至此可完成楼层的构件复制。

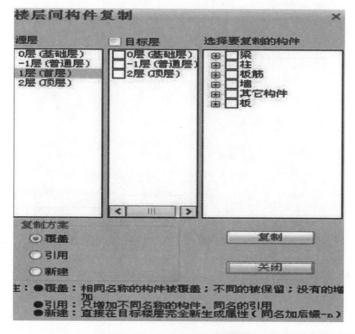

图 7-9　构件属性复制界面

7.1.2　构件大类与小类

构件属性定义与绘图建模都基于构件大类与小类的划分之上。具体详见表 7-1。

表 7-1　大小构件分类

大类构件	小类构件
墙	剪力墙、人防墙、砖墙、连梁、暗梁、过梁、人防门楣梁、人防门槛梁、洞、门洞、窗洞、飘窗
柱	框架柱、暗柱、构造柱、自适应暗柱、人防柱、柱帽、门垛
梁	框架梁、次梁、圈梁、吊筋
板	现浇板、板洞
板筋	底筋、负筋、双层双向钢筋、支座负筋、跨板负筋、撑脚、跨中板带、温度筋、柱上板带
基础	独基基础、基础主梁、基础次梁、基础连梁、筏板基础、集水井、筏板洞、条形基础、基础跨中板带、柱下板带
筏板	筏板底筋、筏板中层筋、筏板面筋、筏板支座筋、筏板撑脚

7.1.3 构件断面尺寸修改图

图 7 - 10 为构件属性定义中的柱的自定义断面,可以更改柱子的尺寸数据,但是更改柱子的边长后中心的黄色重心标注十字不会变动。

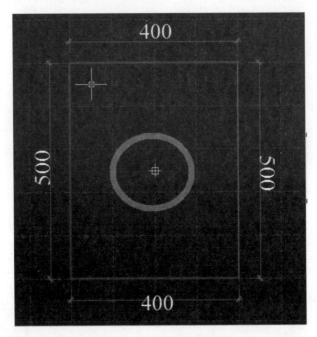

图 7 - 10 构件断面尺寸图

手动布置时,在布置的时候点击 Tab 键来切换插入点。修改后如图 7 - 11 所示。

图 7 - 11 构件断面尺寸修改图

7.1.4 计算设置

除截面对话框与配筋信息之外的其他属性项目被修改过后,项目变红显示,表示这一项不再随总体设置的修改而批量修改;其他未变红的项目仍然对应总体设置,随总体设置的修改批量修改。

如图 7-12 所示,图中墙高、砼等级都变红显示,表示与总体设置中"该层→该构件"不同的项目,且这两项不再与总体设置的修改联动。

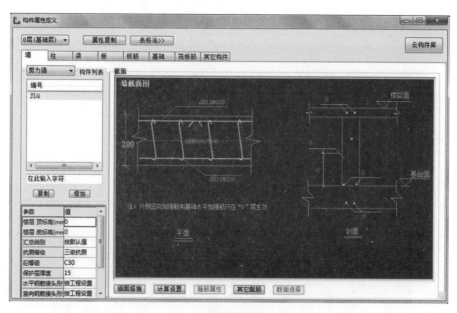

图 7-12 构件属性定义

"计算设置"中的项如图 7-13 所示。

图 7-13 中变红的项目是与总体设置中"该层→该构件"不同的项目,且这些项也不再与总体设置的修改联动。

图 7-13 计算设置

7.1.5 自定义断面

利用 CAD 画线命令 L 或者点击 CAD 工具条中的画线命令绘制断面造型。如图7-14所示。

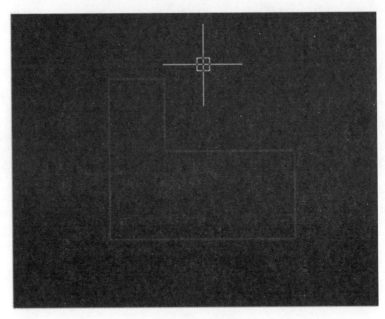

图 7-14 "L"型图

利用"属性"下拉菜单中的"自定义断面",选择"创建"进入到自定义断面创建界面,如图7-15 所示。

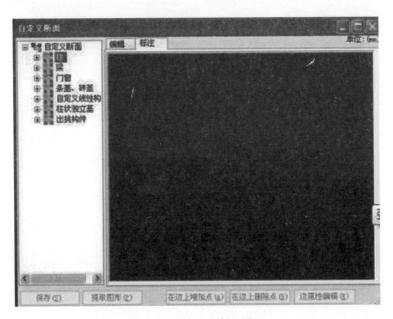

图 7-15 自定义断面界面

右键点击要增加的构件类别,选择"增加自定义图形",如图 7 - 16 所示。

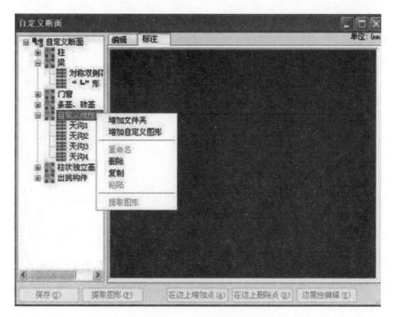

图 7 - 16　添加新断面图

多出新的"断面 1♯",选择这个断面,再选择下面的"提取图形"命令去选择图形。如图 7 - 17所示。

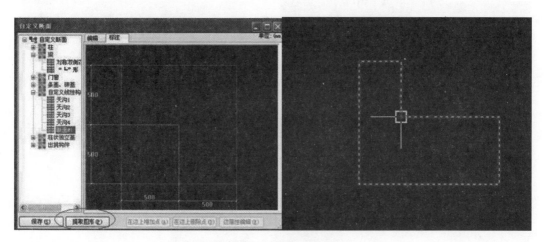

图 7 - 17　提取图形界面

选择刚才绘制好的断面,根据命令行提示选择插入点,注意插入点影响图纸布置的定位及标高的取定点。

点击"编辑"按钮,如图 7 - 18 所示。给该断面设置边属性。如果是自定义线性构件,则要给每条边编辑对应的做法。

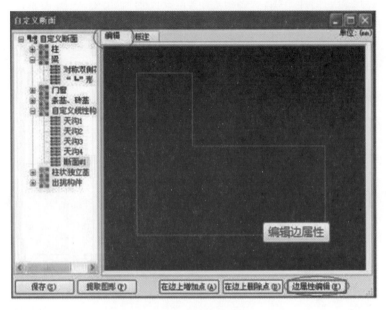

图 7 - 18 编辑边属性

选择"边属性编辑",给这个断面的每条边定义做法项。如图 7 - 19 所示。

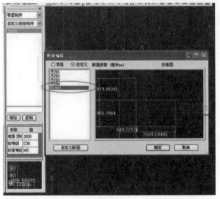

图 7 - 19 编辑边属性与选取断面

绘制断面后的效果如图 7-20 所示。

图 7-20　效果三维图

7.2　构件智能布置

进入构件布置页面,选择"智能布置"选项卡,如图 7-21 所示。

图 7-21　构建布置

7.2.1　布置构造柱

选择"构造柱智能布置"选项卡,如图 7-22 所示。

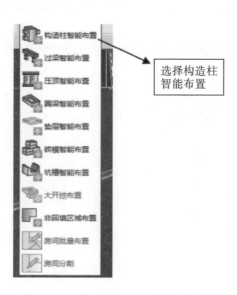

图 7-22　"构造柱智能布置"选项卡

按照工程图纸总说明,参照图集,设置构造柱布置规则与截面尺寸,选择需要布置的楼层,点击 自动布置 ,即可完成构造柱的布置;也可以新建或删除规则,如图 7-23 所示。

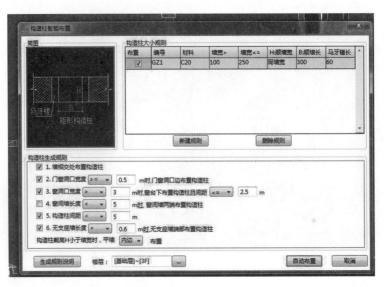

图 7 - 23　构造柱布置

软件分析中,需要布置构造柱的墙,显示进度及构造柱个数,如图 7 - 24 所示。

图 7 - 24　进度显示

构件核对,查看构件工程量计算公式,如图 7 - 25 所示。

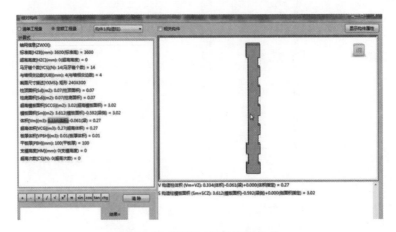

图 7 - 25　构建工程量计算公式

7.2.2 布置过梁

按照工程图纸总说明,参照图集,设置过梁布置规则与截面尺寸,选择需要布置的楼层,点击 自动布置 ,即可完成过梁的布置;也可以新建或删除规则。也可手动选择洞口布置构件。如图 7-26 所示。

图 7-26　过梁智能布置

构件核对,查看构件工程量计算公式,如图 7-27 所示。

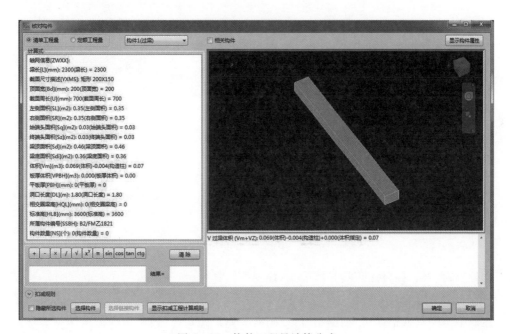

图 7-27　构件工程量计算公式

例如:门的过梁显示,如图 7-28 所示。

7.2.3 布置压顶

按照工程图纸总说明,参照图集,设置压顶布置规则与截面尺寸,选择需要布置的楼层,点击 自动布置 ,即可完成压顶的布置;也可以新建或删除规则。也可手动选择洞口布置构件。如图 7-29 所示。

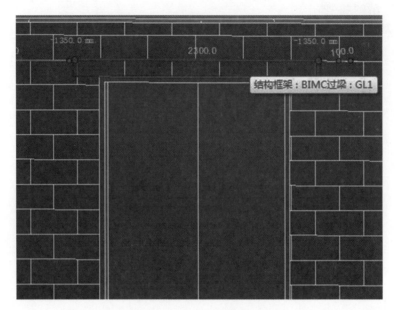

图 7-28　门的过梁显示图

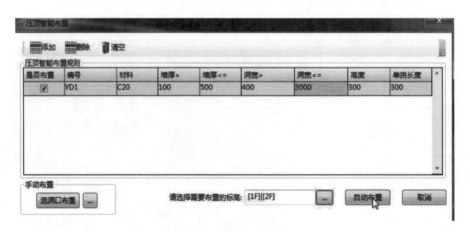

图 7-29　压顶智能布置

构件核对,查看构件工程量计算公式,如图 7-30 所示。

7.2.4　布置圈梁

按照工程图纸总说明,参照图集,设置圈梁布置规则与截面尺寸,选择需要布置的楼层,点击 自动布置 ,即可完成圈梁的布置;也可以新建或删除规则。也可手动选择墙体布置构件。如图 7-31 所示。

构件核对,查看构件工程量计算公式,如图 7-32 所示。

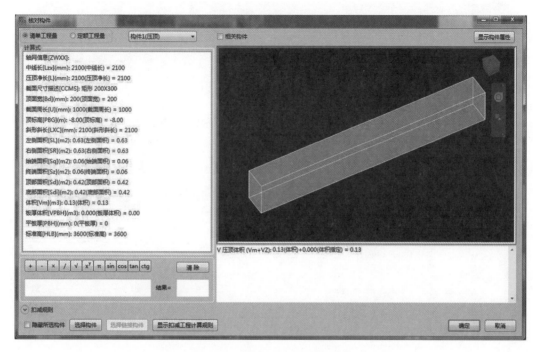

图 7－30　构件工程量计算公式

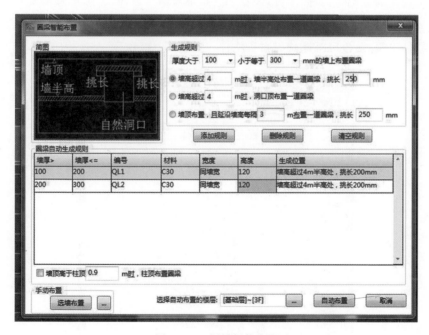

图 7－31　圈梁智能布置

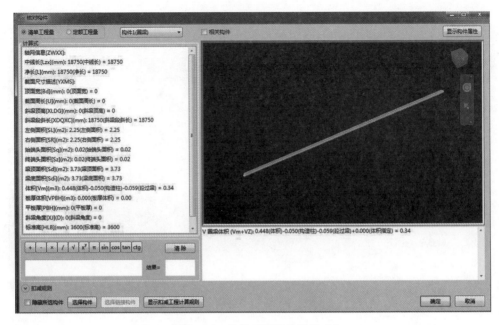

图 7 - 32 构件工程量计算公式

7.2.5 布置垫层

按照工程图纸总说明,参照图集,设置垫层布置规则与截面尺寸,选择需要布置的楼层,点击 自动布置 ,即可完成垫层的布置;也可以新建或删除规则。垫层的材质、厚度、外伸长度,都可以在软件里修改;也可手动选择布置构件。如图 7 - 33 所示。

图 7 - 33 垫层智能布置

核对构件,查看构件工程量计算公式,如图7-34所示。

图7-34 构件工程量计算公式

7.2.6 布置砖模

按照工程图纸总说明,参照图集,设置砖模布置规则与截面尺寸,选择需要布置的楼层,点击 自动布置 ,即可完成砖模的布置;也可以新建或删除规则。也可手动选择布置构件。如图7-35所示。

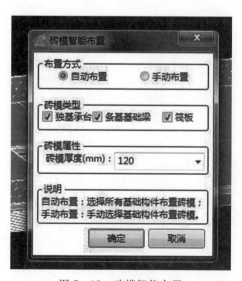

图7-35 砖模智能布置

核对构件,查看构件工程量计算公式,如图 7 - 36 所示。

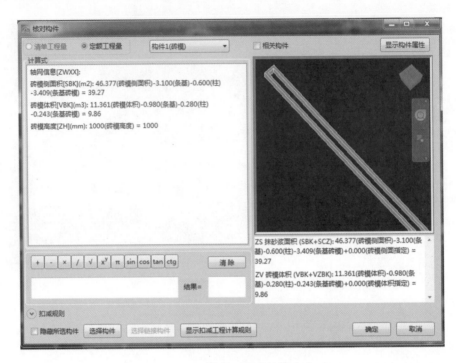

图 7 - 36　构件工程量计算公式

7.2.7　布置外墙装饰

外墙装饰智能布置,如图 7 - 37 所示。

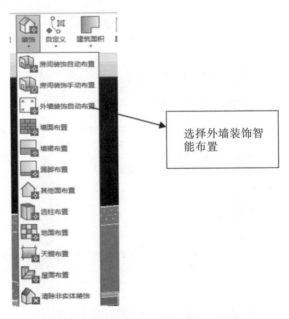

图 7 - 37　"外墙智能布置图"选项卡

先识别内外墙,再选择外墙装饰布置,如图 7-38 所示。

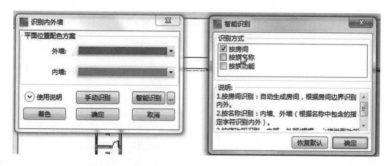

图 7-38　识别内外墙

按照工程图纸总说明装饰做法要求布置外墙面的装饰,新建踢脚、外墙面、墙裙及其他面。按照装饰要求设置外墙的物理属性、几何属性、施工属性等。如图 7-39 所示。

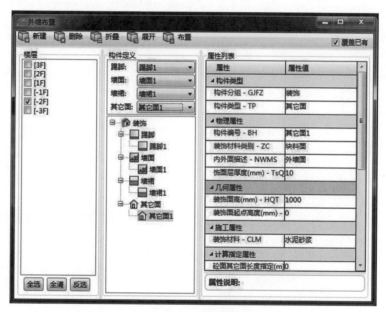

图 7-39　外墙布置设置

点击 布置 ,删除已有外墙装饰,是为了避免构件重复布置,如图 7-40 所示。

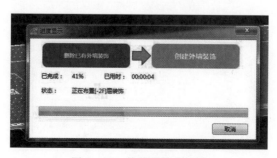

图 7-40　外墙装饰布置图

核对构件,查看构件工程量计算公式,如图7-41所示。

图7-41 构件工程量计算公式

7.2.8 布置房间装饰

Revit中,创建房间的各个功能属性。在比目云软件中,再按照工程图纸总说明装饰做法要求布置房间的各项装饰,包括房间工程和楼地面工程。新建屋面、踢脚、外墙面、墙裙、天棚等。按照装饰要求设置外墙的物理属性、几何属性、施工属性等。如图7-42所示。

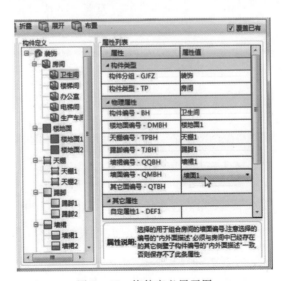

图7-42 构件定义展开图

构件属性定义,如图7-43所示。

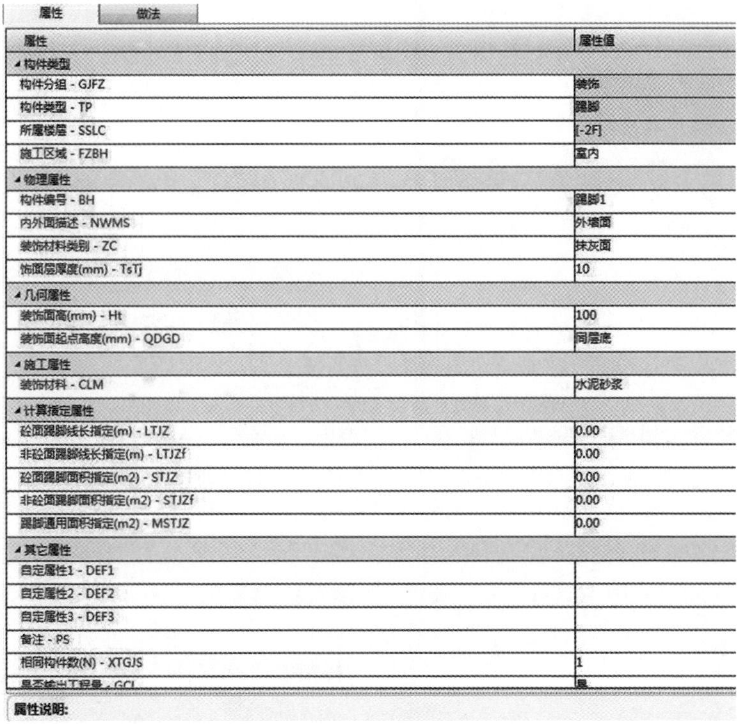

图7-43　构件属性定义

构件做法定义,如踢脚线做法,如图7-44所示。

图7-44　踢脚线做法详图

7.2.9　布置建筑面积

选择需要的建筑面积的楼层位置,可全选或单个选择,如图7-45所示。点击"确定",
创建成功,如图7-46所示。

图 7-45　新建建筑面积平面

图 7-46　BIMC 建筑平面创建成功

切换到楼层平面里,创建建筑面积,如图 7-47 所示。

建筑面积下拉列表中有四个选项,选择"创建面积边界",如图 7-48 所示。

图 7-47　楼层平面选择

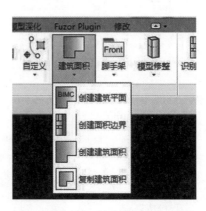

图 7-48　创建面积边界

选择自动创建面积边界线,如图 7-49 所示。

智能识别内外墙,如图 7-50 所示。

图 7-49　自动创建面积边界线

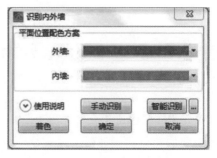

图 7-50　内外墙识别

检查外墙外边线是否闭合，修正未闭合的线，如图7-51所示。

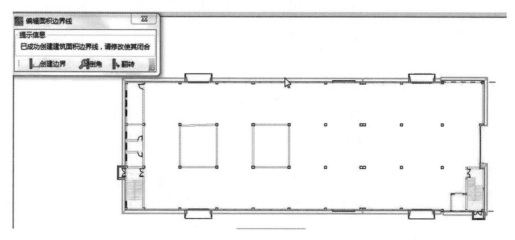

图7-51 外墙绘制

选择创建建筑面积，在平面封闭的线框内，选择一个交点，点击鼠标右键，即可出现建筑面积，如图7-52所示。

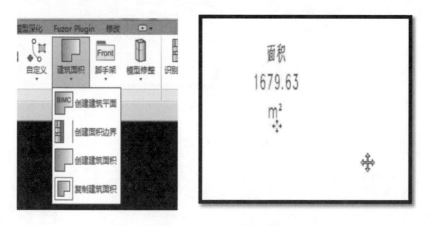

图7-52 建筑面积生成

汇总计算后，在工程特征中，就可查看到楼层的建筑面积，建筑面积也可以复制。

7.2.10 布置脚手架

创建脚手架平面，选择需要布置脚手架的楼层，点击"确定"，如图7-53所示。

切换到楼层平面里，创建建筑面积，如图7-54所示。

创建脚手架平面，点击 ，如图7-55所示。

图 7-53　脚手架创建

图 7-54　面积创建

图 7-55　自动创建面积边界线

创建脚手架外边线,使其闭合,如图 7-56 所示。

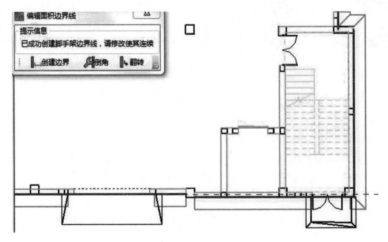

图 7-56　脚手架边界

点击 <u>是(Y)</u>,布置脚手架,如图 7-57 所示。

点击"确定"后,软件自动根据外边线轮廓,自动生成脚手架,如图7-58所示。

图7-57 脚手架生成确定

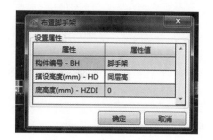

图7-58 脚手架生成

三维视图中,绿色网格线即脚手架。也可手动创建脚手架。如图7-59所示。

图7-59 脚手架三维图

本章小结

通过本章的学习,应重点掌握手动布置构件的若干操作,在构件布置的时候,应掌握布置的规则及各构建布置的方案。

第8章 套用做法

教学导入

本章所用软件为广联达算量软件和斯维尔三维算量软件。软件采用 CAD 导图算量、绘图输入算量、表格输入算量等多种算量模式，三维状态自由绘图、编辑，高效、直观、简单。软件运用三维技术，轻松处理跨层构件计算，帮助用户解决难题。提量简单，报表功能强大，提供了做法及构件报表量，满足招标和投标方的各种报表需求。

学习要点

- 做法自动套
- 手动补气挂接做法
- 斯维尔三维算量软件套做法

8.1 主要内容及作用

本章主要学习计算各构件，套取相应规则的清单、定额，出清单定额工程量。软件中所布置的图元只是图元工程量，需要把图元工程量转换为清单工程量，才能实际作用于工程中。

土建算量软件能够计算的工程量包括：土石方工程量、桩与地基基础工程量、砌体工程量、混凝土及模板工程量、屋面工程量、天棚及其楼地面工程量、墙柱面工程量等。

学习了解在软件中如何套取清单、定额。首先要掌握好一些清单和定额的基本知识，才能保证不套错、套漏做法。通过学习本章，可以学会如何在软件中套取清单定额，并计算出相应构件工程量，导入计价软件中。

8.2 做法自动套

新建工程时，根据所在省份，必须选择相应省份的清单规则、清单库与定额规则、定额库，才能在软件中套用所选的清单库与定额库中的清单与定额，软件才会根据各省份不同的计算规则来计算工程量，如图 8-1 所示。

在绘图输入中对已新建布置好的构件图元，软件能够自动计算相应构件的所有代码工程量，套做法就是选取我们需要的清单项及定额子目，它可以辅助我们提取想要的相应工程量。以墙为例，学习如何

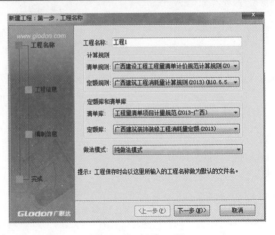

图 8-1 新建工程

在软件中套用清单和定额。

8.2.1 墙

1. 属性定义

墙体分为混凝土墙、砌体墙、间壁墙、填充墙、挡土墙、虚墙、电梯井壁七种类别。选择不同类别的构件,计算时的扣减关系会不一样。

间壁墙只能作为内墙。计算间壁墙时,高度自动算至梁底或者板底。间壁墙与其他墙体的区别在于,它与地面抹灰、块料等处的扣减关系。间壁墙对房间中的地面装修工程量应有影响,地面装修工程量应算至间壁墙中心线。

虚墙:不参与其他构件的扣减,本身也不计算工程量。主要用于分割和封闭空间。

填充墙:实际施工中会在墙上预留洞口,便于运输材料,在施工完成后需要将墙洞用填充墙封堵。

按实际工程情况选择相应的材质(如办公楼,类别为砌体墙,材质为标准砖)。另外,导入钢筋工程文件后,软件会自动区分内外墙,可以切换到绘图输入界面查看。

说明:区分内外墙后,可以在绘制内外墙装修图的时候快速地进行布置。

2. 自动套取清单和定额

自动套用做法的基本操作流程如下:绘图输入→选择构件→定义→当前构件自动套做法→编辑项目特征→检查做法是否套齐全→检查工程量表达式及表达式说明是否正确→做法刷。

(1)在软件的绘图输入界面,单击选择需要套做法的构件,如"墙",然后单击选择"定义"如图8-2、8-3所示。

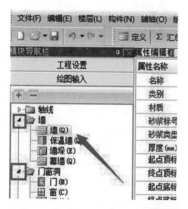

图8-2 绘图输入界面选择构建

图8-3 点击"定义"

(2)在定义界面,单击选择构件列表任意构件,如"Q-1内墙",用鼠标左键单击当前构件自动套做法(如图8-4所示),完成自动套做法之后,单击"确认"即可(如图8-5所示)。软件自动套做法是根据构件属性(如图8-6所示)的属性编辑框中所示的蓝色字体属性名称套取相应的清单、定额完成自动套做法功能。

图 8-4　选中构件自动套做法

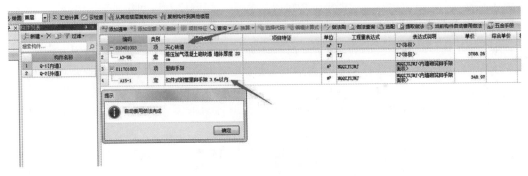

图 8-5　自动套做法完成

图 8-6　属性编辑框

(3)在完成自动套做法动能,确认所套取清单和定额无误后,可对该工程同类型、同名称、同属性构件进行做法刷功能,也就是复制该构件的清单定额到本楼层或其他楼层相应的构件。

①在使用做法刷之前,首先要选中所需要做法刷的清单和定额,如图8-7所示。

图8-7　选择清单定额

②选中清单定额后(清单定额会全部变成蓝色),如图8-8所示,单击做法刷功能。

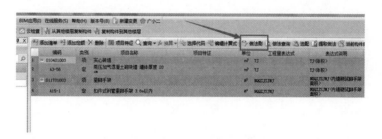

图8-8　点击"做法刷"

小提示

使用做法刷功能要注意使用覆盖和追加时不同的区别:覆盖指的是把当前选中的做法刷去相应构件,同时删除目标构件的所有做法;追加指的是把当前选中的做法刷去相应构件,同时保留目标构件的所有做法(如图8-9所示)。

图8-9　覆盖与追加的区别

③做法刷界面有过滤选项,可根据构件属性过滤同类型或同名称或同属性构件,过滤完成后,勾选需要进行做法刷的各楼层的构件,单击"确认"即可完成做法刷,如图8-10所示。

说明:做法预览默认现实目标构件列表中焦点处构件的所有做法。勾选后,新增做法行及覆盖做法行均高亮显示;取消勾选后还可以恢复到以前的显示。

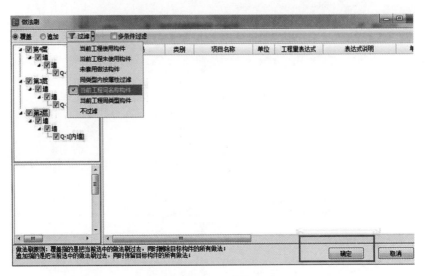

图8-10　过滤构件

做法自动套功能适用于每个构件,且操作流程都一样,在操作过程中要注意:清单定额是否套取正确,是否有漏项或者多套的情况;单位、工程量表达式是否有缺漏或者不正确,如果发现有缺漏或者有错误,可根据工程实际情况在该项清单或者定额的工程量表达式右下双击弹出"选择工程量代码"框后,根据列表有的代码,选择相应的工程量代码(如图8-11所示)。

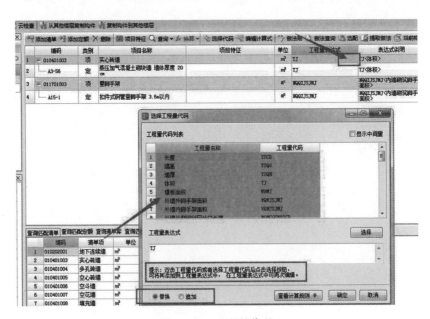

图8-11　工程量代码

注释：

①显示中间量：显示构件工程量代码计算的中间过程的代码；

②选择：选中代码后，点击该按钮，可以把选中的代码添加到当前工程量表达式中；

③替换/追加：当点击选择按钮后，可以替换当前选中的代码或追加到当前代码的后面；

④查看计算规则：可以查看当前选中代码的计算规则。

另外，"工程量表达式"不一定要使用工程量代码，也可以用公式替代，并可以进行四则运算。软件还提供参数图元公式和图形计算公式两种计算方法。

8.2.2　做法查询

做法查询功能：用于查找当前工程中已经套用的子目，比如想知道都有哪些构件套用了某子目，或者用做法刷把一条子目刷给很多子目后又发现子目套错误了，利用"做法查询"可以迅速找到这些子目并批量删除（如图 8-12 所示）。

图 8-12　做法查询

8.2.3　选配

选配功能：从其他构件中复制做法到当前构件。如构件 Q-1 内墙已经套取完清单和定额，构件需要套取相同或者部分相同的清单定额，可以利用选配功能（如图 8-13 所示）。

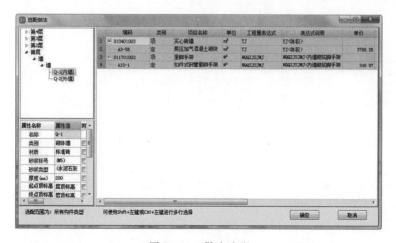

图 8-13　做法选配

8.3　手动补充挂接做法

软件自动套做法功能虽然很简单,很方便快捷,但是自动套出来的清单和定额有的并不是我们所需要套取的清单定额,那么就需要手动去添加清单和定额。

8.3.1　手动套做法步骤

手动套做法的基本操作流程:绘图输入→选择构件→定义→选择清单→选择定额→检查做法是否套齐全→做法刷。

(1)先到绘图输入界面,点击"定义",选择要套取做法的构件,如"Q－2外墙"。在界面下方会有清单和定额可以选择,可根据属性编辑框该构件的属性类别进行清单定额的套取,套取清单定额时,软件会自动生成匹配构件属性的清单定额(如图8－14所示)。

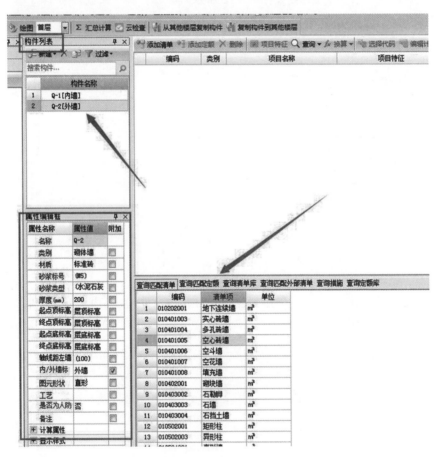

图8－14　选择清单定额

(2)在套取好相应的清单定额后,检查单位、工程量表达式是否正确,也可双击清单项目特征进行描述以区别、分类汇总工程量(如图8－15所示)。

(3)如果软件自动匹配的清单、定额没有所需要套的清单、定额,那么可以到清单库和定额库进行查询选择。选择清单时,可用章节查询,也就是点开对应的章节,双击所选清单或定额即可;也可用条件查询,对关键字进行搜索(如图8－16所示)。

图 8-15　编辑项目特征

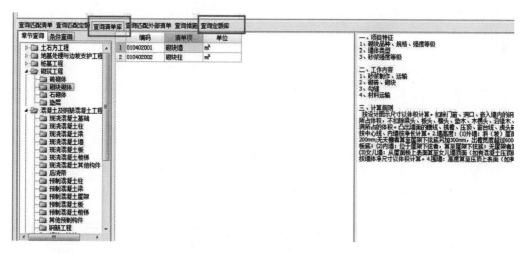

图 8-16　查询选择

需要注意的重点:①工程量表达式及说明是否正确;②是否重复套用做法;③是否漏套用做法。

注释:

软件中按快捷键"F8",可以检查是否重复套用做法与未套做法构件,对于错误的可用鼠标左键双击达到该构件所在位置。

8.3.2　装饰装修工程量手动套用做法

步骤:新建构件→属性编辑→定义→清单套用→项目特征→定额套用→检查工程量表达式。

在广联达 BIM 土建算量软件中,对于装饰装修的工程量都需要手动套用做法,这与之前说到的图 8-6 的属性编辑框是有关的。如图 8-17 所示,装修中的楼地面 DM-1 属性编辑框与匹配清单库,只有一个名称和块料厚度是可供软件自动识别套用做法的,但这两点还不足够软件识别构件的做法具体是什么。楼地面的清单包括:水泥砂浆楼地面、现浇水磨石楼地面、细石混凝土楼地面等众多清单与定额。这就需要我们结合建筑图中的装修表来定义 DM-1 具体套用哪一条清单。

提示:

在具体工程中,要对构件的名称进行修改,不可直接用 DM-1、DM-2 等默认名称。需要根据建筑图装修表来修改构件名称,例如:20mm 厚 1:2 水泥砂浆地面、10mm 厚 1:3 水泥砂浆地面等,这方便后面提取工程量,以免混淆。

图 8-17 楼地面属性编辑框

以图 8-18 为例,把 DM-1 修改名称为 20mm 厚 1:2 水泥砂浆地面、块料厚度输入 20,再到匹配清单库中用鼠标左键双击套用编号为 011101001 水泥砂浆楼地面的清单,清单套用成功再输入项目特征:20mm 厚 1:2 水泥砂浆地面,检查单位及工程量表达式是否正确,如图 8-19 所示;套用好清单之后,我们需套定额子母,切换

1. 20厚1:2水泥砂浆抹面压光
2. 素水泥浆结合层一遍
3. 60厚C15混凝土 │ 3.
4. 素土夯实

图 8-18 做法表

到查询匹配定额页面,根据图 8-18 得知,所需套用定额的有 60 厚 C15 混凝土、20 厚 1:2 水泥砂浆抹面压光。60 厚 C15 混凝土套用编号为 A4-3 混凝土垫层定额;20 厚 1:2 水泥砂浆抹面压光套用编号为 A9-1 水泥砂浆找平层混凝土或硬基层上 20mm 定额。如图 8-20 所示。

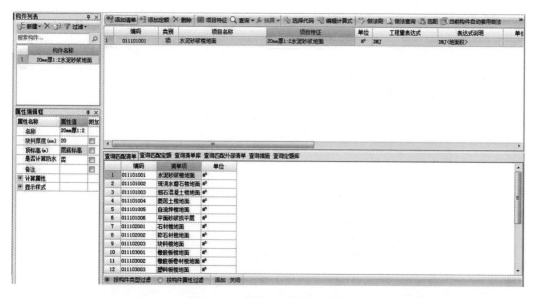

图 8-19　楼地面手动套用清单

图 8-20　楼地面手动套用定额

　　A4-3 的定额在匹配定额中搜索不到,因为 A4-3 的定额属于混凝土与钢筋工程,而楼地面属于装饰装修部分。A4-3 的定额套用之后软件识别不了工程量表达式,我们需要手动添加,单击工程量表达式的框,再单击框中的符号即可选择,如图 8-21、图 8-22 所示。为了防止漏套定额,建议把楼地面的垫层定额量套用在楼地面清单中。

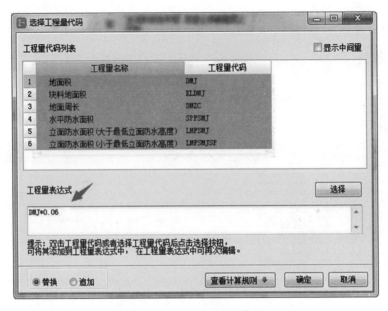

图 8-21　选择工程量代码

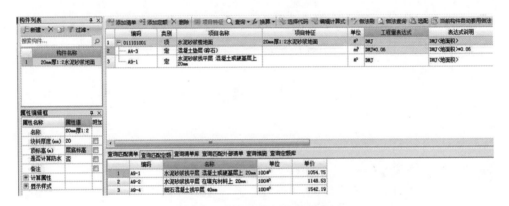

图 8-22　楼地面套用清单与定额

注：

把 C15 垫层的工程量放在此条清单中是因为该混凝土基层在广联达软件中没有建立图元，但是需要布置该地面。计算混凝土基层的混凝土体积，所以工程量表达式为：DMJ * 0.06(地面积 * 0.06)，0.06 为混凝土厚度。

装饰装修的清单、定额的手工套用以地面为例，我们学习到了如何手动挂接地面的清单与定额。其他构件，如踢脚、墙裙、墙面、天棚、吊顶等与此方法相同。

实际工程中，手动挂接做法这个功能是用的比较多的，做法自动套不能全部都准确地套取我们所想要的清单和定额，因此必须通过手动去添加清单和定额。在套取完所有构件的清单定额之后，通过汇总计算，可得出相应构件的清单工程量和定额工程量，套价时可根据这份工程量进行套价，既方便也快速。也可导入广联达计价软件中，直接生成清单定额。

8.4 三维算量软件套做法

本节所用软件版本为斯维尔三维算量 3DA2014 版。斯维尔三维算量 3DA2014 版挂接做法大概步骤如下：

①定义编号中选择"做法"标签页套做法。在定义编号中套的做法是针对所有同编号的构件有效，同一编号套一次，所有同编号构件即套上做法。

②构件查询选择"做法"标签页进行做法挂接。在构件查询中套做法只针对当前被选中的构件有效，以应对同编号构件在不同位置需要套不同做法的情况。

8.4.1 定义编号中选择"做法"标签页套做法

以框柱 KZ1 为例，我们来学习如何在定义编号中选中做法标签页套做法。步骤为：柱体→编号→构件→清单子目、定额子目→检查工程量计算式→检查图元是否挂接做法。

(1)选中右侧操作栏中的"柱体"，见图 8 - 23。

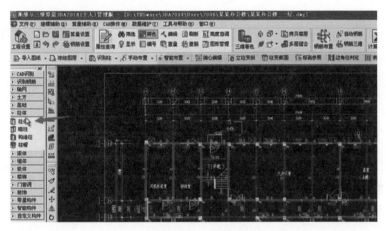

图 8 - 23　柱体

(2)点击柱体后出现构件栏，点击构件栏右上角"编号"键，见图 8 - 24。

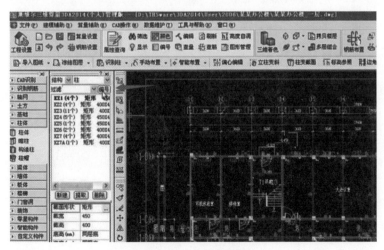

图 8 - 24　构件栏编号

（3）点击编号后出现"定义编号"窗口，左侧为构件列表，中间为构件属性，右侧为参数输入，如图 8-25 所示。套做法需点击属性右边的做法，出现套做法界面，如图 8-26 所示。

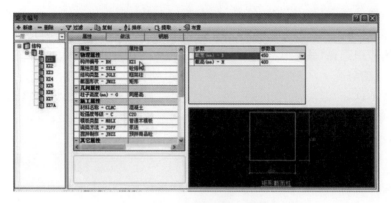

图 8-25　定义编号属性界面

图 8-26　定义编号做法界面

（4）套清单，可以在清单指引中找到现浇混凝土柱的矩形柱清单。也可在清单子目中找到混凝土及钢筋混凝土工程中的矩形柱清单。以清单指引为例，点击矩形柱清单，如图 8-27 所示。点击清单后需要套定额，矩形柱定额包含混凝土与模板，需在右下方的定额子目中找到混凝土的定额与模板的定额，如图 8-28 所示。可见，只需 4 步我们就套好了 KZ1 的清单与定额。

图 8-27　套清单

图 8-28　套定额

(5)套完清单与定额后,需检查工程量计算式是否正确,软件中 V 代表体积,S 代表面积。

(6)检查图元是否挂接做法。点击工具栏"辨色"功能,弹出"构件分类辨色"对话框,颜色设定功能中有做法、钢筋、指定输出、进度、同编号尺寸、输出工程量等。可以根据自己所需查看工程量或某个构件,只需把颜色调为与其他不一样。操作者可根据自身喜好来设置,如图 8-29 所示。按照软件默认套了做法的图元为灰色,单击"确定"之后,KZ1 在图元显示变为灰色,如图 8-30 所示。

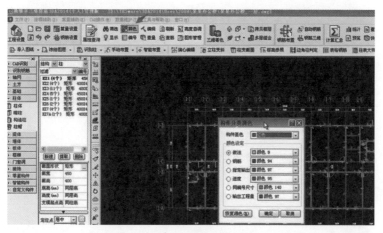

图 8-29　辨色功能检查图元是否有做法

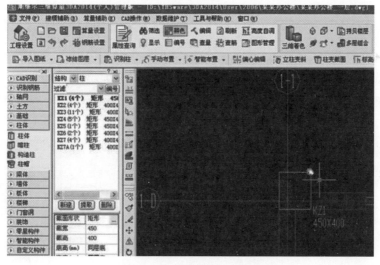

图 8-30　辨色功能区别图元

8.4.2　构件查询选择"做法"标签页进行做法挂接

以框柱 KZ6 为例,我们来学习如何在构件查询选择"做法"标签页进行做法挂接。

步骤为:选中图元→构件查询→清单属性做法→清单子目、定额子目→检查工程量计算式→检查图元是否挂接做法。

(1)选中视图中所需套做法的图元,用鼠标右键单击,在弹出的对话框中选择"构件查询",如图 8-31 所示。

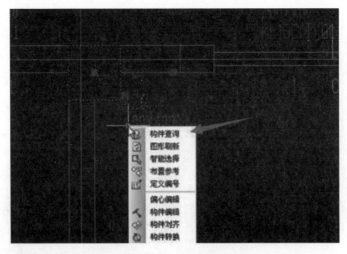

图 8 - 31　构件查询

（2）点击"构件查询"，选中"做法"按键，弹出如图 8 - 32 所示界面。

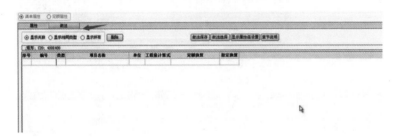

图 8 - 32　做法查询

（3）套清单、套定额、检查工程量计算式与 8.4.1 节第（4）、第（5）一致，套完后如图 8 - 33 所示。

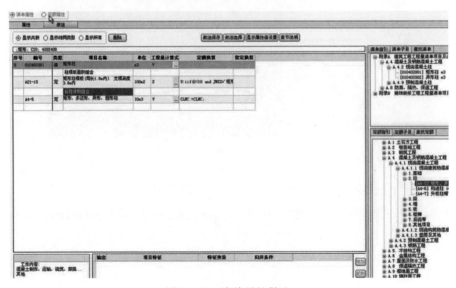

图 8 - 33　清单属性做法

（4）检查图元是否挂接做法，用辨色功能，如图 8-34 所示。可见两个相同编号的 KZ6，左边的为红色，右边的为灰色。

图 8-34　检查图元做法

用编号套用做法与构件查询套用做法最本质的区别就是：编号套用的做法是针对所有编号的构件；而构件查询套做法，是针对于当前选中构件的。这就是斯维尔三维算量 3DA2014 版的套做法功能的操作。

本章小结

BIM 算量软件是通过软件图元，计算出图元工程量，所套取的做法是根据国标清单和各地相应定额编制，可以准确地计算出清单工程量和定额工程量，每种软件的使用方法都大同小异，只要掌握了软件的操作流程，就可以很快地运用于实际工程当中。

第9章　分析统计输出

教学导入

本章主要是统计的输出,统计输出内容的准确性依赖于前面算量模型的精确性。通过本章的学习,学生能初步掌握统计输出的知识和技能,能分析出统计报表中存在的问题。

学习要点

- 图形检查
- 构件编辑
- 工程量计算规则设置
- 分析统计工程量
- 输出报表

9.1　楼层组合

基于 Autodesk Revit 软件的分析统计软件,在模型创建完成进行分析统计时,不需再对模型进行楼层组合。只需根据所选分析统计软件,进行工程设置、模型映射、构件分类的设置。

楼层组合概念因所选软件不同而不同,对于常规三维算量软件则存在各楼层模型创建完成之后的楼层组合。

9.2　图形检查

土建及钢筋的相关图集规范均已录入到软件中,因此在模型创建完成之后可通过软件对其进行自动检查。并且进行图形检查的依据就是录入的图集规范。

建模功能中完成模型之后到相应算量功能中,首先根据实际工程具体情况进行映射规则、结构说明以及相应工程特征的设置,也可根据实际情况修改已有映射规则方案并将其保存至方案库。另外,在分析统计工程量之前可先对构件进行核对,也可通过图形检查对整个模型进行检查。如图9-1和图9-2所示分别是单个构件核对和整个模型的图形检查。

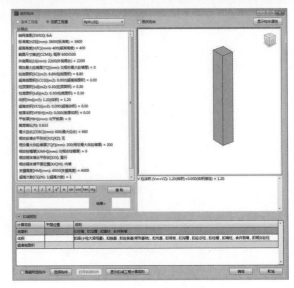

图 9-1　单个构件核对

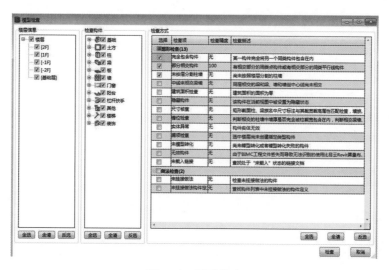

图 9-2 图形检查

9.3 构件编辑

软件对模型构件的编辑有很多种
形式,如对构件几何信息和非几何信息的编辑,对构件工程量计算规则的编辑等。

模型构件的几何信息是指构件的位置、尺寸信息。这些信息在进行模型构件的创建时
就进行了设置,当然在模型构件创建完成之后一样可以对其进行编辑、完善工作。如图 9-3
和图 9-4 所示分别为单个构件编辑、构件批量编辑。

图 9-3 单个构件编辑

模型构件的非几何信息是指构件的相关属性信息,如构件材质、钢筋信息、生产厂家、型号等。在模型构件创建时可对材质、钢筋信息进行完善,其他信息可在模型创建完成之后进行补充。如图 9-5 所示。

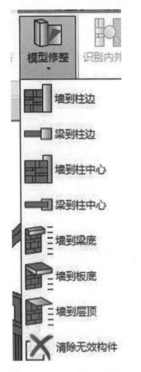

图 9-4 构件批量编辑　　　　图 9-5 构件属性编辑

模型构件工程量的计算规则是软件根据相应的规范进行设置的,一般情况下无需修改。但是对于特殊构件的工程量计算也可根据实际情况对其进行修改。如图 9-6 所示。

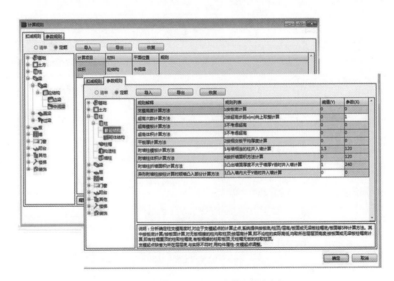

图 9-6 构件工程量计算规则编辑

9.4　工程量计算规则设置

BIM模型算量软件是结合国际先进的 BIM 理念与工程设计、工程预算、项目管理为一体的贯穿项目全生命周期的工程管理软件。BIM 模型虽然是通过软件进行模型工程量的分析统计,但是其工程量的计算规则依然是国标清单规范和各地定额工程量计算规则。因此,工程量计算规则的设置也就是 BIM 算量模型的整个算量流程中的设置。

9.4.1　工程设置

工程设置是对工程项目的一些基本信息进行设置,包括计量模式、楼层设置、映射规则、结构说明及工程特征的设置。

(1)计量模式。计量模式是对 BIM 模型算量的计算依据进行选择及相关设置,如图 9-7 所示。

图 9-7　工程设置

计算依据中定额模式是指仅按定额计算规则计算工程量,清单模式是指同时按照清单和定额两种计算规则计算工程量。模式选完后在对应下拉选项中选择对应省份的清单、定额库。相关设置中的算量选项是工程中的计算规则,用户也可以自定义一些算量设置,包括工程量输出、扣减规则、参数规则、跨层扣减规则、措施输出、规则条件取值、工程量优先顺序,如图 9-8 所示。

(2)楼层设置。楼层设置中,软件读取工程设置中数值,根据所勾选层高,系统自动生成项目中的楼层,不可改动。如图 9-9 所示。

(3)映射规则。映射规则是 BIM 模型与算量模型之间的构件映射设置,将模型构件转化成软件可识别的构件,软件本身有构件转换的默认方案,可根据名称进行材料和结构类型的匹配,当根据族名未匹配成理想效果时,执行族名修改或调整转化规则设置,这样可提高匹配成功率。如图 9-10 所示。

图 9 - 8　计算规则

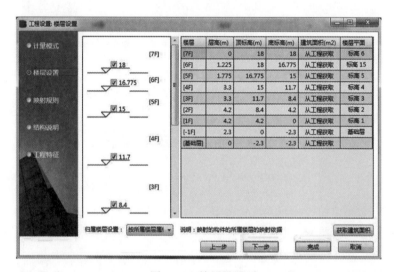

图 9 - 9　楼层设置

图 9 - 10　映射规则

(4)结构说明。结构说明是对模型中构件的混凝土、砌体材料设置,也可以直接启用材质映射中的材质匹配;其设置页面包含楼层、构件名称、材料名称以及强度等级等。如图9-11所示。

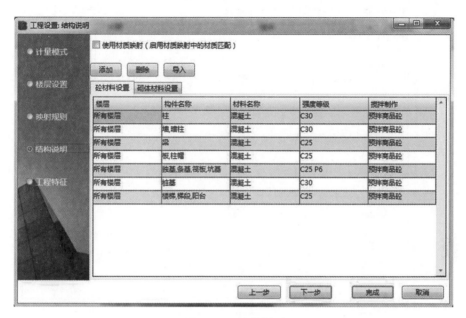

图9-11 结构说明

(5)工程特征。工程特征是对工程概况、计算定义、土方定义的设置,其中在计算定义及土方定义中有些参数是要根据工程项目实际情况必须进行设置的。如图9-12所示。

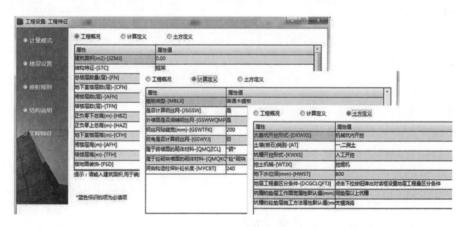

图9-12 工程特征

9.4.2 模型映射

模型映射是将BIM模型中的构件按照国家相关规范转化成算量软件中可识别的构件分类。模型映射结果如图9-13所示。

图 9-13　模型映射

　　图 9-13 是软件自动映射的结果,左侧 Revit 模型是
BIM 模型中的构件,右侧算量模型是软件自动识别后的
结果。在算量模型列中,对映射匹配出错的类别可直接
点击进行修改,如图 9-14 所示。

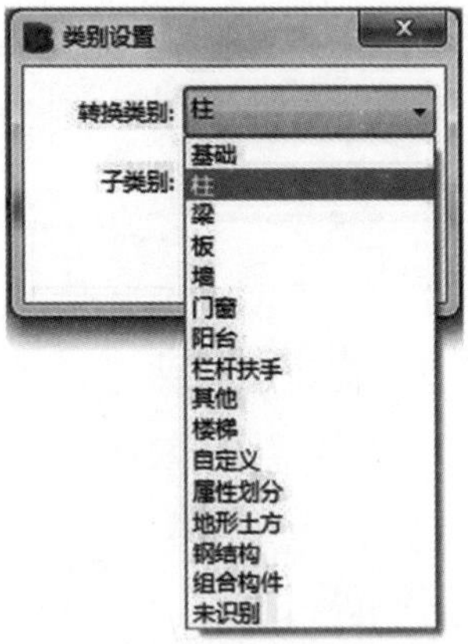

9.4.3　构件列表

　　构件列表对话框中包含了项目中所有已建立并转换
完成的构件。用户可根据需要在相应构件下挂接清单、
定额。对于装饰构件需先在此列表中创建构件定义,才
能进行后期装饰布置。如图 9-15 所示。

9.4.4　核对构件

图 9-14　构件类别设置

　　BIM 模型按照一定的规范转化成算量模型之后,对
其构件挂接相应的清单定额之后,执行分析命令可将工程的工程量计算出来。由于工程的
严谨性,在工程分析的时候,需查看图形构件的几何尺寸及与周边构件的关系和当前计算规
则设置。图 9-16 是某框架梁的信息。

图 9 – 15　构件列表

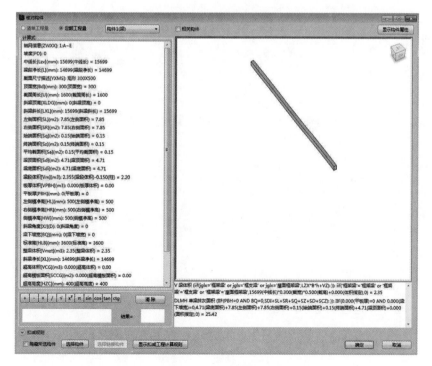

图 9 – 16　核对构件

虽然 BIM 模型能按照一定的规范转化成算量模型,从而进行工程量的计算,比较省时高效,但是对于各构件工程量计算的原理我们应该提前知晓。这样我们才能通过 BIM、通过软件提高我们的工作效率与工作质量。

9.5 分析统计工程量

算量模型转化完成并对构件做法进行挂接完成之后,即可进行工程量的分析与统计。在分析统计工程量时可以将其实物量与做法量同时输出,也可以分组、分楼层、分构件进行工程量的统计分析,如图 9-17 所示。分析统计结果如图 9-18 所示。

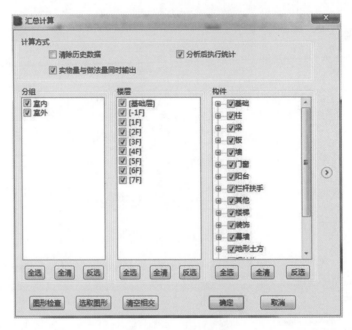

图 9-17 汇总计算

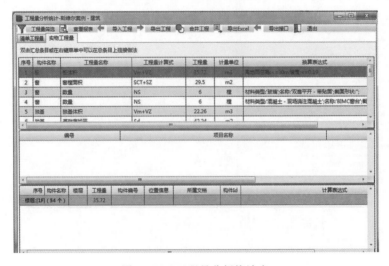

图 9-18 工程量分析统计表

9.6　输出报表

软件本身内置了很多工程量报表,如实物量汇总表、实物量明细表、做法明细表等。如图 9-19 所示,可根据工程项目实际需要分析统计相应参数并输出相应报表。

图 9-19　报表输出

本章小结

本章介绍了楼层组合、图形检查、构件编辑和工程量计算规则设置的操作。通过学习应具备完备的分析统计输出分析能力。

第10章　钢筋工程量

教学导入

钢筋工程在建筑工程中占有很重要的位置,钢筋工程在工程造价中也占有很重要的比重。读者要通过实践,利用软件学习,彻底掌握这部分的内容。

学习要点

- 地下室、首层、其他层、顶层钢筋工程量
- 分析统计钢筋量
- 识别建模
- 识别钢筋

10.1　钢筋工程量概述

10.1.1　钢筋工程量工作流程

BIM 模型中的钢筋算量,是通过软件创建项目的三维构件模型,再根据结构施工图,对各类构件进行钢筋布置。通过对构件的几何信息、相关属性信息等基本数据的分析,结合工程项目设置中的钢筋标准和规范来确定钢筋的锚固、搭接、弯钩长度等,自动计算出各类钢筋的长度与重量,最后按一定的归并条件统计出钢筋工程量。通过 BIM 模型计算钢筋工程量工作流程如图 10-1 所示。

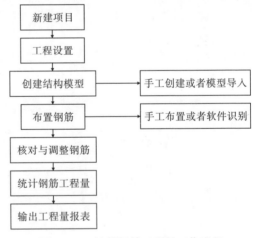

图 10-1　计算钢筋工程量工作流程

10.1.2　钢筋选项

"钢筋选项(对钢筋参数设置的统称)"是在建立结构模型之前,依据结构设计说明对钢筋工程量计算的相关选项进行设置。其集中了软件对钢筋计算的所有规则,是钢筋工程量计算的前提及核心部分。

为保证钢筋工程量的准确性,在创建结构模型之前先根据设计说明对其工程设置及钢筋选项进行设置。下面将简述工程设置及钢筋选项相关内容设置。

1. 混凝土强度等级设置

工程设置中,需要对框架柱、砼墙、梁板等砼强度等级、模板类型、砌体材质等进行设置,这些设置是从图纸信息中获得的。

2. 钢筋设置

在钢筋设置中,结合结构设计总说明和工程实际情况,进行钢筋规范、结构质式、抗震等

级、环境类别、定尺长度、接头计算方式、设计使用年限等的设置。

在此,设置结构质式为框架结构,抗震等级为二级抗震,抗震设防烈度为 6 度,环境类别为一类,其余设置按软件默认值。设置后效果如图 10 - 2 所示。

图 10 - 2 工程设置

3. 钢筋系统设置

钢筋系统参数设置中显示了软件内置的平法图集和结构规范的设置,包括计算设置和节点设置。其中,默认的初始值是按照钢筋图集和相关结构设计规范中设置的算法或最常用的习惯算法。常规情况下按软件默认设置即可,用户也可以根据实际工程的具体情况,对其中的数值或者设置进行修改,以满足不同结构设计的需求。图 10 - 3 为钢筋系统设置。

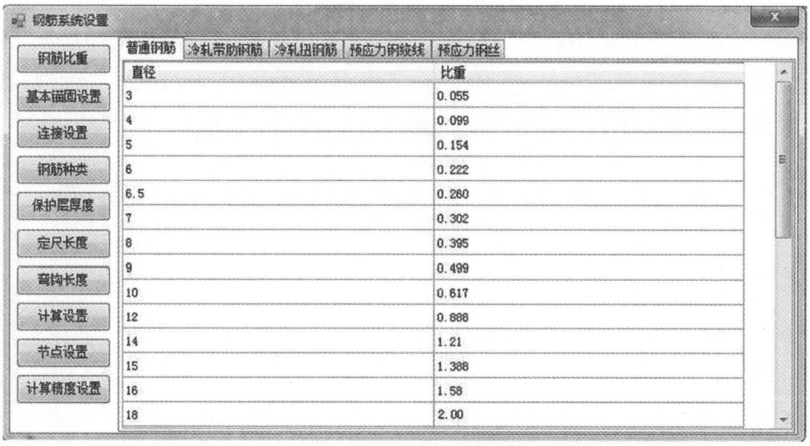

图 10 - 3 钢筋系统设置

在钢筋系统设置中,钢筋比重设置会影响到钢筋重量的计算。基本锚固设置界面如图 10 - 4 所示,其设置将影响到锚固长度的取值,从而间接影响钢筋工程量。这部分根据钢筋平法图集设置,一般不需要更改。另外,用户也可以根据结构施工图的说明,对钢筋连接形式进行相应的修改。如果没有特殊说明,则按照软件默认的最常用的方式即可,如图 10 - 5 所示。

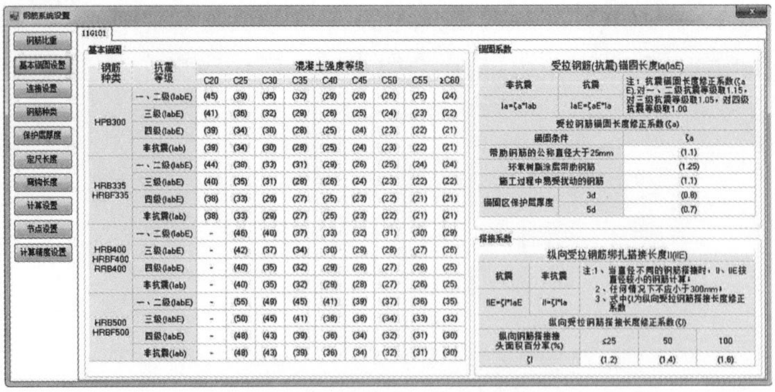

图 10-4　钢筋基本锚固设置

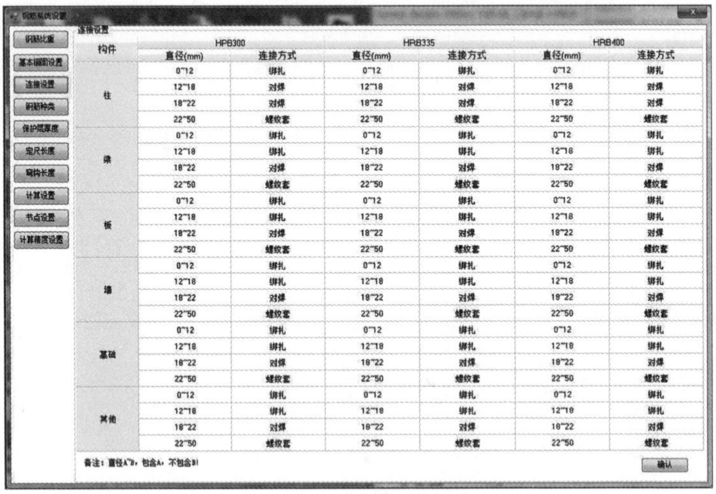

图 10-5　钢筋连接形式

保护层厚度指最外层钢筋外边缘至混凝土表面的距离。其间接影响钢筋工程量的计算。一般按照标准图集设计的工程,不进行更改。如图 10-6 所示。

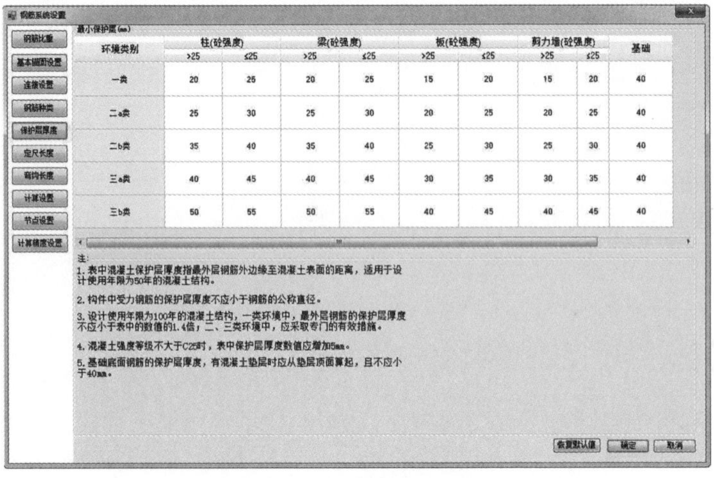

图 10-6　钢筋保护层厚度

钢筋中的定尺长度是指由产品标准规定的钢坯和成品钢材的出厂长度，它将影响到定尺接头个数，从而影响钢筋工程量。根据工程结构设计说明和工程实际情况，进行设置。如图 10－7 所示。

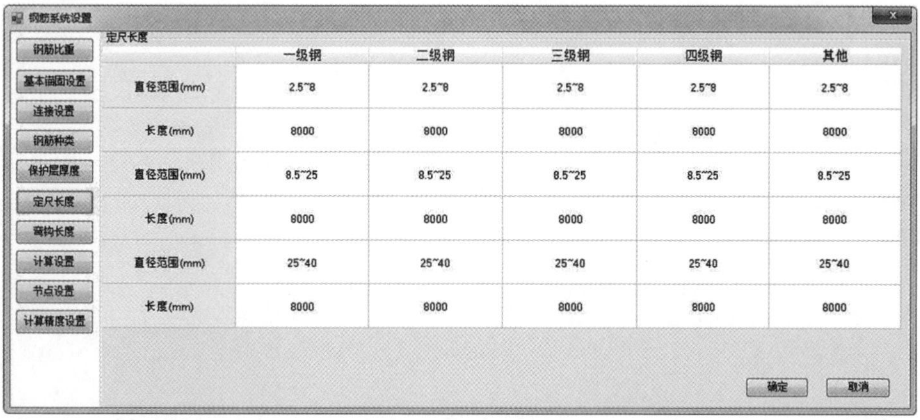

	一级钢	二级钢	三级钢	四级钢	其他
直径范围(mm)	2.5~8	2.5~8	2.5~8	2.5~8	2.5~8
长度(mm)	8000	8000	8000	8000	8000
直径范围(mm)	8.5~25	8.5~25	8.5~25	8.5~25	8.5~25
长度(mm)	8000	8000	8000	8000	8000
直径范围(mm)	25~40	25~40	25~40	25~40	25~40
长度(mm)	8000	8000	8000	8000	8000

图 10－7　钢筋定尺长度

根据箍筋直径、是否抗震和弯钩角度，列出了箍筋弯钩的长度。根据标准图集设置的工程，一般不进行更改，如图 10－8 所示。

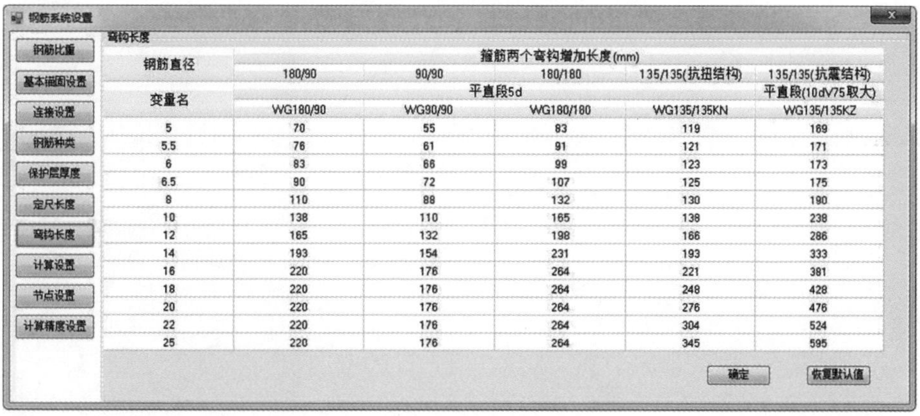

钢筋直径	箍筋两个弯钩增加长度(mm)				
	180/90	90/90	180/180	135/135(抗扭结构)	135/135(抗震结构)
变量名	平直段5d				平直段(10dV75取大)
	WG180/90	WG90/90	WG180/180	WG135/135KN	WG135/135KZ
5	70	55	83	119	169
5.5	76	61	91	121	171
6	83	66	99	123	173
6.5	90	72	107	125	175
8	110	88	132	130	190
10	138	110	165	138	238
12	165	132	198	166	286
14	193	154	231	193	333
16	220	176	264	221	381
18	220	176	264	248	428
20	220	176	264	276	476
22	220	176	264	304	524
25	220	176	264	345	595

图 10－8　钢筋弯钩长度设置

“计算设置”部分是软件内置的规范和图集，包括各类构件计算过程中所用到的参数的设置，直接影响钢筋的计算结果。软件中默认的是规范中规定的数值和工程中最常用的数值，按照图集设计的工程，一般不需要进行修改，如图 10－9 所示。对于特殊工程，用户可以根据结构设计说明和工程具体情况进行修改，如图 10－10 所示。

“节点设置”中包含了图集规范中的规范算法和工程实际中常用的传统算法等多种节点。软件中默认的节点，是规范的和最常用的节点形式，一般工程不需要进行设置，如图 10－11所示。如果用户在实际工程中使用的是其他节点，可以在这里修改节点取值或选择其他节点，如图 10－12 所示。

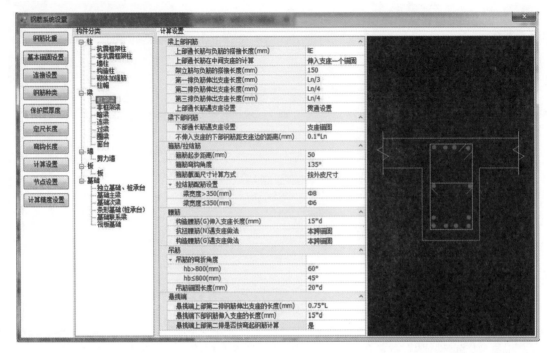

图 10 - 9　钢筋计算设置

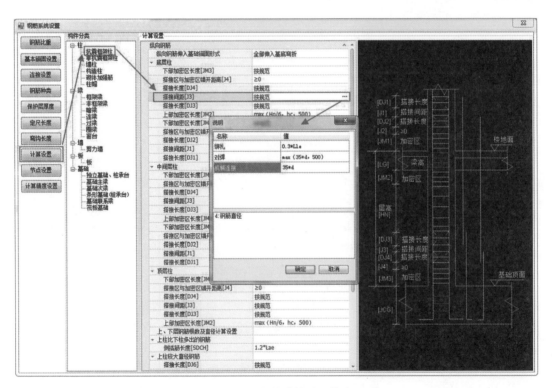

图 10 - 10　钢筋计算设置修改

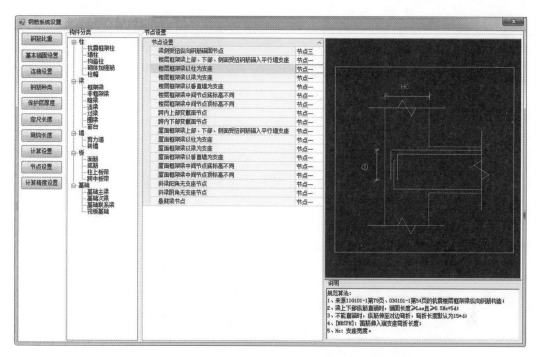

图 10-11 钢筋节点设置

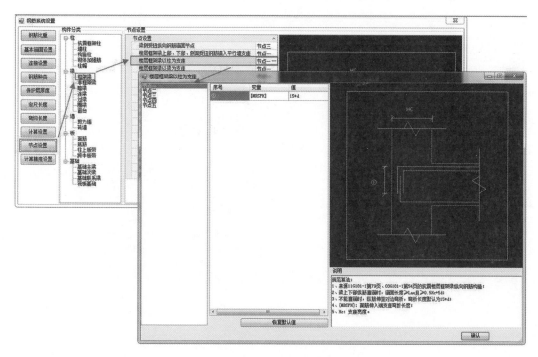

图 10-12 钢筋节点修改

　　钢筋选项中的设置及计算设置、节点设置等是整个软件进行 BIM 模型算量的核心部分。在进行钢筋选项设置时,一定要严格按照规范以及实际项目设计进行,这样才能保证钢筋工程量计算的精准度。

10.2　地下室钢筋工程量

核查、完善好结构模型之后，即可依据结构施工图对构件进行钢筋的布置。对地下室来讲，通常包含独立基础、条形基础、筏板基础、基础梁、柱、梁、板、混凝土墙、过梁、砌体墙拉结筋等。

10.2.1　独立基础

对结构模型中的独立基础进行钢筋布置时，需先查看模型中的独立基础是否在正确的构件分类下，若分类不正确还需手动调整。然后对各类型的独立基础进行钢筋的定义。如图 10 - 13 所示为独立基础钢筋定义。

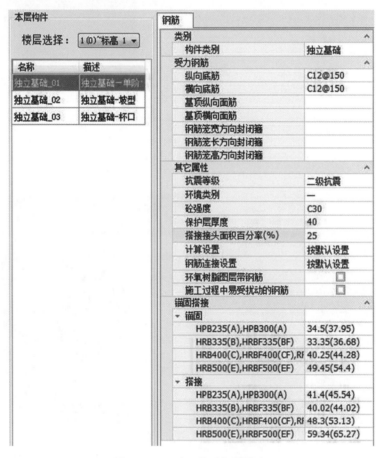

图 10 - 13　独立基础钢筋定义

在图 10 - 13 中，左侧为结构模型中所包含的所有的独立基础，名称的表示要根据不同软件要求进行设置，可对其中某种独立基础进行相关描述，如图中举例。右侧为左侧选中的独立基础的钢筋定义，根据结构施工图中独立基础的钢筋信息进行设置。设置完成后可直接在模型中点选构件进行钢筋布置。

10.2.2 条形基础

对结构模型中的条形基础进行的钢筋布置与独立基础的布置方法相同,只是在给不同类型的条形基础定义钢筋时有所不同,如图 10 - 14 所示为条形基础的钢筋定义。

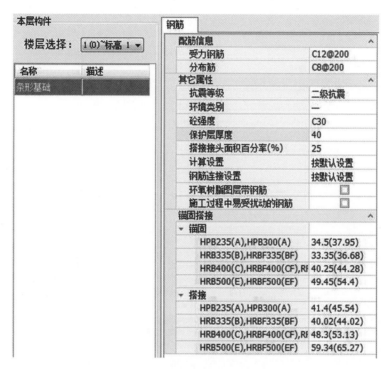

图 10 - 14 条形基础的钢筋定义

图 10 - 14 所示条形基础钢筋布置相对简单,只需对其受力钢筋与分布筋进行设置,但是对于条形基础路径上有高差的情况,需要对其节点部位进行设置。

10.2.3 筏板基础

在钢筋工程量计算软件中,对于筏板基础钢筋的布置如图 10 - 15 所示,均在"板筋布置"功能根据板筋设计情况进行布置。

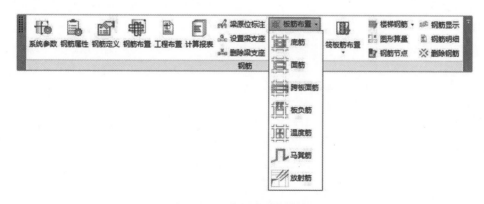

图 10 - 15 筏板基础钢筋布置

10.2.4 基础梁

对基础梁进行钢筋布置时,按照结构施工图对其进行相应的设置之后,还需仔细核查节点部位的钢筋设置情况。如图 10-16 所示为基础梁的钢筋定义界面。

图 10-16 基础梁钢筋定义

10.2.5 柱

地下室柱钢筋的布置需要考虑到柱与基础的连接,即对柱进行受力钢筋及箍筋等信息布置后还需设置其节点样式,如图 10-17 所示。对于框架柱或异形墙柱的复合箍筋,可以通过点击"肢数"后的按钮打开箍筋库进行选择或新建,如图 10-18 所示。

10.2.6 梁

在定义梁原位标注前,可以对局部特殊跨数进行支座的设置与删除操作。根据梁的集中标注在如图 10-19 所示界面进行钢筋定义,另外在如图 10-20 所示功能下进行梁原位标注的定义。

图 10 - 17　柱钢筋定义

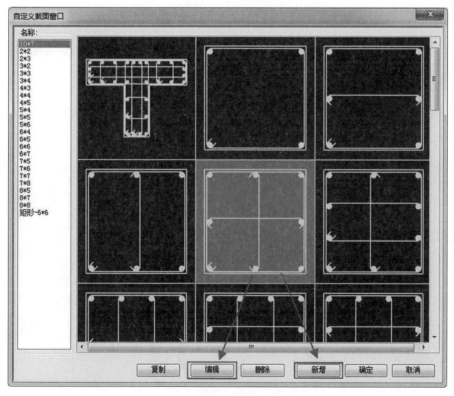

图 10 - 18　柱箍筋定义

图 10-19　梁的集中标注钢筋定义

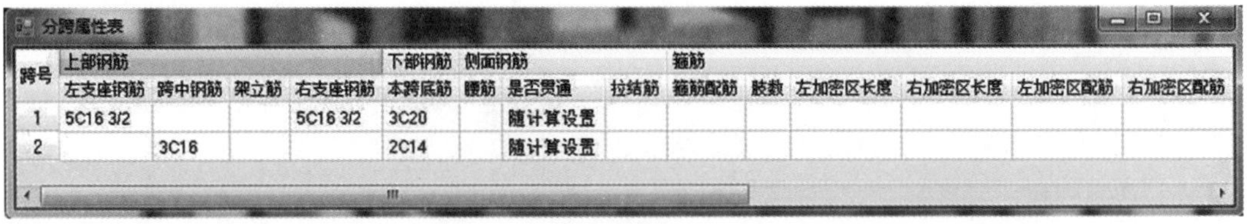

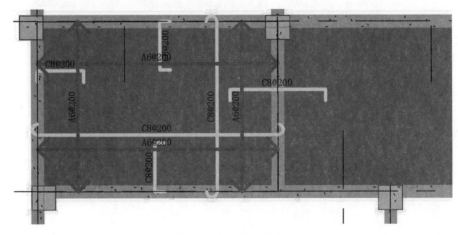

图 10-20　梁的原位标注钢筋定义

10.2.7　板

板钢筋的布置与筏板基础钢筋布置类似,均是通过"板筋布置"功能对板底筋、面筋、跨板面筋、板负筋等进行布置。图 10-21 为板筋定义。

图 10-21　板筋定义

10.2.8　过梁

当墙体上开设门窗洞口且墙体洞口大于 300mm 时，为了支撑洞口上部砌体所传来的各种荷载，并将这些荷载传给门窗等洞口两边的墙，常在门窗洞口上设置横梁，该梁称为过梁。过梁构件通常在软件中是可以自动布置的。图 10－22 为过梁的钢筋定义。

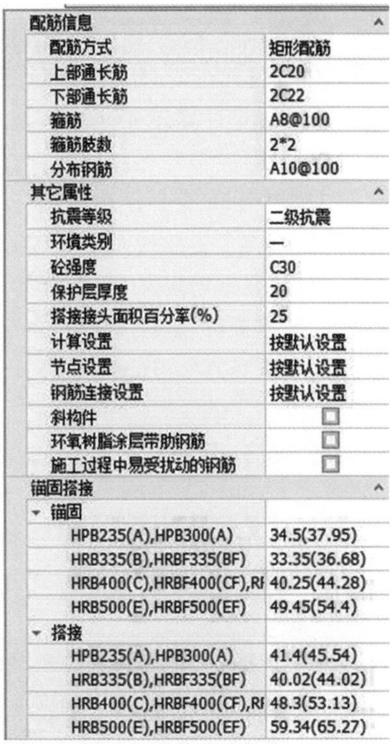

10.2.9　混凝土墙

混凝土墙钢筋主要包括水平、垂直分布钢筋以及墙体拉结筋。还需对其不同类型暗柱以及相邻墙钢筋等节点进行设置。总之，对构件钢筋设置越精细，工程量越精确。图 10－23 为混凝土墙钢筋设置。

10.2.10　砌体墙拉结筋

砌体墙拉结筋不需进行手工创建，此项钢筋应按照结构设计要求利用软件自动布置。

图 10－22　过梁的钢筋定义

图 10－23　混凝土墙的钢筋定义

10.3 首层钢筋工程量

首层钢筋工程量计算过程同地下室构件钢筋工程量计算流程相同,也是先对首层构件进行钢筋的布置,前提是工程设置与构件绘制的准确性。

在首层平面中也可能会存在独立基础、基础梁构件,对其钢筋的布置与地下室对应构件相同,只是要根据施工图设计及设计说明中的要求进行布置。对于其他构件的钢筋布置方法基本类似,只是在钢筋定义、节点选择中需根据不同的施工设计来设定。

首层柱钢筋布置时,若柱下有独立基础则与地下室布置方法相同,根据不同的柱钢筋设计修改其参数及选择其节点。若首层柱是地下室柱的向上延伸,则在节点选择时应根据本层设计而定。

首层梁筋、板筋、混凝土墙钢筋、过梁筋均与地下室布置方法类似,根据施工图设定相应参数即可。

图 10-24 为楼梯形式的选择及楼梯钢筋的布置。图中左侧可根据项目中楼梯设计进行楼梯形式的选择,选中相应楼梯形式之后即可在图中相应位置进行楼梯钢筋的布置。

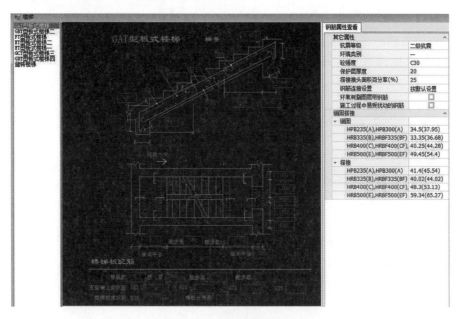

图 10-24 楼梯钢筋布置

10.4 其他层钢筋工程量

其他层构件主要包括柱、梁、板、楼梯、混凝土墙、砌体墙等,其钢筋布置方法均与前述相同,只需按照施工图设计进行设定即可。

10.5 顶层钢筋工程量

顶层柱、梁、板钢筋的布置与下部楼层相同,其中对于挑檐及压顶钢筋的布置,如图 10-

25 所示,需要先在节点构件选项下创建相应的节点,如图左侧所示,然后切换到节点钢筋选项,依据施工图纸进行挑檐及压顶节点钢筋的创建。

图 10-25　挑檐、压顶钢筋布置

10.6　分析统计钢筋量

在布置完构件的钢筋后,便可通过软件对其进行分析并统计钢筋工程量了。此处钢筋量的分析主要是指对构件钢筋的校核,对构件钢筋属性的查看及修改。确认无误后即可统计钢筋量,输出报表。

10.6.1　核对钢筋

钢筋布置完成之后,为保证正确性可通过软件提供的钢筋核对功能进行检查并修改,也可以在布置构件钢筋的同时随时进行校核。图 10-26 是软件提供的单个构件的钢筋校核,也可对整个模型进行校核。

钢筋计算结果

用户图形　添加图形　自定义图形　修改　插入　+　-　上移　下移　　单构件重量合计(kg): 136.2

序号	钢号	直径	图形	计算式	公式注解	根数	单根长度(m)	单根重量(kg)	合计重量(kg)	接头个数	定尺头个数	定尺搭接长度(m)	注释	搭接方式
1	HRB400	22		667 + 0	低位_基础竖向段插筋长度 + 水平弯折长度	2	0.67	1.99	3.98	2	0	0	B边一侧低位基础插筋	螺纹套
2	HRB400	22		1437 + 0	高位_基础竖向段插筋长度 + 水平弯折长度	2	1.44	4.28	8.56	2	0	0	B边一侧高位基础插筋	螺纹套
3	HRB400	22		4000 - 667 - 0	层高 - JM3 - J4	2	3.31	9.87	19.74	0	0	0	B边一侧低位连接层顶钢筋	螺纹套
4	HRB400	22		4000 - 667 - 0 - 0 - 770	层高 - JM3 - J4 - DJ4 - J3	2	2.54	7.58	15.16	0	0	0	B边一侧高位连接层顶钢筋	螺纹套
5	HRB400	22		667 + 0	低位_基础竖向段插筋长度 + 水平弯折长度	2	0.67	1.99	3.98	2	0	0	H边一侧低位基础插筋	螺纹套
6	HRB400	22		1437 + 0	高位_基础竖向段插筋长度 + 水平弯折长度	2	1.44	4.28	8.56	2	0	0	H边一侧高位基础插筋	螺纹套
7	HRB400	22		4000 - 667 - 0	层高 - JM3 - J4	2	3.31	9.87	19.74	0	0	0	H边一侧低位连接层顶钢筋	螺纹套
8	HRB400	22		4000 - 667 - 0 - 0 - 770	层高 - JM3 - J4 - DJ4 - J3	2	2.54	7.58	15.16	0	0	0	H边一侧高位连接层顶钢筋	螺纹套
9	HRB400	22		667 + 0	低位_基础竖向段插筋长度 + 水平弯折长度	1	0.67	1.99	1.99	2	0	0	角筋低位基础插筋	螺纹套
10	HRB400	22		1437 + 0	高位_基础竖向段插筋长度 + 水平弯折长度	1	1.44	4.28	4.28	2	0	0	角筋高位基础插筋	螺纹套
11	HRB400	22		4000 - 667 - 0	层高 - JM3 - J4	1	3.31	9.87	9.87	0	0	0	角筋低位连接层顶钢筋	螺纹套
12	HRB400	22		4000 - 667 - 0 - 0 - 770	层高 - JM3 - J4 - DJ4	1	2.54	7.58	7.58	0	0	0	角筋高位连接层顶钢筋	螺纹套
13	HPB300	8		(500 - 20 * 2 + 500 - 20 * 2) * 2 + 2 * 11.9 * 8	(长 + 宽) * 2 + 箍筋附加值	22	2.03	0.8	17.6	0	0	0	箍筋	

图 10-26　某框架柱钢筋计算明细

10.6.2　钢筋属性

模型中构件布置完成钢筋之后,虽能三维看到已经布置上的钢筋,但只能通过选中查看其某一根钢筋的信息。钢筋属性则可通过选取钢筋所在的主体来查看其所含的钢筋属性并可进行修改。如图10-27所示为某框架柱的钢筋属性查看。

10.6.3　统计钢筋量

在确认构件钢筋布置正确后,就可以统计钢筋工程量了。在统计之前需先设置其统计条件。图10-28为钢筋量统计条件,图10-29为钢筋计算图表,图10-30为钢筋量统计表。

图 10-27　某框架柱钢筋属性

图 10-28　钢筋量统计条件

钢筋计算图表

工程名称:　　2016年11月03日　　第1页，共3页

序号	名称	编号	相同数	钢号直径	钢筋图形	根数	单根长度	总根数	总重量	接头总数
-2: 合计重量(KG): 252.68										
1	KZ1 (500 x 500)	B 边一侧_低位	1	22		2	0.67	2	3.98	2
2	KZ1 (500 x 500)	B 边一侧_高位	1	22		2	1.44	2	8.56	2
3	KZ1 (500 x 500)	B 边一侧低位_	1	22		2	3.31	2	19.74	0
4	KZ1 (500 x 500)	B 边一侧高位_	1	22		2	2.54	2	15.16	0
5	KZ1 (500 x 500)	H 边一侧_低位	1	22		2	0.67	2	3.98	2
6	KZ1 (500 x 500)	H 边一侧_高位	1	22		2	1.44	2	8.56	2
7	KZ1 (500 x 500)	H 边一侧低位_	1	22		2	3.31	2	19.74	0
8	KZ1 (500 x 500)	H 边一侧高位_	1	22		2	2.54	2	15.16	0
9	KZ1 (500 x 500)	角筋_低位基础	1	22		1	0.67	1	1.99	2
10	KZ1 (500 x 500)	角筋_高位基础	1	22		1	1.44	1	4.28	2
11	KZ1 (500 x 500)	角筋低位_连接	1	22		1	3.31	1	9.87	0
12	KZ1 (500 x 500)	角筋高位_连接	1	22		1	2.54	1	7.58	0
13	KZ1 (500 x 500)	箍筋	1	8		22	2.03	22	17.6	0
14	KL2 (300x500)	第1跨腰筋	1	14		2	6.63	2	16.04	0
15	KL2 (300x500)	第1跨箍筋	1	8		55	1.63	0	35.2	0
16	KL2 (300x500)	第2跨箍筋	1	8		28	1.63	0	17.92	0

图 10－29　钢筋计算图表

钢筋预(结)算分层分项统计表

工程名称:小学教学楼工程　　2016年11月05日　　第1页，共3页

钢号	6	8	10	12	14	16	18	20	22	25
第1层：框架柱分层分项用钢量小计(KG)：80.68										
A		43.2								
B										
C										
D										
第1层：框架梁										
A	71.73	850.84								
B										
C										
D										
第1层：平板										
A										
B										
C		28.56								
D										
第1层：独立基础										
A		145.2								
B										
C										

施工用量表

工程名称:　　2016年11月04日　　第1页，共1页

钢号	直径(mm)　重量(Kg)										
	4	5	6	6.5	7	8	9	10	11	12	14
A			106.54			1678.38					
B											
C										691.68	709.52
D											

钢号	直径(mm)　重量(Kg)										
	16	18	20	22	25	28	30	32	36	40	
A											
B											
C			1712.8	2966.76							
D											

图 10－30　钢筋量统计表

10.7　识别建模

10.7.1　识别建模与手工建模的关系

在建筑工程量及钢筋工程量工作流程中提及，模型的建立分为手工建模和识别建模两

种方式。在已有电子施工图的情况下,我们可将施工图导入到相关软件中通过构件识别来创建模型。识别建模在一定程度上提高了模型创建的效率。

虽然模型的创建可以通过识别已有的电子图的方式创建,但并不是所有的构件都可以被识别。目前,软件只能识别一些相对比较规则的构件,如轴网、基础、柱、梁、墙、门窗等。对于一些异形或不规则的构件,软件尚不能识别,还需要手工绘制。因此,在模型创建时识别建模与手工建模是相辅相成、相互补充的。

构件识别是软件通过电子施工图中线条的位置关系推测出构件的位置和尺寸。因此电子施工图绘制的规范与否将直接影响到构件识别的成功率。手工建模是识别建模的基础,灵活运用识别建模与手工建模可以大幅度提高工作效率。

识别建模能较快速地进行模型的创建,但我们依然要先熟悉手工建模的方法再通过识别建模提高我们的工作效率。目前,构件识别的成功率并不能达到百分之百,因此通过识别创建的构件应进行相应的核查及完善工作。

10.7.2　识别建模工作流程

如前面所讲,识别建模与手工建模是相辅相成、相互补充的。因此,识别建模是整个BIM 模型创建流程中的一部分,通过识别建模方式可以提高 BIM 模型创建的效率。先通过电子施工图对轴网、基础、柱、梁、墙、门窗等进行识别建模,再通过手工建模进行其他无法识别构件的创建。因此,识别建模是在新建工程及工程设置完成之后进行的,其工作步骤如下:电子施工图处理→导入施工图→对齐基点→识别建模→清空施工图。

其中电子施工图要根据所选软件的要求进行规范处理。对齐基点是电子施工图与 BIM模型、BIM 模型各层之间的位置关系的相互对应。识别建模包括轴网、基础、柱、梁、墙、门窗的创建。同时,每一层的模型识别要在其相应的楼层进行,不可全都在一个楼层中进行识别。

10.7.3　识别轴网

在一个工程项目中为防止各层轴网之间基点对应精度问题,通常是共用一套轴网,因此在识别轴网时也只是识别一次首层轴网,然后各层共用。在前一步骤工程设置中已经设定好项目各层标高,直接进入首层平面进行轴网识别。

轴网识别的原理是提取电子施工图轴号及轴网所在的图层进行自动转化。在导入电子施工图时一定要对齐施工图与模型的基点。图 10-31、图 10-32 为轴网识别时图层提取及识别后的轴网。

其中,在轴符、轴网提取时可以根据电子施工图情况提取多个图层。若电子施工图绘制不规范,则识别后的轴网还需手动进行一些处理。图 10-32 左下角即为电子施工图与模型的对应基点。

10.7.4　识别柱

在识别构件时,要先进入构件所在的楼层。在识别首层柱时也要先选择首层平面图,然后进行柱的转化。如图 10-33 为柱图层提取界面,且在设置中还可根据电子施工图自定义框架柱、墙柱、构造柱可识别的名称代号。

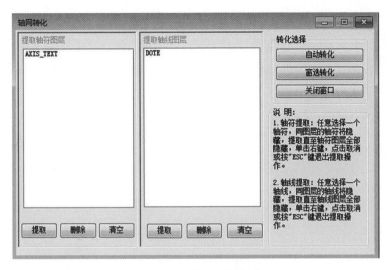

图 10 - 31　轴网图层提取

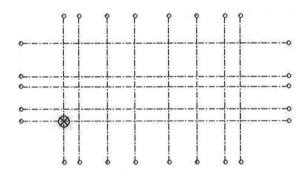

图 10 - 32　识别后的轴网

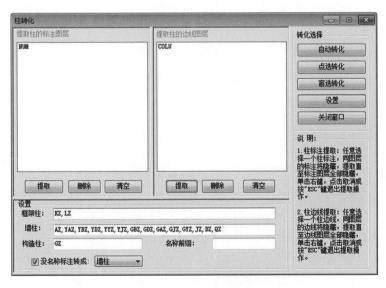

图 10 - 33　柱图层提取

10.7.5　识别首层梁

进入首层平面图,选择梁转化功能进入如图 10 – 34 所示的梁标注及梁边线图层提取框,按照电子施工图对设置进行相应的调整后,进行自动转化即可。在提取梁标注及梁边线图层时,一定要确保其所在图层全都被选中。

图 10 – 34　梁图层提取

10.7.6　识别首层墙和门窗表

按照一定的识别顺序,在识别完首层的柱和梁后,即可识别首层的墙体和门窗。墙和门窗可以根据所选软件不同分别识别或者同步识别。图 10 – 35 为墙体门窗同步识别界面,图 10 – 36 是同步识别时构件设置,图 10 – 37 为墙体、门窗分别识别界面。

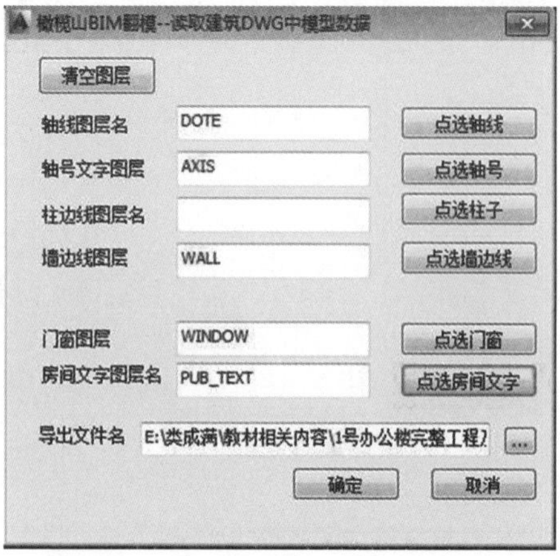

图 10 – 35　墙体门窗同步识别

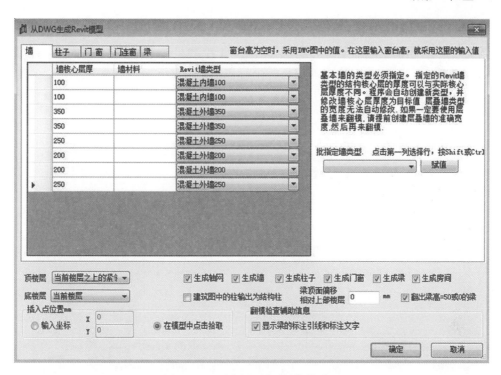

图 10 - 36　同步识别时的构件设置

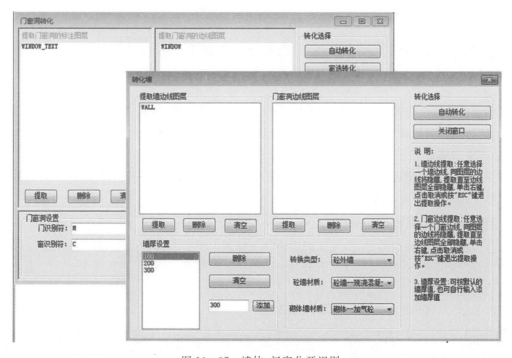

图 10 - 37　墙体、门窗分开识别

在墙体和门窗识别时,不论是应用哪种软件都应对其转换类型进行设置,如选择墙体类型为混凝土外墙、混凝土内墙、砌体外墙、砌体内墙等。

10.7.7　识别其他构件

前面章节已经简述了轴网、柱、梁、墙体、门窗的转化方法,除此之外软件还可以对独立基础、条形基础、基础梁、施工图中的表格等进行识别。当然不同的软件其可识别的构件可能会存在微小差异。如图 10-38 所示独立基础的识别方法与前述相同,也是通过提取独立基础的标记及独立基础的边线进行识别,并设置软件可识别的构件名称。

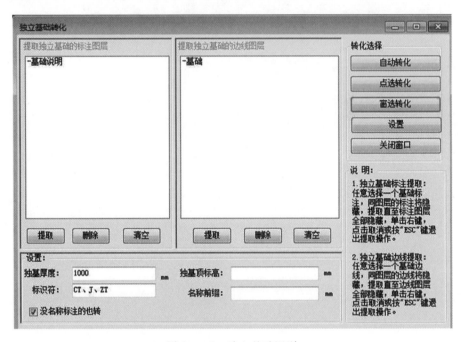

图 10-38　独立基础识别

识别建模在一定程度上提高了模型创建的效率,但是除上述构件外软件还不能对其他构件进行识别,如楼板、楼梯、装饰等。因此,识别建模之后还需手动布置其他未能识别的构件,进而完善模型。

识别建模是依据已有的电子施工图进行构件的创建,对于构造柱、过梁、圈梁等构件可通过软件在 BIM 模型中智能化布置。

10.7.8　其他楼层处理

按照首层构件的识别方法,可以识别出地下室及上部楼层的柱、梁、墙、门窗构件。为保证各楼层之间不发生错位,所以地下室及上部楼层都共用首层轴网,不再重复识别。这样只需将对应楼层的柱、梁、墙、门窗的电子施工图导入到软件中进行识别即可。识别建模与手工建模相结合,可快速完成项目模型的创建。

10.8　识别钢筋

项目的结构模型创建完成之后,即可对其进行钢筋的布置。钢筋布置也是利用识别建模与手工建模相结合的方法。前文简述了 BIM 模型中通过软件手动布置钢筋的方法。当有电子施工图时,我们可以将其导入到软件中直接进行钢筋的识别,主要包括柱筋、梁筋、板筋。受国内软硬件发展限制,对于通过 CAD 直接对钢筋进行识别建模,应选择其他国内相关软件。

钢筋识别分两种形式:①标注识别,是对图中的标注图元进行识别;②表格识别,是将图中用表格形式标注的内容,进行转换后识别。识别钢筋的工作步骤与识别建模相同,遵循导入施工图→对齐基点→识别钢筋→清空施工图的流程。

10.8.1　识别柱筋

在电子施工图的平面结构图中会有相应柱表,柱表中含有柱截面、截面尺寸、标高范围及柱钢筋信息。在识别柱构件时已经将相应的施工图导入到对应的楼层平面中,在识别完柱构件之后即可利用柱表进行柱钢筋的识别。由于软件问题,可能部分钢筋符号无法正常显示,此时应该与电子施工图相结合在软件中将柱表中的钢筋符号通过钢筋描述功能将其转换成软件能够识别的钢筋样式。图 10-39 为柱表钢筋转化结果。

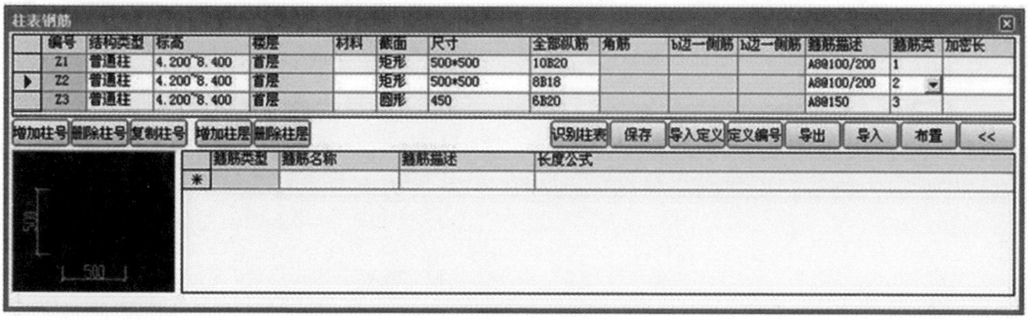

图 10-39　柱表钢筋转化

10.8.2　识别梁筋

电子施工图已经存在于相应平面中,在识别完梁构件之后,即可进行梁筋的识别。与柱筋识别相同,识别梁筋之前要对钢筋描述进行转换,转换成软件能够识别的钢筋符号。梁筋包括底部筋、上部筋、支座筋、腰筋、箍筋等钢筋类型。图 10-40 为某框架梁钢筋识别情况。

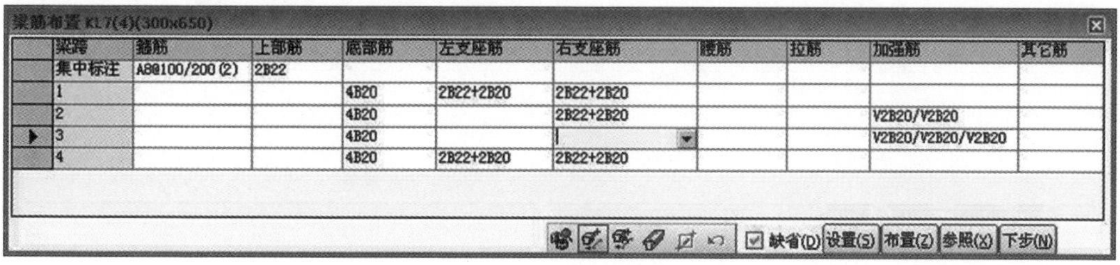

图 10-40　某框架梁钢筋识别

图 10-40 为某框架梁自动识别结果,在此识别结果中可根据施工图进行核对并完善,确认无误后即可进行钢筋布置命令。当然,软件中也有对某楼层框架梁钢筋整体自动识别功能。为确保钢筋信息的准确性,可对构件钢筋进行核对。其中框架梁腰筋的布置需要先布置板。

10.8.3　识别板筋

柱、梁、板钢筋在识别之前均需将钢筋符号转换成软件能够识别的格式,然后即可进入到板筋识别功能。根据规范要求,在板的施工图中板的不同类型钢筋会有不同的弯钩表示。在板筋识别时,软件会自动根据板筋线条的弯钩类型来判断是面筋还是底筋。图 10 – 41 为板筋识别与布置。

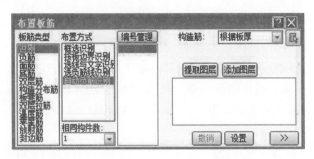

图 10 – 41　板筋识别与布置

如图 10 – 41 所示,可通过框选识别、按板边界识别、选线与文字识别、选负筋线识别、自动负筋识别方式进行板钢筋的识别布置。同时,也可根据施工图对其负筋、面筋等钢筋进行手动布置。

本章小结

通过本章的学习,读者应重点掌握各三维构件的识别和分析。轴网、柱子、梁、门窗、钢筋等其他构件的识别是重点内容。需要重点明白钢筋工程量计算的流程,钢筋的工程量利用软件如何计算,具备钢筋统计量输出报表正确性初步预判与分析的能力。

综合实训篇

第11章 实训案例

教学导入

本章通过案例实训环节,使学生能够了解 BIM 技术的发展现状,运用本课程所学的基本理论知识建立完整建筑模型,了解并熟悉建筑建模和算量的主要步骤、BIM 技术在工程造价控制中的运用,包括项目基于 BIM 技术的算量工作流程和内容。

本章中介绍的 BIM 算量软件采用福建省晨曦信息科技股份有限公司的晨曦 BIM 算量系列,该系列是基于 Revit 平台自主研发的 BIM 算量软件,可同时输出建筑、装饰、钢筋及安装工程量;实现多专业统一平台,无需通过外部接口转换、数据齐全,模型可延伸共用;并可同时出实物量、清单量、预算量;且计算式直观明了,可直接用于对账。本章将以实际工程为例,从建模、翻模、土建算量、钢筋算量和安装算量多方面辅助学习。

学习要点

- 掌握 BIM 算量软件建模、翻模的方法
- 掌握 BIM 算量软件输出清单定额工程量的方法
- 掌握 BIM 算量软件布置钢筋和输出钢筋工程量的方法
- 掌握 BIM 算量软件汇总输出安装工程量的方法

11.1 工程概况

工程名称:古田县××幼儿园。

建设单位:古田县××中心小学。

设计单位:福建××建筑设计有限公司。

工程地点:古田县××镇。

工程特征:本工程地上 3 层,耐火等级二级,建筑等级为二级,框架结构,总建筑面积为 3114.5 ㎡,建筑高度为 10.95m。

11.2 项目成果展示

通过案例实训,将使学生掌握采用 BIM 算量完成模型的建立、计算和出量,生成各类构件报表,并可将 BIM 算量导出的文件导入 BIM 计价软件,量价可无缝对接,形成多专业集成的 BIM 模型。

项目成果相关图如图 11-1、图 11-2 和图 11-3 所示。

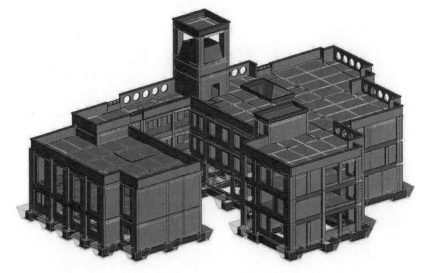

图 11-1 主体结构图

图 11-2 基础土方垫层砖模图

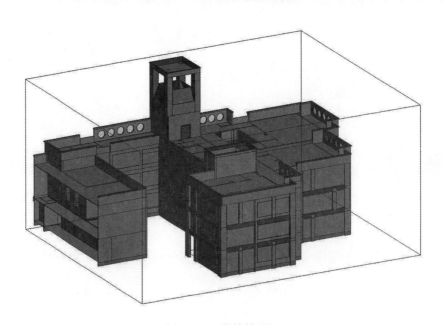

图 11-3 装饰算量图

11.3 实训目标要求

通过案例实训,使学生能够熟练掌握软件的基本功能与使用方法,熟悉 BIM 建模、翻模的流程,掌握 BIM 算量系列软件完成土建、钢筋和安装算量的流程,同时了解 BIM 多专业统一平台、模型可延伸共用的方式。

实训主要培养学生以下能力:

(1)巩固所学专业知识,培养综合运用所学理论知识和专业技能解决工程实践问题的能力;

(2)培养学生设计阶段应用 BIM 算量软件完成工程算量的能力;

(3)培养和提高学生的自学能力,运用计算机辅助解决工程算量相关问题的能力;

(4)培养和锻炼学生的沟通能力、团队协作的能力。

11.4 提交成果要求

(1)结合晨曦 BIM 算量产品和 BIM 系统建立模型;

(2)在晨曦 BIM 算量产品进行设置、输入图纸信息、挂接清单定额和汇总工程量;

(3)导出土建部分工程量汇总报表和计算式明细报表;

(4)对结构模型输入钢筋信息并布置钢筋实体;

(5)导出钢筋汇总报表和明细报表;

(6)应用已有模型再布置安装模型,并挂接清单定额和工程量输出;

(7)导出安装部分工程量汇总报表和计算式明细报表。

11.5 实训准备

11.5.1 硬件环境

(1)CPU:i5 以上 CPU 二代以上。

(2)内存:8G 以上。

(3)显卡:一般配置的主流显卡都可以满足一般的需求。

11.5.2 软件环境

用于本实训案例技术应用层面的基础应用软件推荐采用以下软件:

(1)Autodesk Revit 建筑软件:建立建筑专业 BIM 模型,能够直接提供模型数据给晨曦 BIM 算量;

(2)晨曦 BIM 算量:直接在 Revit 平台上应用创建的模型进行清单定额挂接、工程量输出、导出计价格式文件,避免模型转换,实现数据的一致性和协同性。

11.6 模型创建

11.6.1 工程设置

工程设置由工程属性、楼层设置、结构说明、算量设置、钢筋设置和分类规则这六个部分组成。工程属性可输入工程的基本项目信息,设置楼层数和层高可快速创建立面标高、砼强度等级设置可用于工程构件分量及满足工程造价额需要,加载清单定额库满足全国清单定额库的导入,添加钢筋设置功能如抗震等级、环境类别等,完成钢筋布置前的预设置,便于快速布置钢筋实体,分类规则库可实现用户建模的灵活性,无太多的约束规范,最终都可以达到模型算量。

11.6.2 模型建立

1. 手工建模

(1)新建项目。打开 Revit 后点击"新建项目",选择晨曦样板,如图 11 - 4 所示。晨曦样板预先加载了多种形状的各种几何图形如矩形柱、矩形梁等,并符合大部分人的建模设置。

图 11 - 4　选择晨曦样板

(2)绘制轴网。应用晨曦 BIM 算量软件提供的绘制轴网功能,分别输入下开间、左进深、上开间、右进深等数值,完成轴网的建立,如图 11 - 5 所示。

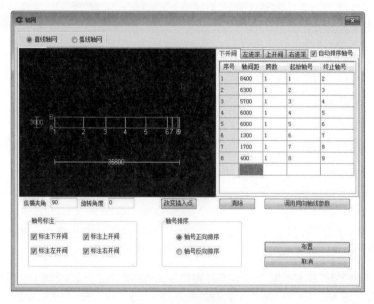

图 11 - 5　输入轴网数值

(3)绘制主体构件。应用 Autodesk Revit 自身提供的绘制工具,完成基础、柱、墙、梁、板、门窗洞等主体构件的绘制,如图 11 - 6 所示。

图 11-6 绘制主体构件

（4）晨曦布置。应用晨曦 BIM 算量软件提供的建模工具，完成二次构件、装饰、保温防水、土石方等构件的绘制，如图 11-7 所示。

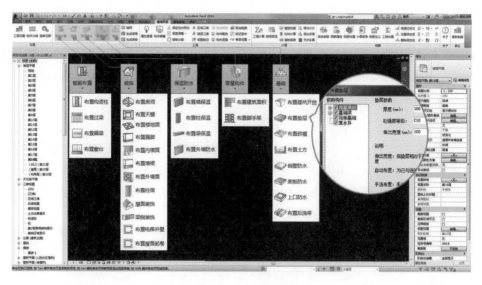

图 11-7 晨曦建模

2. CAD 建模

（1）链接 CAD。应用 Revit 自身提供的链接 CAD 功能，导入每份 CAD 图纸，如图 11-8 所示。

图 11-8 链接 CAD 图纸

311

（2）晨曦翻模。应用晨曦软件提供的翻模工具，完成轴网、基础、柱、梁、墙、板、门窗洞等二维构件到三维构件的转化，生成三维模型，如图11-9所示。

图11-9　二维到三维的翻模

11.7　土建算量

11.7.1　构件分类

由 Revit 模型绘制出的构件具有较高的灵活度，可在多个构件之间进行灵活穿梭，采用构件分类的功能，将 Revit 模型构件按照分类规则库进行自动分类成具有算量属性的算量构件，并添加算量类型属性，比如将图形中编号带 KZ 的柱分类为框架柱，算量时按框架柱的规则进行计算，如图11-10所示。构件分类功能支持用户的任意编辑、修改和添加，以及算量构件类型的切换，满足用户的计算需求。

图11-10　Revit 构件分类成算量构件

11.7.2　清单定额套用

完成构件分类后，每个构件已自动套用了清单定额和计算项目。软件提供了清单定额编辑功能，内置常规的做法模板库，可作为学习模板，支持增加、修改、导入和导出操作，并拥有自动检查和纠错功能，如图11-11所示。

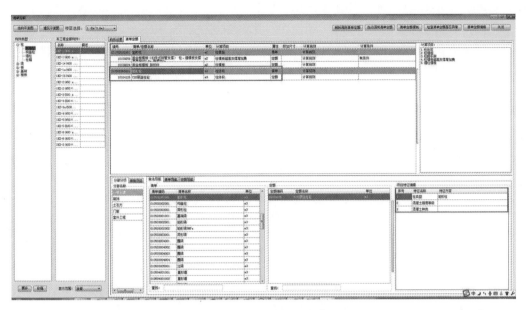

图 11-11　自带清单定额特征

11.7.3　计算汇总

完成构件分类后,即可在图形中查看任意构件的工程量。软件按照内置的清单定额库和计算规则计算出每个构件的工程量,并列出详细的、模拟手工化的计算表达式,此外,软件还能智能判断带计算条件的构件,准确计算出其工程量和自动分出不同的清单,如模板超高、高大模板、脚手架等。如图 11-12 所示。

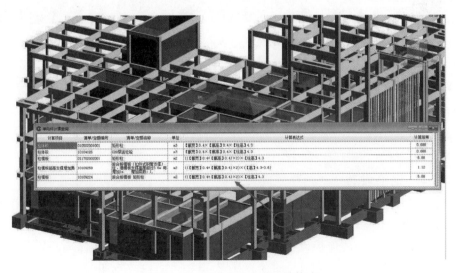

图 11-12　超过 3.6 米的柱计算式

11.7.4　报表输出

模型建立好后,软件按照内置的清单定额库和计算规则计算出每个构件的工程量,并进行汇总。打开报表预览，可以看到各个报表类型，分为按构件显示、清单定额模板式、工程量清单、装饰汇总表、门窗洞汇总表等，如图 11-13 所示。窗口上方的工具栏，可以对计算式窗口的显示内容进行展开和收缩操作，如：只显示到层或者只显示到构件类。晨曦软件支持 excel 格式的导出，并支持与晨曦 BIM 计价相对接的格式输出，与计价产品无缝对接。

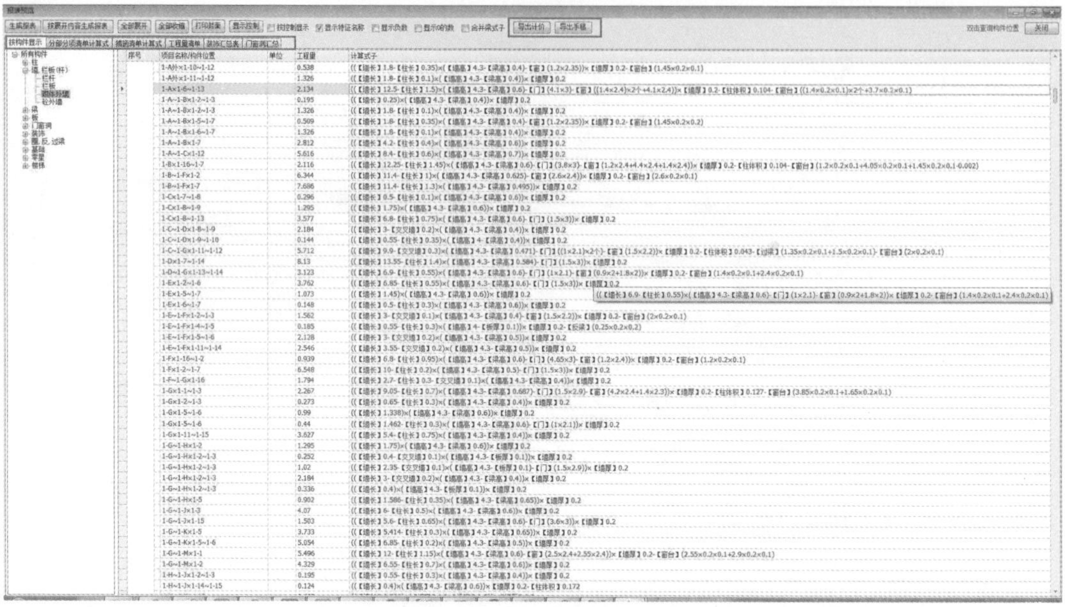

图 11-13　提供手工化计算式、支持反查

11.8　钢筋算量

钢筋算量可直接在已有的土建算量模型基础上，再结合相关钢筋参数设置，进而完成钢筋实体模型建立及算量工作。钢筋模型和土建模型共用在 Revit 平台上，无需模型转换或者数据接口，因而保证了数据的一致性和模型的完整性。

11.8.1　构件分类

构件分类已在土建模型算量时进行过，因而钢筋算量时无需再进行此操作，可直接进入钢筋算量的相关设置和操作。

11.8.2　钢筋设置

钢筋设置列出了钢筋比重信息、基本锚固设置、连接设置、计算设置和节点设置等项目。在该项设置中，主要给出各类钢筋的比重值，摘抄于图集的钢筋基本锚固系数（labe），钢筋算法中常用的连接设置。计算设置和节点设置中按照国标、图集及实际施工经验值，可设置各类构件、各项钢筋的计算规则，其中节点设置按照图、文、表的方式体现，方便用户直观地查看。以上设置都支持用户按照自身需求对其进行修改，如图 11-14 所示。

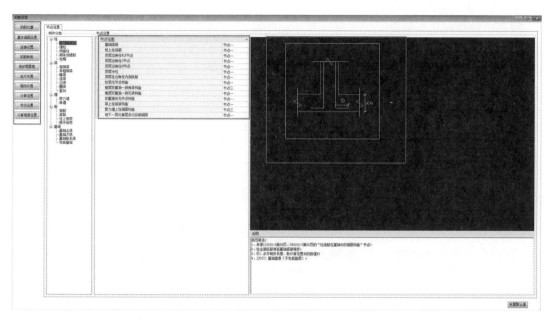

图 11-14 可查看、修改钢筋设置中的各项内容

11.8.3 配筋信息输入

1. 钢筋定义窗口

在钢筋定义窗口完成基础、柱、梁的集中标注、墙、二次构件、楼梯的配筋信息输入,如图 11-15 所示。

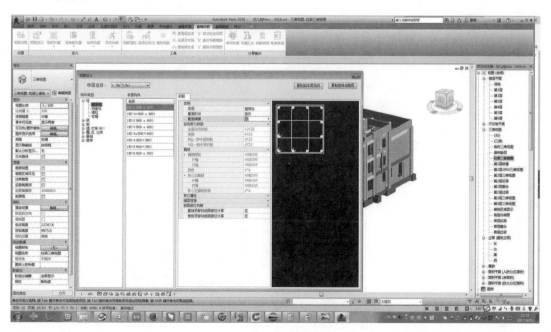

图 11-15 配筋信息输入

BIM模型算量应用

2. 图形定义

（1）梁原位标注。钢筋定义了梁的集中标注配筋，按照图集规范，梁还有原位标注的配筋，应用梁原位标注功能，可获取钢筋定义窗口中的集中标注配筋信息，也支持直接运用该功能完成梁集中标注和原位标注的配筋信息输入。如图 11-16 所示。

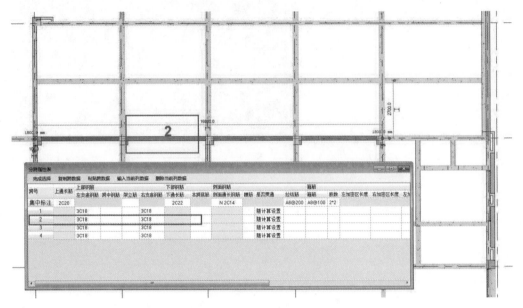

图 11-16 定位到图形中相应的跨段

（2）板筋/筏板筋定义。板筋/筏板筋不同于其他构件的定义，采用单独的功能来输入和布置配筋信息，如图 11-17 所示。

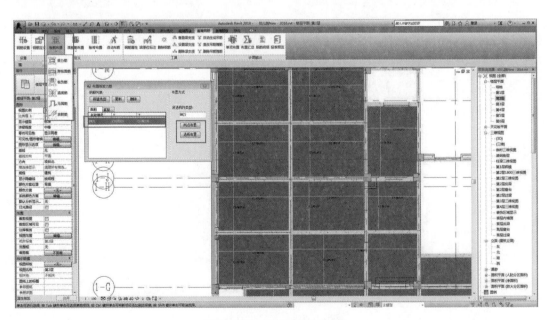

图 11-17 多方式布置板筋

11.8.4 钢筋布置与计算

完成构件的配筋信息后,可根据单项布置和布置汇总两个功能,完成钢筋的布置和计算汇总。其中,单项布置可任意选择图形布置钢筋,布置汇总可批量对某层某个构件类型进行布置和汇总钢筋。具体如图 11-18 和图 11-19 所示。

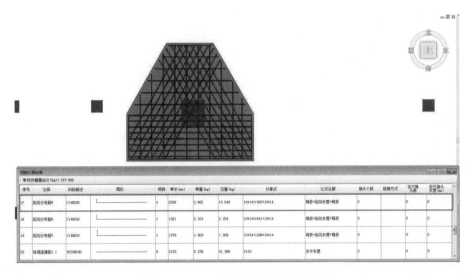

图 11-18 三桩承台钢筋布置与计算

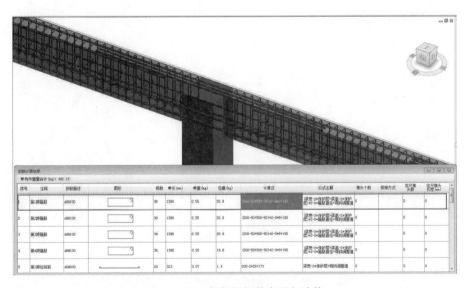

图 11-19 框架梁钢筋布置与计算

11.8.5 报表输出

完成钢筋布置与计算后,即可在报表预览中查看各个构件汇总后的钢筋工程量,软件根据实际工程需求提供形式多元化、实用性的计算报表,如钢筋计算图表、施工用量表、钢筋接头明细表,如图 11-20 和图 11-21 所示。

图 11-20 多样式钢筋报表选择

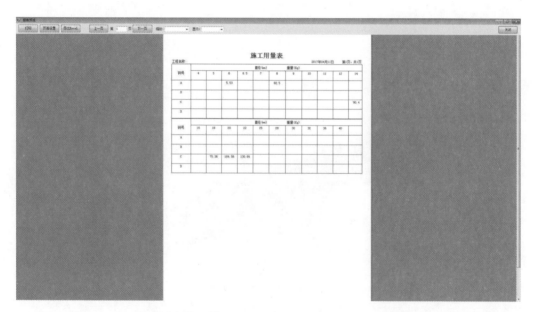

图 11-21 施工用量表

11.9 安装算量

晨曦 BIM 安装算量可直接基于 Revit 平台上进行模型修改、工程量计算等,无需模型转换或数据接口。目前晨曦软件支持模型的分类、加载清单定额库、计算规则导入/导出、工程量输出等功能。

11.9.1　工程设置

工程设置由工程属性、楼层设置、算量模式、工程特征这四个部分组成,工程属性可输入工程的基本项目信息,楼层设置可加载 Revit 标高创建楼层(见图 11-22),加载清单定额库满足全国清单定额库的导入,具有可设置电气、水暖、通风工程属性参数的工程特征,满足算量的需求。

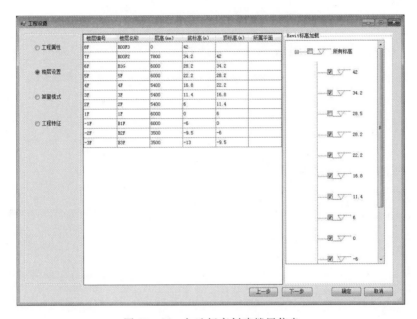

图 11-22　勾选标高创建楼层信息

11.9.2　构件分类

构件分类功能将 Revit 模型构件按照分类规则库自动分类成具有算量属性的算量构件(见图 11-23),并添加算量类型属性。根据名称进行材料和算量类型的匹配,当根据名称未匹配成理想效果时,执行类型修改或调整分类规则库,提高默认匹配成功率。

图 11-23　构件分类成算量类型构件

11.9.3 系统参数调整

可对清单和定额的各构件预留参数进行分别调整（见图11-24），以此计算出不同工程量，满足工程需要。既可以导入他人编辑过的系统参数模板，也可以将已编辑的内容进行导出，与他人共享。

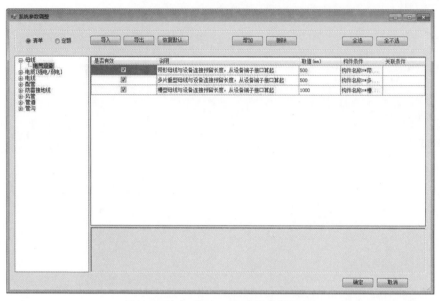

图 11-24 预留长度、构件条件修改

11.9.4 清单定额套用

完成构件分类后，每个构件已自动套用了清单定额和计算项目。软件提供了清单定额编辑功能，内置常规的做法模板库，可作为学习模板，支持增加、修改、导入和导出操作，并拥有自动检查和纠错功能，如图11-25所示。

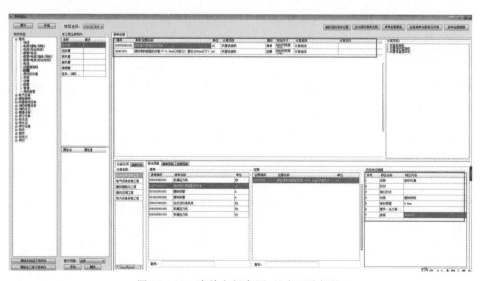

图 11-25 清单定额套用，具有可编辑性

11.9.5　计算汇总

完成构件分类后,即可在图形中查看任意构件的工程量,如图 11-26 所示。软件按照内置的清单定额库和计算规则计算出每个构件的工程量,并列出详细的、模拟手工化的计算表达式。

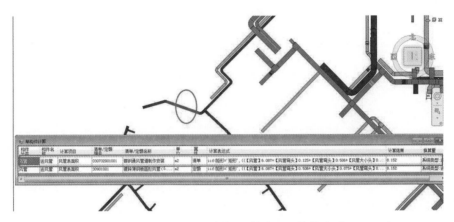

图 11-26　含详细计算、换算类型的构件查看

11.9.6　报表输出

模型建立好后,软件按照内置的清单定额库和计算规则计算出每个构件的工程量,并进行汇总。打开报表预览,可以看到各个报表类型,分为按构件显示、清单定额模板式、工程量清单、按专业显示等,如图 11-27 所示。窗口上方的工具栏,可以对计算式窗口的显示内容进行展开和收缩操作,如:只显示到层或者只显示到构件类。晨曦软件支持 excel 格式的导出,并支持与晨曦 BIM 计价相对接的格式输出,与计价产品无缝对接。

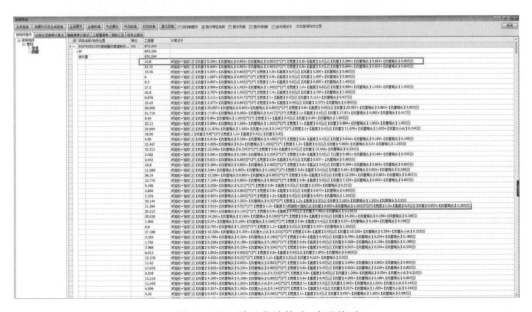

图 11-27　手工化计算式、直观核对

11. 10　实训总结

　　本章的学习重点是软件的操作流程,通过一个实例工程,使学生全面掌握如何建立 BIM 模型,并通过 BIM 模型完成工程算量,通过晨曦 BIM 算量软件,进行土建、钢筋和安装专业的工程量计算;并通过 BIM 集成模型,实现从模型中获取各种构件信息,结合各地计算规则,完成工程量计算及做法项目的套用。

　　实训结束后,请同学们根据实训目标要求撰写实训报告。

参考文献

[1]郭进保.中文版 Revit 2016 建筑模型设计[M].北京:清华大学出版社,2016.

[2]黄亚斌,王全杰,等.Revit 建筑应用实训教程[M].北京:化学工业出版社,2015.

[3]朱宁克,丁延辉,等.AUTODESK REVIT ARCHITECTURE 2010 建筑设计速成[M]. 北京:化学工业出版社,2010.

[4]林庆.BIM 技术在工程造价咨询业的应用研究[D].广州:华南理工大学,2014.

[5]王英杰.IPD 模式下基于 BIM 的施工成本管理研究[D].重庆:重庆大学,2015.

[6]李晔.算量软件在建筑工程上的应用及问题探讨[D].青岛:青岛理工大学,2015.

[7]杨璞.建筑信息模型应用研究[D].合肥:合肥工业大学,2013.

[8]李煜.基于 BIM 的综合管线碰撞检测研究[D].兰州:兰州交通大学,2014.

[9]Autodesk Asia Pte Ltd.Autodesk Revit MEP 2012 应用宝典[M].上海:同济大学出版社,2012.

[10]李恒,孔娟.Revit 2015 中文版基础教程[M].北京:清华大学出版社,2015.

[11]李鑫.Revit 2016 完全自学教程[M].北京:人民邮电出版社,2016.

[12]王君峰,杨云,等.Autodesk Revit 机电应用之入门篇[M].北京:中国水利水电出版社,2013.

[13]黄亚斌,王全杰,等.Revit 机电应用实训教程[M].北京:化学工业出版社,2016.

[14]平经纬.Revit 族设计手册[M].北京:机械工业出版社,2016.

[15]柏慕进业.Autodesk Revit Architecture 2015 官方标准教程[M].北京:电子工业出版社,2015.

[16]柏慕进业.Autodesk Revit MEP 2015 管线综合设计应用[M].北京:电子工业出版社,2015.

[17]欧特克软件(中国)有限公司构件开发组.Autodesk Revit 2013 族达人速成[M].上海:同济大学出版社,2013.

[18]黄亚斌,徐钦,等.Autodesk Revit 族详解[M].北京:中国水利水电出版社,2013.

[19]中国建筑科学研究院,等.跟高手学 BIM——Revit 建模与工程应用[M].北京:中国建筑工业出版社,2016.

[20]莫荣锋,万小达.工程自动算量软件应用(广联达版)[M].武汉:华中科技大学出版社,2015.

[21]朱溢镕,黄丽华,赵东.BIM 算量一图一练[M].北京:化学工业出版社,2016.

[22]任波远.广联达 BIM 算量软件应用[M].北京:机械工业出版社,2016.

[23]袁帅.广联达 BIM 建筑工程算量软件应用教程[M].北京:机械工业出版社,2016.

[24]王鹏.建筑设计 BIM 实战应用[M].西安:西安交通大学出版社,2016.

[25]欧阳焜.广联达 BIM 安装算量软件教程[M].北京:机械工业出版社,2016.

[26]朱溢镕,阎俊爱,韩红霞.建筑工程量与计价[M].北京:化学工业出版社,2015.

[27]李恒,孔娟.Revit 2015 中文版基础教程[M].北京:清华大学出版社,2015.

[28]Autodesk Inc,柏幕进业. Autodesk Revit MEP 管线综合设计应用[M].北京:电子工业出版社,2014.

附　录　BIM 相关软件获取网址

序号	名称	网址
1	AutoCAD	http://www.Autodesk.com.cn/products/AutoCAD/free-trial
2	SketchUp	http://www.sketchup.com/zh-CN/download
3	3ds Max	http://www.Autodesk.com.cn/products/3ds-max/free-trial
4	Revit	http://www.Autodesk.com.cn/products/Revit-family/free-trial
5	ArchiCAD	https://myarchiCAD.com/
6	AutoCAD Architecture	http://www.Autodesk.com.cn/products/AutoCAD-architecture/free-trial
7	Rhino	http://www.Rhino3d.com/download
8	CATIA	http://www.3ds.com/zh/products-services/catia/
9	Tekla Structures	https://www.tekla.com/products
10	Bentley	www.bentley.com
11	PKPM	http://47.92.92.199/pkpm/index.php？m＝content&c＝index&a＝lists&catid＝35
12	天正软件	http://www.tangent.com.cn/download/shiyong/
13	斯维尔	http://www.thsware.com/
14	广联达 BIM	http://bim.glodon.com/
15	浩辰 CAD	http://www.gstarCAD.com/downloadall/index.html
16	鸿业科技	http://www.hongye.com.cn/
17	博超软件	http://www.bochao.com.cn/index.asp
18	广厦软件	http://www.gsCAD.com.cn/Downloads.aspx？type＝0
19	探索者	http://www.tsz.com.cn/view/webjsp/sygm/zhichifuwu.jsp
20	鲁班软件	http://www.lubansoft.com/
21	译筑 EBIM 软件	http://www.ezbim.net/
22	晨曦 BIM	http://www.Chenxisoft.com/CXBIM/Product/ProductCentre？menuIndex＝2
23	品茗软件	www.pmddw.com